Nilgün Yüce & Peter Plöger (Hg.)

Die Vielfalt
der Wechselwirkung

VERLAG KARL ALBER A—

Zu diesem Buch:

In dreizehn Beiträgen äußern sich namhafte Physiker, Biologen, Wissenschaftsforscher, Sprach-, Wirtschafts- und Staatswissenschaftler, Philosophen und Künstler aus Anlass des 60. Geburtstages von Peter Finke (Bielefeld/Witten-Herdecke), dem Begründer der Evolutionären Kulturökologie, zu Themen im Umfeld dieser neuen Wissenschaft. Dieser antwortet ihnen in einem ausführlichen Nachwort. Alles ist angeordnet im Bild einer großen transdisziplinären Exkursion, die vielfältige Wechselwirkungen der dabei berührten Gebiete erkennbar macht.

Die Autoren:

Christiane Busch-Lüty (München), Fritjof Capra (Berkeley), Hans-Peter Dürr (München), Alwin Fill (Graz), Siegfried Kanngießer (Osnabrück), András Kertész (Debrecen), Eva Lang (München), Ervin Laszlo (Montescudaio), Adam Makkai (Chicago), Herman Prigann (Barcelona), Siegfried J. Schmidt (Münster), Roland Sossinka (Bielefeld), Peter Weinbrenner (Bielefeld).

Die Herausgeber:

Nilgün Yüce und Peter Plöger sind wissenschaftliche Mitarbeiter an der Universität Bielefeld.

Nilgün Yüce & Peter Plöger (Hg.)

Die Vielfalt der Wechselwirkung

Eine transdisziplinäre Exkursion
im Umfeld
der Evolutionären Kulturökologie

Verlag Karl Alber Freiburg / München

Dieses Buch wurde mit finanzieller Unterstützung der
Rudolf-August-Oetker-Stiftung und der
Westfälisch-Lippischen Universitätsgesellschaft gedruckt.

Erfassung und Typographie des Textes durch Andy Lücking

Umschlaggrafik von Leo Werner
unter Verwendung einer Karte von Tolkiens Mittelerde

Gedruckt auf umweltfreundlichem,
chlorfrei gebleichtem Papier

Originalausgabe

Alle Rechte vorbehalten – Printed in Germany
© Verlag Karl Alber GmbH Freiburg/München 2003
www.verlag-alber.de
Ausstattung und Titelei: SatzWeise, Föhren
Druck und Bindung: WB-Druck, Rieden, 2003
ISBN 3-495-48084-6

Auf Exkursionen zwischen Natur und Kultur: Peter Finke

Inhaltsverzeichnis

Vorwort 9

Vorexkursion: Die Reformer sind unter uns

CHRISTIANE BUSCH-LÜTY (München):
Nachhaltigkeit als integratives Lebensprinzip . . . 15

Der erste Teil des Weges: Natur, die gefährdete Basis

ROLAND SOSSINKA (Bielefeld):
Natur, Naturschutz, Naturschützer 41
FRITJOF CAPRA (Berkeley):
Ökologie und Gemeinschaft 49
HANS-PETER DÜRR (München):
Was heißt wissenschaftliches Querdenken? 61
ERVIN LASZLO (Montescudaio):
Eine neue Vision aus der Wissenschaft 79

Der mittlere Teil des Weges: Sprache, das lebende Fossil

SIEGFRIED KANNGIESSER (Osnabrück):
Limitationen der Sprachdisziplinen 95
ANDRÁS KERTÉSZ (Debrecen):
Widerspruchsfreiheit und Normenkonflikt 113
ADAM MAKKAI (Chicago):
Unterwegs zu einer ökologischen Definition der Sprache 137
ALWIN FILL (Graz):
Giftkrieg, Schweiß und Blumen 145

Inhalt

Der letzte Teil des Weges:
Kultur, die einzige Chance

EVA LANG (München):
Wendezeit für den Staat 163
PETER WEINBRENNER (Bielefeld):
Welchen Beitrag kann die Wirtschaftsdidaktik zur
Umweltbildung leisten? 187
SIEGFRIED J. SCHMIDT (Münster):
Über die wirkliche Künstlichkeit der künstlichen
Wirklichkeit 209
HERMAN PRIGANN (Barcelona):
Kunst und Wissenschaft 223

Nachexkursion:
Der Weg entsteht beim Gehen

PETER FINKE (Bielefeld/Witten-Herdecke):
Die Wechselwirkung der Vielfalt
Eine Erwiderung auf alle Beiträge 237

Die Autoren und Autorinnen des Bandes   325

Abbildungshinweise   333

Vorwort

Nilgün Yüce und Peter Plöger

Verehrte Leserinnen und Leser,

mit diesem Buch laden wir Sie zu einer Reise in die bisher noch wenig beachtete wissenschaftliche Landschaft im Umfeld der Evolutionären Kulturökologie ein. Wir tun dies insbesondere deshalb, weil diese junge Wissenschaft vor allem in Europa noch vergleichsweise wenig bekannt ist, aber das Kennenlernen lohnt. Sie ist nicht abzutrennen von vielen anderen und bekannteren Wissensbereichen, und diese sind es darum auch, an deren Rändern ein Großteil der Reise verläuft. Indem Sie diese Zeilen lesen, haben Sie die ersten Schritte auf ihr bereits getan. Es ist uns eine Freude, Sie dabei in der Obhut verschiedener Experten zu wissen, denn die Reise hat eher den Charakter einer Exkursion in teilweise schwieriges Gelände. Sie führt, dem Gang der Evolution folgend, von der Natur über die Sprache zur Kultur. Die Experten werden Sie dabei nicht nur jeweils eine bestimmte Etappe begleiten, sondern Ihren Blick auf besondere Aspekte und übergeordnete Zusammenhänge über die Grenzen ihrer jeweiligen Fachdisziplin hinaus zu lenken versuchen. Auf diese Weise wird er dann auch häufig auf jene Landschaft gelenkt, die wir nicht durch-, sondern umwandern: die Kulturökologie.

So entwirft die ökologische Ökonomin *Christiane Busch-Lüty* (München) in einer Art Vorexkursion schon eine wichtige Teilansicht dieser Wanderung, wenn sie Nachhaltigkeit als ein integratives Lebensprinzip beschreibt und einfordert, die Wissenschaft danach neu auszurichten. Sie nimmt aber nicht alles vorweg, sondern macht eher neugierig auf den evolutionären Weg selbst, der dann in einem ersten Teil die Natur erkundet, um von ihr zu lernen. Sie ist die Grundlage der Kultur, erhält und nährt sie, wie ein

Baum die Misteln auf seinen Ästen. Ihre wissenschaftlichen Begleiter auf dieser ersten Etappe – der Biologe *Roland Sossinka* (Bielefeld), die Physiker *Fritjof Capra* (Berkeley) und *Hans-Peter Dürr* (München) und der Evolutionsforscher *Ervin Laszlo* (Montescudaio) – weisen aus verschiedenen naturwissenschaftlichen Blickwinkeln auf Sachverhalte und Problemfelder hin, die sich aus ihrer Perspektive für unser heutiges Wissen und Handeln ergeben. Dabei unterstreichen sie die Notwendigkeit einer größeren Offenheit für Wissenszusammenhänge, dank der wir die Risiken der überlebenswichtigen Symbiose von Natur und Kultur vermindern und ihre Chancen für neue Visionen nutzen können.

Die mittlere Strecke der Wanderung ist der Sprache gewidmet, ohne die wir weder die Natur, noch die Kultur differenziert genug wahrnehmen und beschreiben könnten. Sie begleitet uns als ein strukturell intermediäres System seit den Anfängen der Menschheit bis heute und, ständig durch uns verändert, weiter in unsere kulturelle Zukunft hinein. Sprachwissenschaftler unterschiedlicher Couleur – der Kognitionsforscher *Siegfried Kanngießer* (Osnabrück), der Metalinguist *András Kertész* (Debrecen), sowie die Ökolinguisten *Adam Makkai* (Chicago) und *Alwin Fill* (Graz) – thematisieren Begrenzungen und Besonderheiten in der sprachlichen Landschaft, denn nur dann, wenn wir uns mutiger als bisher um die methodische Erweiterung unserer Blickfelder bemühen, können wir bislang verdeckte Systemzusammenhänge auffinden.

Im letzten Abschnitt der Reiseroute schließlich sind es die Staatswissenschaftlerin *Eva Lang* (München) und der politische Ökonom *Peter Weinbrenner* (Bielefeld), der Medienwissenschaftler und Konzeptkünstler *Siegfried J. Schmidt* (Münster), sowie der künstlerische Praktiker einer ökologischen Ästhetik *Herman Prigann* (Barcelona), die Ihnen mit ihren Ausführungen den Blick dafür schärfen, dass uns der natürliche Weg auf einen kulturellen geführt hat, mit dem erhebliche Probleme und Risiken verbunden sind. Doch der kulturelle Weg ist – ebenso, wie der natürliche – nicht zu Ende, obwohl uns unsere gegenwärtigen Blickwinkel nicht offenbaren, wo er genau weitergeht und wohin er führen wird. Es gibt ihn nämlich als fertigen Weg in die Zukunft überhaupt nicht. Wir müssen seine Fortsetzung selbst suchen und bauen. Freilich: Dies wird nicht ohne Veränderung unseres tradierten kulturellen Selbstverständnisses möglich sein. Sicher erscheint jedenfalls, dass

Vorwort

wir Vielfalt höher zu schätzen und die damit verbundenen Wechselwirkungen zwischen Natur, Kultur und Sprache besser zu beachten haben als bisher. Nur dann können wir wohl hoffen, die Problemzusammenhänge wieder zu lösen, die wir auf der bisherigen kulturellen Strecke selber erzeugt haben.

Schließlich, am Ende unserer langen und nicht mühelosen Exkursion, auf der Sie vielen verschiedenen Eindrücken ausgesetzt waren, empfängt sie jemand, dem wir diese Wanderung widmen, weil er einen großen Teil seiner bisherigen Forschung auf die Erkundung und Beschreibung eben dieser Landschaft, in deren Umfeld wir uns aufgehalten haben, gerichtet hat: der Wissenschaftsforscher und Kulturökologe *Peter Finke* (Bielefeld und Witten-Herdecke). Die Experten, die Sie zuvor geführt haben, gehören nämlich zu seinen Freunden, und einige von ihnen haben wichtige Anstöße für die kulturökologische Grundlagenforschung geliefert. *Peter Finke* kennt die Route, auf der Sie gewandert sind, sehr gut. Wenige sind durch ihren Werdegang, ihre Interessen und die wissenschaftliche Transdisziplinarität und -kulturalität ihres Schaffens so geeignet wie er, Grenzbereiche, Übergänge und verdeckte Zusammenhänge zu verdeutlichen. Ebenso entschieden wie undogmatisch, präzise argumentierend und gleichwohl offen für unkonventionelle Sehweisen, respektvoll für seine Diskussionspartner, aber ziemlich respektlos vor disziplinären Grenzen kommentiert er die Beiträge in diesem Band.

Peter Finke demonstriert, wie das, was heterogen erscheint, doch zusammenhängt, welche kreative und integrative Kraft einem „ecological point of view" auf unser Wissen, Reden und Handeln innewohnt. Seine Theorie kultureller Ökosysteme, die von verschiedenen Beiträgern aufgegriffen wird, ermöglicht eine solche verbindende Betrachtung von Natur, Sprache und Kultur. Diese bildet die theoretische Grundlage der Evolutionären Kulturökologie, die die jüngste und wahrscheinlich stärkste Variante unter den verschiedenen Richtungen der ebenfalls noch jungen wissenschaftlichen Disziplin der Kulturökologie ist. Ihre Entwicklung ist eng verbunden mit Namen wie Jakob von Uexküll, Gregory Bateson, Julian H. Steward, Arne Naess, Ervin Laszlo und anderen. In Zeiten der für Spezialisten zu komplex gewordenen Zukunftsproblemen rückt eine solche „Wissenschaft der Wechselwirkungen" in eine zentrale Position, nicht zuletzt deshalb, weil sie natürliche, sprachliche und kulturelle Vielfalten für wichtiger nimmt, als dies üblich ist. Die Synthese, die in der gedanklichen Auseinandersetzung mit den einzelnen Beiträgen entsteht, ist Gegenstand seiner Erwiderung und soll Ihnen die Möglichkeit einer Reflexion aus der Perspektive der Evolutionären Kulturökologie geben, deren Begründer er ist.

Mit diesem Sammelband danken wir ihm, unserem Lehrer und Freund, für seine Hingabe und Kreativität, und wir beglückwünschen ihn im Namen aller, die am Entstehen des vorliegenden Bandes beteiligt waren, herzlich zum 60. Lebensjahr. Aber das Buch ist keine Festschrift im herkömmlichen Sinne. Wir wollten *Peter* mit ihm dadurch eine Freude machen, dass wir mit Hilfe seiner wissenschaftlichen Freunde einen zum Weiterdenken anregenden Band zusammengestellt haben, der viele interessiert und die Bedeutung der wissenschaftlichen Innovationen, die ihm am Herzen liegen, in fachübergreifender Weise zur Diskussion stellt. Insofern steht die Sache und nicht eine Person im Zentrum dieses Buches.

Die Vielfalt der hier vertretenen Themen und Einzelgebiete bringt es mit sich, dass unsere Autorinnen und Autoren ihre jeweilige Sache in der ihnen jeweils eigenen Weise behandeln. Dieses Bild haben wir so gewünscht und deshalb in die verschiedenen Darstellungsweisen nicht vereinheitlichend eingegriffen. Auch die Wissenschaft benötigt mehr Achtung vor der Vielfalt ihrer Stile und Methodologien, weil erst in deren Wechselwirkung alle möglichen Pfade in die Zukunft erkennbar werden.

Von denen, die uns bei der Herstellung dieses Buches geholfen haben, möchten wir an dieser Stelle Isolde Seide für ihre geduldige Hilfsbereitschaft und Andy Lücking für seine unschätzbaren Dienste bei der computertechnischen Aufbereitung des Manuskriptes danken. Der Westfälisch-Lippischen Universitätsgesellschaft sowie der Rudolf-August-Oetker- Stiftung schulden wir einen ganz besonderen Dank für die großzügige finanzielle Unterstützung, die uns zuteil wurde. Nicht zuletzt danken wir Lukas Trabert und Walter Moser vom Verlag Karl Alber für die immer geduldige und höchst angenehme Zusammenarbeit.

Bielefeld, im März 2003

Nilgün Yüce und Peter Plöger

Vorexkursion:
Die Reformer sind unter uns

Nachhaltigkeit als integratives Lebensprinzip

Gedankengänge
rund um einen potentiellen Gesundbrunnen
unserer Wissenschaftskultur im Allgemeinen
und der Ökonomik im Besonderen

Christiane Busch-Lüty

Prolog:
Eine nachhaltende Begegnung

Im Juni 1995 traf sich auf Schloß Crottorf im Siegerland auf Einladung des Hausherrn Hermann Graf Hatzfeld eine kleine Runde von 14 „Vor-, Nach- und QuerdenkerInnen" um den Münchner Physiker Hans-Peter Dürr und dem von ihm gegründeten „Global Challenges Network", um nach mehr als sieben Jahren vielfältigster Aktivitäten des Eintretens und Werbens für Nachhaltigkeit Zwischenbilanz zu ziehen und im intensiven Austausch und Nachdenken miteinander neue Kraft und Orientierung für den weiteren Weg zu gewinnen. Die Autorin dieses Beitrags war Mitinitiatorin des Treffens.

Neu zu dieser Runde hinzugekommen war Peter Finke. Sein nach dem Treffen spontan niedergeschriebenes unveröffentlichtes Resumee bringt dessen Anliegen und Geist, aber auch das vielfältiger gemeinsamer Diskussionen und Gedanken seither wie auch im Weiteren miteinander initiierter, gestalteter und beschrittener Projektwege[1], so klar auf den Punkt, dass einige Auszüge daraus als Auftakt diesem Beitrag vorangestellt werden sollen. Unter der Überschrift *„Die Nachhaltigkeit des Wissens. Wissenschaftskritische Gedanken anlässlich einer bemerkenswerten Tagung"* schrieb Peter Finke damals:

> „... Nachhaltigkeit ist das Kennzeichen einer Kulturweise, die auch die Interessen der Nachgeborenen zu berücksichtigen versucht; ein kultureller Begriff also. Wenn wir unsere Kulturellen Ökosysteme, vor allem das des Wirtschaftens, auf seiner Grundlage zu reformieren versuchen, dann orientieren wir uns aber am Vorbild intakter Natürlicher Ökosysteme. Sie sind das Musterbeispiel nachhaltig organisierter Fließgleichgewichte des Produzierens, Konsumierens und Reduzierens, und viel spricht dafür, dass wir gerade das Reduzieren in den komplexen psychischen und sozialen Ökosystemen unserer kulturellen Sphäre bislang nicht in den Griff bekommen haben...

Das Crottorfer Treffen ermöglichte für seine Teilnehmer den Einstieg in neue Denkwelten, die sich bei der Einbettung des Nachhaltigkeitsthemas in seine gesamten natürlichen und kulturellen Bezüge öffnen. Die nötige Reform der Wirtschaft ist von der nötigen Reform der Wirtschaftswissenschaften nicht zu trennen, diese nicht von der Reform unseres Wissenschaftsverständnisses insgesamt und dieses nicht von der Reform unseres Politik-, Bildungs- und Kulturbegriffs...

Eine interdisziplinäre Perspektive wird für die einzelnen Wissensgebiete zur wichtigsten Überlebensstrategie. Aber wie organisiert man sie? Die Erfahrung mit vielen Tagungen und Kongressen zeigt, wie häufig dies misslingt...

---

[1] U. a. seit 1996 die Gründung und mehrjährige Vorstands- und wissenschaftliche Tagungs- und Publikationsarbeit der transdisziplinären „Vereinigung für Ökologische Ökonomie" (VÖÖ), die Jurybetreuung des „Schweisfurth-Forschungspreises für Ökologische Ökonomie" , die Konzeption, Durchführung und Dokumentation des Projekts „TUTZING III" im Rahmen von GCN im Dezember 2001 an der Evangelischen Akademie Tutzing „Zukunftsfähige Wissenschaft braucht Querdenken – Herausforderungen für Lehre und Forschung durch Nachhaltigkeit".

Crottorf war anders. Nur 14 Personen hatten ausreichend Zeit...

Nachhaltigkeit war nicht nur das Thema, sie war auch Form und Ergebnis des gemeinsamen Weges: fort von den Dogmen und einem Wissensverbrauch ohne Verständnis für seine Ressourcen, hin zu einer Neubelebung der Idee eines kreativen, vielfältigen und nachhaltigen Wissens.

Die Wissenschaft muss wieder kreditwürdig werden, denn wir alle benötigen sie für die Mitarbeit an der Lösung der von ihr mitgeschaffenen Probleme. Angesichts ihres vielfältigen Versagens ist ihre Entsorgung zugungsten der Emotion oder der puren Macht eine modische Gedankenspielerei, aber ein Irrweg. Der bessere Weg ist ihre Reform. Die Wissenschaftler müssen ihn gehen und sich dabei selbst verändern. Nicht der Wissensprotz ist dabei gefragt, dem Belehren über alles geht, sondern der lernbereite, selbstkritische, seine eigenen Begrenztheiten sehende Teilnehmer eines umfassenden Gesprächs. Das wissenschaftliche Zeitalter der Spezialisten muss in ein solches der zuhörbereiten Interessenten an Zusammenhängen überführt werden, das des Messens und Formalisierens in eines mit dem Mut zur Ungewissheit und zur Phantasie. Ich glaube, eine gewisse Zuversicht ist möglich. Die Reformer sind unter uns."

1 Die Substanz des Nachhaltigkeitsprinzips

Das Leitbild der Nachhaltigkeit ist heutzutage – zumal im Jahr der „RIO+10"-Weltkonferenz in Johannisburg zur „Nachhaltigen Entwicklung" – in Politik, Wissenschaft, Wirtschaft und Medienöffentlichkeit omnipräsent, ohne dass deshalb die meisten Menschen mit diesem Begriff wirklich persönliche Orientierungen verbinden könnten, – wie entsprechende Umfragen zeigen. Auch die häufig zitierte beeindruckende Präsenz des Nachhaltigkeitsthemas auf über einer Million Webseiten im Internet besagt deshalb noch nichts über dessen Diffundierung in die Köpfe der Menschen.

Umso unverzichtbarer ist es, der Substanz dieses Begriffs – gerade angesichts seiner globalen Blitzkarriere – immer wieder nachzuspüren und sie neu zu justieren; denn Nachhaltigkeit wird zwar „von vielen als schwammiges Modewort abgestempelt", aber „dabei geht es um die wichtige Frage, welche Welt wir unseren Kindern hinterlassen".[2]

Nachhaltigkeit bedeutet zunächst einmal: die dauerhaft erhaltende Nutzung der natürlichen Lebensgrundlagen durch den Menschen. Das Nachhaltigkeitsprinzip ist – aufgrund seiner jahrhundertealten Geschichte in der waldwirtschaftlichen Praxis des deutschsprachigen Kulturraums in Mitteleuropa und auch in subtiler Unterscheidung zum 'Sustainability'-Leitbild der neueren weltweiten Debatte – seinem Wesen nach *ein Wirtschaftsprinzip im Umgang mit lebender Natur,* das die physische Einheit von Produktion und Reproduktion postuliert („nicht mehr Holz einschlagen als nachwächst") und darüber hinaus, in dynamischer Betrachtung, eine qualitative Entwicklung aller natürlichen – damit auch der humanen – Potentiale in evolutionärer Bewährung beinhaltet.

Damit postuliert es zugleich die Verträglichkeit der *Zeitmaße* anthropogener Einwirkungen mit den natürlichen Funktions- und Evolutionsprozessen.

Konsequenterweise spricht die forstwirtschaftliche Nachhaltigkeitslehre in diesem Zusammenhang von „der notwendigen Erhaltung und *Gesunderhaltung* der Biosysteme als Voraussetzung für eine nachhaltige Bewirtschaftung der Naturgüter".[3]

Wenn in der theoretischen Diskussion die Ausweitung und Generalisierung des Nachhaltigkeitsprinzips etwa zum Leitbild einer dauerhaft naturgerechten Wirtschafts- und Lebensweise gelegentlich als „naturalistischer Fehlschluss" verkannt und als solcher kritisiert wird, so wird damit zunächst einmal übersehen, dass in der Forstwirtschaft Nachhaltigkeit zugleich auch als sozial-ethische Grundhaltung und gesellschaftliche Verpflichtung zur Vorsorge für die kommenden Generationen begriffen wird, im Sinne einer „Waldgesinnung". Sie ist insofern

---

[2] So z. B. die Süddeutsche Zeitung vom 14. 5. 02 aus aktuellem Anlass eines Kongresses des Nachhaltigkeits-Rates der Bundesregierung in ihrem „Aktuellen Lexikon" dazu.

[3] Hennig, R., Nachhaltswirtschaft. Der Schlüssel für Naturerhaltung und menschliches Überleben, Quickborn 1991, S.40.

immer *auch ein ethisches Prinzip* ('not to be defined but declared!').

Entscheidender aber ist, dass der Wald ja selbst ein gemäß dem Nachhaltigkeitsprinzip organisiertes System ist, das seine biotischen und abiotischen Ressourcen in nachhaltiger Weise nutzt: denn alle ungestörten natürlichen Ökosysteme „wirtschaften" nach dem Prinzip der dauerhaft erhaltenden Nutzung ihrer Ressourcen – also *nachhaltig*; insofern ist es nur folgerichtig, von ihrer „internen ökologischen Ökonomie" zu sprechen, wie Peter Finke dies tut,[4] durch die sie ihren langfristigen Lebenserhalt sichern. Nachhaltiges Wirtschaften durch Menschen postuliert also nichts Anderes als die intelligente Imitation der – in Jahrmillionen der Evolution bewährten – Grundsätze der Natur.

Das heißt aber: *Nachhaltigkeit ist ein allgemeines ganzheitliches Lebensprinzip*, das allen hochkomplexen Lebensprozessen des *natürlichen Ökosystems* – dem „Lebensnetz" (Capra) – eingeprägt ist und dessen Überlebens- und Evolutionsfähigkeit sicherstellt.

Für die Zukunftsfähigkeit der von Menschen geschaffenen *kulturellen Ökosysteme*[5] – wie etwa des wissenschaftlichen, politischen oder auch ökonomischen Systems – kann die Nachhaltigkeit deshalb auch nur als *integratives Lebensprinzip* Leitbildfunktion haben – womit es offensichtlich querliegt zu den dort vorherrschenden arbeitsteiligen Vertikalstrukturen (wie Fachdisziplinen, Ressorts, Sektoren und Branchen). Es ist also letztlich gerade diese „Not des Ganzen"[6], die als unverzichtbare Mitgift der Nachhaltigkeit deren Implementierung in unserer heutigen vom industriellen Denken immer noch geprägten Welt so schwierig macht.

Um diesem notwendigen „Blick auf das Ganze" näherzukommen, könnte es sein, dass der bereits angesprochene, ebenfalls ganzheitliche Begriff der *Gesunderhaltung* auch für die kulturellen Systeme weiterführende Überlegungen eröffnet. So kann man hier et-

---

[4] Finke, P., Die Nachhaltigkeit der Sprache. Fünf ineinander verschachtelte Puppen der linguistischen Ökonomie. In A. Fill/H. Penz/W. Trampe (Hrsg.), Colourful Green Ideas. Bern: Peter Lang 2002, S. 34
[5] Finke, P., Wirtschaft – ein kulturelles Ökosystem. Über Evolution, Dummheit und Reformen. VÖÖ, Dokumentation der 1. Arbeitstagung „ARBEITEN in einer nachhaltig wirtschaftenden Gesellschaft", München 1997, S. 31-43
[6] Vgl. Mayer-Abich, K. M., Wissenschaft für die Zukunft. Holistisches Denken in ökologischer und gesellschaftlicher Verantwortung, München/Wien 1988, S. 99

wa, dem Ansatz der „Salutogenese" von Antonovsky[7] folgend, nach den Voraussetzungen und Bedingungen des „Erhalts von Gesundheit" fragen.

Auch wenn hier zunächst die Frage nach den Protektivfaktoren menschlicher Gesundheit von Einzelpersonen und Gruppen im Vordergrund steht, so könnte von diesen doch möglicherweise auch auf die Bedingungen für die Gesunderhaltung kultureller Ökosysteme geschlossen werden. Als solche konstitutive Bedingungen hat Antonovsky das „Kohärenzgefühl" aus den Komponenten der „Verstehbarkeit", „Handhabbarkeit" und „Sinnhaftigkeit" identifiziert, im Sinne einer „globalen Orientierung des Vertrauens".

Umweltmediziner haben – in Anwendung des Salutogenese-Theorems – aus dem *abnehmenden* Kohärenzgefühl dieser drei Komponenten eine „Änderung des subjektiven Lebensgefühls" verminderter Zukunftszuversicht heute zu erklären versucht, die eine massive „Gesundheits-Störung" kultureller Ökosysteme bewirken könnte – wie z. B. die seit einigen Jahrzehnten in vielen Industrieländern festzustellende extrem defizitäre demographische Nachhaltigkeit (s.u.).

Der bekennende ökologische Moralist Carl Amery sieht – wenn auch vom sehr unterschiedlichen Zugang der christlichen Schöpfungsverantwortung des Menschen her – ebenfalls in der Entwicklung des menschlichen Bewusstseins aufgrund dessen ständiger Wechselwirkung mit dem natürlichen Ökosystem den Schlüssel zur Gesunderhaltung aller Ökosysteme.[8] Unter seinem Leitsatz „Der Mensch ist die Krone der Schöpfung, wenn er weiß, dass er es nicht ist", konstatiert er, dass „... der Mensch vermutlich die einzige Spezies ist, die es sich nicht leisten kann, arglos davon auszugehen, dass die Welt für sie da ist". Und weiter: „... unsere Befindlichkeit wird bestimmt vom Zustand der Ressourcen, also insgesamt der Biosphäre, in der wir leben. Und wenn wir die nicht so zu behandeln lernen, dass sie für uns *nachhaltig* bleibt, dann geht eben ein Weltzustand zuende, in dem wir existieren können – so einfach ist das."

---

[7] Antonovsky, A., Salutogenese. Zur Entmystifizierung der Gesundheit. Tübingen 1997.

[8] Interview von Renate Börger für das Münchner Bürgerradio „Radio Lora" zum 80. Geburtstag von Carl Amery am 19.4.2002, veröffentlicht im „Energiebündel" 1/2002, S. 24 ff.

2 Herausforderungen für unsere Wissenschaftskultur

Leben als wissenschaftliche Kategorie?

Es liegt auf der Hand, dass diese neuen auf das „Ganze" gerichteten Fragestellungen auch für die Wissenschaft in vielerlei Hinsicht das Betreten von Neuland verlangen. So hilfreich zur Gewinnung entscheidungs- und handlungsstützender Erkenntnisse die reduktionistischen Ansätze der heutigen Wissenschaftspraxis auch sein mögen: gerade die systematische „Einäugigkeit" dieser Methodik und damit ihre „Vorweg-Beurteilung" ist ja mit ursächlich für die Nicht-Nachhaltigkeit der heutigen kulturellen Ökosysteme, insbesondere dem der industriellen Ökonomie, in Theorie wie Praxis: weil sie – wie die indische Physikerin Vandana Shiva in ihrer vehementen Kritik an dieser „... wissenschaftstheoretischen Denktradition des modernen westlichen Patriarchats" einmal bemerkt hat[9] – auf der Annahme einer Uniformität des Kausalmechanismus der „Naturmaschine" beruht, im Gegensatz zur „... Wirklichkeit als lebendigem Organismus". Diese Denktradition ermögliche „... Wissenskriterien, die sich von ihrem lebendigen Kontext freimachen, und schafft wissenschaftliche Maßstäbe, die als ‚objektiv' ausgegeben werden, obwohl sie auf der Entfremdung von der Natur und der Nicht-Teilnahme an ihren lebenssichernden Zusammenhängen beruhen. Hier liegt auch der Grund dafür, ‚Experten' und ‚Spezialisten' als die einzig legitimen Erforscher und Richter von Wissen anzusehen...".

Da das Nachhaltigkeitsprinzip aber den Blick für das Ganze des Lebens erfordert, gilt es in dieser Sicht nicht selten – und durchaus zu Recht! – als „unwissenschaftlich" oder zumindest „wissenschaftlich nicht operationalisierbar".

Allerdings: „Leben ist keine wissenschaftliche Kategorie"! – so lautete die Belehrung durch einen hochrenommierten Kollegen aus der Philosophie für die die Lebensnähe von Suchprozessen für Nachhaltigkeit einfordernde Autorin dieses Beitrags bei einer interdisziplinären akademischen Podiumsdiskussion, – jedenfalls vor

---

[9] Shiva, V., Das Geschlecht des Lebens. Frauen, Ökologie und Dritte Welt, Berlin 1989, S. 33 ff.

10 Jahren! Angesichts dessen, was sich seither als „Lebenswissenschaften" im herrschenden Wissenschaftssystem etabliert und im „Jahr der Lebenswissenschaften" 2001 in der Öffentlichkeit präsentiert hat, kann daran geradezu prototypisch die systemimmanente „Einäugigkeit" des Blickwinkels, sowie die Reduzierung und Fragmentierung der für wissenswert geltenden Fragestellungen heutiger Wissenschaft studiert werden. Unübersehbar zeigen die dadurch ausgelösten gesellschaftlichen und politischen Diskurse, dass diesen im wesentlichen auf die Biowissenschaften verkürzten wissenschaftlichen Kategorien keineswegs die alleinige Definitionsmacht über das Leben zugestanden werden darf; zumal hier das „Wissenswerte" allzu leicht dem Antrieb der Marktkräfte folgt und aus so gewonnenem Verfügungswissen durch Patentierung Herrschaftswissen zu werden droht: eine Perspektive, der hier leider nicht weiter nachgegangen werden kann.

Der erweiterte ökologische Raum der Lebensprozesse

An dieser Stelle kreuzt der Gedankengang ganz offenkundig die „Spur" von Peter Finke mit seiner wissenschaftstheoretischen Unterscheidung des „logischen" und des „ökologischen" Raums[10], den er als Blickfelderweiterung aufgrund des modernen Weltbilds auch als Reformbedingung einer zukunftsfähigen Wissenschaft postuliert: diese sähe sich vom 'Ecological point of view' aus erheblich anders an als aus dem lange gewohnten Sichtwinkel des „logischen Raums" mit seiner Rationalität, die sich nunmehr zwar nicht als „falsch", wohl aber als „zu eng" erwiesen habe, – weil „... der logische Raum Teil eines umfassenderen Raums ist: Teil des vom gesamten Lebensnetz erfüllten Raums", der „... der Raum aller sich tatsächlich ereignenden Wechselwirkungen, sowohl natürlicher, wie kultureller, logischer, sprachlicher und nichtsprachlicher, also auch der Wechselwirkungen zwischen den Systemen... kurz: der Raum der Lebensprozesse" ist. „Auch Wissenschaft benötigt

---

[10] Finke, P., Wechselwirkungen zwischen Linguistik und Wissenschaftstheorie. Ein Nachwort zum Buch von Peter Plöger, Wissenschaft durch Wechselwirkung, Frankfurt 2002, S. 205 ff. und Finke, P., Bern 2002, a.a.O.

diesen Raum, nicht nur den der Logik, zu ihrer Entstehung, Aufrechterhaltung und zu ihrem Wandel".[11] Und „... die neue Perspektive macht die alte nicht ungültig", aber sie sei eine „geradezu lebenswichtige Ergänzung".[12]

Es ist evident, das die Nachhaltigkeit als integratives Lebensprinzip nur die Leitidee für eben diesen erweiterten Raum der Lebensprozesse sein kann, – und insofern ein erweitertes kulturelles Ökosystem vielfältiger Wissenschaft voraussetzt bzw. herausfordert, dessen Rationalität sich aus seiner Lebensdienlichkeit und evolutionären Bewährung herleitet und die insofern mit Fug und Recht als „Neue Wissenschaft" tituliert werden muss.

So gesehen wird deutlich, dass das Nachhaltigkeitsprinzip in unserer heutigen Wissenschaftskultur mehr verändert, als es – im Anschluß an Th. Kuhn[13] herkömmlich als Wechsel eines „Paradigmas" bezeichnet wird,[14] das ja eine Kategorie *innerhalb* des „logischen Raums" ist. Das spiegelt sich auch deutlich in der anfänglichen und immer noch gängigen Rezeption des Nachhaltigkeitsprinzips in Wissenschaft und Forschung heute wider, die ja im wesentlichen vom alten logisch-analytischen Zerlegungsdenken geprägt und beherrscht werden.

Es wird damit auch deutlich, warum die aus dem Nachhaltigkeitsprinzip folgenden Herausforderungen sich als Vision eines potentiellen „Gesundbrunnens" der heutigen Wissenschaftskultur deuten lassen: denn wenn man seine Konsequenzen wirklich auch auf allen methodologischen und organisatorischen Ebenen durchbuchstabiert, entfaltet sich fast zwangsläufig ein höchst vielschichtiges und weitreichendes Reformprogramm für eine zukunftsfähige Wissenschaft.[15]

---

[11] Ebenda, S. 206
[12] Finke, P., Graz 2000, a.a.O., S. 3 f.
[13] Kuhn, T. S., Die Struktur wissenschaftlicher Revolutionen, 2. Aufl., Frankfurt 1976
[14] Ebenda, S. 19
[15] Ein solches wurde, in maßgeblicher Regie von Peter Finke und der Autorin dieses Beitrags sowie anderer Mitglieder des GLOBAL CHALLENGES NETWORK im Dezember 2001 im Rahmen einer Tagung an der Evangelischen Akademie Tutzing entwickelt, unter dem Thema:„Zukunftsfähige Wissenschaft braucht Querdenken. Herausforderungen für Lehre und Forschung durch Nachhaltigkeit." Vgl. die gleichnamige Tagungsdokumentation, als Sonderveröffentlichung „pö-forum" der POLITISCHEN ÖKOLOGIE, Nr. 75 vom Februar 2002.

„Der Weg entsteht beim Gehen"

Eine „nachhaltige Entwicklung" von Ökosystemen, gleich ob natürliche oder kulturelle, ist demnach grundsätzlich nicht im voraus „berechenbar" oder auch „modellierbar" durch Wissenschaft – schon allein, weil die komplexen Wechselwirkungen zwischen all diesen Systemen nie zu erfassen und zu diagnostizieren, geschweige denn zu antizipieren sind. Diese prinzipielle Nichtbestimmbarkeit von Nachhaltigkeit, abgelöst von der vernetzt-komplexen Lebenswirklichkeit, erfordert deswegen auch die größtmögliche *Lebensnähe* der jeweiligen Such- und Entscheidungsprozesse und kennzeichnet die Nachhaltigkeit prinzipiell als *gesellschaftlich-diskursives Leitbild*. Die Annäherung an dieses muss in einem selbstorganisierenden Verständigungsprozeß der Betroffenen und Mitwirkenden gesucht und „gefunden" werden – dies gilt gleichermaßen im wissenschaftlichen wie im politischen Raum und macht in beiden neue partizipative Strukturen und Praktiken unverzichtbar.[16] Deswegen ist die *Verständigung* über Nachhaltigkeit und nachhaltige Entwicklung sowohl Ziel als auch Prozess – „Der Weg entsteht beim Gehen", wie eine spanische Dichterweisheit sagt.

Das heißt aber, dass auch wissenschaftliches Arbeiten sich mehr von lebenden Systemen abschauen muss, denn nur ergebnisoffene kommunikative Lernprozesse versprechen die notwendige Flexibilität und Kreativität in der Entwicklung des benötigten „nachhaltigen Wissens" (das man, analog zu Peter Finkes Kennzeichnung von „Sprache",[17] durchaus auch als „Lebens-Mittel" qualifizieren könnte.)

Als einen exemplarischen Modellversuch und Experimentierfeld transdisziplinärer Wissenschaftspraxis sei an dieser Stelle ausdrücklich auf die *Förderinitiative Sozial-ökologische Forschung des BMBF* verwiesen.[18]

---

[16] Vgl. Plöger, P., Wissenschaftsmonopol oder epistemische Vielfalt? Bügerbeteiligung für eine nachhaltige Entwicklung. Preisarbeit Im Rahmen des Schweisfurth-Forschungspreis-Wettbewerbs für Ökologische Ökonomie, Januar 2002 (Manuskriptfassung)

[17] Finke, P., Bern 2002, a.a.O., S. 38

[18] Dokumentiert sowohl in der vorgenannten Tagungsdokumentation von GCN (Anm. 15), als auch in mehreren Texten und Publikationen des BMBF

3 Metamorphose des Wissenswerten in einer als Lebenswissenschaft verstandenen transdisziplinären Ökologischen Ökonomik

„Im Unterschied zur herrschenden Standardökonomik wird in der Ökologischen Ökonomik das sozio-ökonomische System als *Subsystem des übergreifenden natürlichen Systems* verstanden, von dessen Produktiv- und Wertschöpfungskraft alles menschliche Wirtschaften – auch in seinen sozialen und kulturellen Ausprägungen – lebt und auf das es sich auswirkt. Die Ökologische Ökonomik arbeitet damit an einem integrativen Verständnis von natürlicher, sozio-ökonomischer und kultureller Entwicklung. Sie erforscht und entwickelt Konzepte, Modelle und Handlungsansätze für eine Ko-Evolution von Gesellschaft, Wirtschaft und Natur durch ökologisch und sozial verträgliche „nachhaltige" Wirtschafts- und Lebensweisen..."

Mit dieser Perspektive und Wortwahl haben wir in den vergangenen Jahren in aller Kürze die wissenschaftliche Position und das Selbstverständnis der Ökologischen Ökonomik in der „Vereinigung für Ökologische Ökonomie" (VÖÖ) gekennzeichnet und auch nach außen vertreten, um die wesentlichen Unterscheidungen einer am Prinzip der Nachhaltigkeit orientierten Ökonomie und Ökonomik gegenüber der heute vorherrschenden Theorie und Praxis des Wirtschaftens zu verdeutlichen.

Die Ökonomie als „kulturelles Ökosystem" bleibt „Subsystem der Natur"

Peter Finke war es, der mit seiner Sicht auf die Ökonomie als „kulturelles Ökosystem" unseren Diskurs um die Bezüge und Zusammenhänge mit seinen übergreifenden wissenschaftstheoretischen und kulturökologischen Gedankengängen bereichert hat:[19] Dass es im Lauf der kulturellen Evolution bisher nie funktioniert habe, Kultur als Antinatur zu entwickeln – denn „... der entscheidende Punkt ist dabei: dies ist nicht nur ein ethisches Prinzip, sondern ein Selbsterhaltungsprinzip unserer kulturellen Systeme. Sie funktionieren nicht richtig, wenn wir uns über ihre ökosystemischen Organisationsformen hinwegsetzen. Unsere jetzige kulturelle Form von Wirtschaft zeigt dies. Die Erklärung hierfür ist, dass unsere kulturellen Ökosysteme zwar strukturelle Töchter ihrer natürlichen Mütter, aber nach wie vor Subsysteme dieser Muttersysteme geblieben sind. Das bedeutet aber auch: Nachhaltigkeit ist ein allgemeines Organisationsprinzip zukunftsfähiger Kultur, denn es ist Teil ihrer natürlichen Erbschaft. Es ist die Nachhaltigkeit der evolutionär bewährten natürlichen Systeme, der wir die kulturelle verdanken, und es ist diese kulturelle Nachhaltigkeit, der wir bei der Organisation einer wirklich zukunftsfähigen Wirtschaft immer noch hinterherlaufen... ".

Wenn eine dem Prinzip der Ko-Evolution verpflichtete Ökonomie und Ökonomik dem Subjektstatus von lebendiger Natur und damit des Menschen wirklich gerecht werden will, muss sie nicht nur die beliebte Modellfigur des ‚homo oeconomicus' konsequent entsorgen, sondern auch der Hoffnung auf eine theoretische Konzeption eines „nachhaltig wirtschaftenden Menschen" oder ‚homo sustinens'[20] fahren lassen: denn wenn es gerade die Vielfalt evolvierender Subjekte ist, die in Lebensprozessen deren Synergien bedingen und schaffen, verweist dies fast notwendig auf Peter Finkes Ansatz des „kulturellen Ökosystems Wirtschaft": seine Feststellung, dass unsere „Innenwelt"-Vergessenheit und -Ignoranz unser Kulturverständnis im Hinblick auf die notwendige intelligente Imitation der Natur in Rückstand geraten lassen hat, weist hier die Richtung weiterer notwendiger Schritte inhaltlicher wie methodischer Art. Sie sind oben bereits im Zusammenhang mit Überlegungen zur „Gesunderhaltung" auch kultureller Ökosysteme angedeutet worden, etwa mit dem Ansatz der „Salutogenese"; sie könnten sich aber auch an anderen integrativen Ansätzen der kurativen Gesundheitslehre orientieren, wie sie z. B. T.v. Uexküll mit seiner

---

[19] Vgl. Finke, P., 1997, a.a.O.
[20] Vgl. Siebenhüner, B., Homo sustinens. Auf dem Weg zu einem Menschenbild der Nachhaltigkeit. Marburg 2001

bio-psycho-sozialen Heilkunst für eine neue Medizin entwickelt hat, die beim Begriff und Wesen des Lebendigen selbst ansetzt.[21]

Die Produktivität des Lebens

Um es zu wiederholen: ein als komplexes Lebensprinzip verstandenes Nachhaltigkeitsprinzip gilt, in seiner Funktion von Raum und Zeit, als Inbegriff einer lebensdienlichen und naturgemäßen Nutzungsordnung. Das bedeutet aber, dass eine an diesem Prinzip orientierte Ökologische Ökonomie und Ökonomik – in ihrem ko-evolutionären Kontext – grundsätzlich ernstmachen muss mit ihrer Orientierung am *Ganzen des Lebens* als einem Netz, in dem alle Lebewesen miteinander in Beziehungen verbunden sind und in dem die Produktivität des Lebendigen den Suchprozess der evolutionären Bewährung antreibt und steuert.

Denn alle ordnungsaufbauenden Wertschöpfungsprozesse im natürlichen System beruhen ja einzig und allein auf der Produktivität des Lebens, das der Nobelpreisträger Schrödinger deshalb auch als die Kontradiktion des 2. Hauptsatzes der Thermodynamik bezeichnet hat. Andere sprechen vom „Plus-Summen-Spiel des Lebens" (Hans-Peter Dürr). Selbst die Syntropie der Sonnenenergie kann ja eben nur wirksam werden, wenn Leben sie in aufbauende Vorgänge umsetzt.

Eine am Ganzen des Lebens orientierte nachhaltige Wirtschaftsweise muss deshalb die Ausschaltung des Lebendigen aus der heutigen Ökonomie – in Gestalt von Naturzerstörung, Sozial- und Humankapital-Raubbau, Nachwuchsblindheit – überwinden, indem sie vom aufbauenden Evolutionsprozeß der Natur durch dessen intelligente Imitation zu lernen versucht. Sie muss dabei vor allem dessen prinzipielle Optionenvielfalt, Rückkopplungsfähigkeit und Zukunftsoffenheit in sich aufnehmen und sich damit so „lebensähnlich" wie nur möglich – vor allem vorsorgend und kooperativ – organisieren und verhalten lernen.

Es kommt daher nicht von ungefähr, dass die sich rasant entwickelnde Theorie lebender Systeme und die Komplexitätsforschung

---

[21] Podak, K., Leben heißt Zeichen geben – Die lautlose Revolution der Psychosomatik. Feuilleton-Beilage der SZ, 14./15. 3. 1998, Nr. 61

auch zur Lehrmeisterin einer sich stärker als „Lebenswissenschaft" verstehenden Ökologischen Ökonomik wird, wie sie Herman Daly schon vor über 30 Jahren angemahnt hat. Auch Richard Norgaard von der Universität Berkeley, langjähriger Präsident der ISEE, folgt ja mit seinem Ansatz einer 'co-evolution' sehr folgerichtig diesem Grundsatz des Lernens von den evolutionären Prozessen der lebendigen Natur und bezeichnet die soziale und ökologische Koevolution ausdrücklich als 'A Pre-Analytic Vision and Perspective of Ecological Economics'.[22]

Auch wenn in neuerer Zeit der Trend zu „lebensnaher" Begrifflichkeit und Modellierung in den Wirtschaftswissenschaften unübersehbar ist – man denke etwa an die Strapazierung von „Kreislauf"- und „Stoffwechsel"-Analogien und -Analysen, evolutionstheoretische Ansätze etc. – so hat doch die moderne Ökonomik bisher noch wenig von dem in sich aufgenommen, was das Wesen und den Wert lebendiger Prozesse in der Evolution der Natur ausmacht und damit handlungsleitend sein müsste auch für den industriewirtschaftlichen Umgang mit der natürlichen Mitwelt als Lebens- und Entwicklungs-Grundlage.

Das „Ganze" der Ökonomie und das Netz der Fragen nach dem Wissenswerten

Nachhaltiges Wirtschaften und damit eine Ökologische Ökonomie verlangen deswegen radikal veränderte Fragestellungen sowohl in der Wissenschaft als auch in der Politik, denn der Erkenntnisprozess folgt eben nur dem, was sich zuvor im „Netz der Fragen" verfangen hat;[23] das ist nicht durch „Verwertungsinteressen" im Zeichen marktwirtschaftlicher Tauschwertrationalität legitimiert, sondern durch „Überlebensinteressen" (und der Weisheit folgt, dass es besser ist, eine wichtige Frage zu stellen als eine unwichtige zu be-

---

[22] Norgaard, R. B., The Coevolutionary Advantage: Arguments for an Additional Framework in Social Theory, in: VÖÖ-Tagungsdokumentation 1997, a.a.O., S. 17-29

[23] Vgl. Busch-Lüty, Ch./Dürr, H.-P., Ökonomie und Natur. Versuch einer Annäherung im interdisziplinären Dialog. In: König, H. (Hrsg.), Umweltverträgliches Wirtschaften als Problem von Wissenschaft und Politik, Schriften des Vereins für Socialpolitik, NF Bd. 224, Berlin 1993, S. 13-43

antworten – bzw. Herman Daly folgend: dass es allemal besser ist, das Umfassende unvollständig als das Unvollständige umfassend zu behandeln...).

Eine Ökonomie und Ökonomik der Nachhaltigkeit muss vor allem die eingefleischte „Einäugigkeit" der herrschenden Ökonomie überwinden und das „Ganze" der Ökonomie als kulturelles Ökosystem erfassen und gestalten. Denn dieses „Ganze" der Ökonomie umfaßt eben

- nicht nur die monetäre, sondern auch die physische Ökonomie,

- nicht nur marktvermitteltes, sondern auch selbstversorgendes Wirtschaften,

- nicht nur einkalkulierte, sondern auch nicht einkalkulierte – externe – Effekte wirtschaftlichen Handelns,

- nicht nur Produktions-, sondern auch Reproduktions-Leistungen,

- nicht nur Erwerbs-, sondern auch Versorgungs- und Eigen-Arbeit,

- nicht nur männliche, sondern auch weibliche Arbeits- und Lebens-zusammenhänge,

- nicht nur Eigennutz, sondern auch Altruismus als Verhaltensnorm und -form,

- nicht nur Individuen, sondern auch Gemeinschaften als soziale Kategorien und Akteure,

- nicht nur Konkurrenz, sondern auch Kooperation als Beziehungs- und Koordinationsmuster,

- nicht nur materielle, sondern auch immaterielle Bedürfnisse,

um nur einige wenige der unzähligen „Determinanten" von Wirtschaftsprozessen einmal konkret zu benennen. Nachhaltigkeit als ganzheitlich-physisches Lebensprinzip integriert ja diese alle in ihrem komplexen Wechselwirkungsgefüge und auch in ihrer normativen Dimension.

Mit der normativen Dimension, dem „Ethischen", tut sich die traditionelle Ökonomik in ihrem auf vorgebliche Objektivität und Wertfreiheit gegründeten Selbstverständnis aber besonders schwer und sie reagiert darauf gern mit „Ideologieverdacht"...
Vor welch immense wissenschaftsmethodischen Herausforderungen sich dadurch eine am Nachhaltigkeitsprinzip orientierte Ökonomik gestellt sieht, wurde bereits früher angesprochen. Vor allem aber ergeben sich für die Wirtschaftswissenschaft zwingend neue Fragestellungen nach dem, was für sie *wissenswert* sein muss. Zur Verdeutlichung hier einige konkrete Beispiele solcher inhaltlichen Herausforderungen:

- Die Ökonomie muss sich in den nicht prognostizierbaren evolutionären Prozess der Natur in Raum und Zeit klug und effizient *einfügen* lernen – mit der Natur lassen sich keine Kompromisse aushandeln wie zwischen Menschen!

- Die Ökonomie muss deswegen statt wie bisher mit relativen, mit *absoluten* Knappheiten umgehen und dabei mit der prinzipiellen Unbestimmbarkeit der Tragfähigkeit der hochkomplexen natürlichen Systeme zu leben lernen und dies auch wissenschaftsmethodisch bewältigen.

- Substitutionsbeziehungen zwischen „Naturkapital" und „menschen-gemachtem Kapital" – also im weiteren Sinne die Ersetzung von Bio-Masse und Bio-Dienstleistungen durch Techno-Masse und -Dienstleistungen, dürfen weniger durch die Brille industrieller Technikgläubigkeit als eines intelligenten und sensiblen Naturverständnisses gesehen werden, um die Gratisnaturkräfte und Entropieprozesse klug bewerten, einkalkulieren und zur vollen Wirkung bringen zu lernen.

- Wie eine nachhaltige Forstwirtschaft beinhaltet eine nachhaltige Wirtschaft generell den Übergang von der primären Orientierung am Bedarf zu einer solchen an der *Leistungsfähigkeit* des natürlichen Systems als *Ganzes*, das mehr ist als die Summe seiner Teile. Dies bedeutet aber nichts anderes als eine Umkehrung der Zielprioritäten im wirtschaftlichen System vom Wachstum zur Nachhaltigkeit, und damit zur optimalen Substanzerhaltung und -entwicklung der natürlichen (auch der humanen!) Potentiale statt individueller Einkommens- bzw. Gewinnmaximierung als Oberziel.

- Schon allein die *Sprache der Ökonomik* erweist sich dabei als „trojanisches Pferd": der Evolutionsprozess des Lebendigen läßt sich nun einmal nicht reduziert auf Ressourcen- und Absorptions-Potentiale definieren, ohne *das Ganze* der Realität hoffnungslos zu verkennen und damit zu falschen – oder im besten Fall nur irrelevanten – Deduktionen zu kommen.

Beispielhaft für die oben angesprochene ganzheitliche Sicht soll hier der Begriff des „*Lebensnotwendigen*" mit dem des „*guten Lebens*" in aller Kürze kontrastiert werden:
Wenn in der heutigen Ökonomie und Ökonomik vom „Lebensnotwendigen" die Rede ist, so geschieht dies meist im Kontext von Kategorien wie „Lebensstandard", „Befriedigung lebensnotwendiger Bedürfnisse" und Assoziationen zu Begriffen wie „Existenzbedarf", „Grundbedürfnisse, (kulturelles) „Existenzminimum" (das etwa der Gerichtsvollzieher zu verschonen hat). Kennzeichnend für die entwickelten Industrieländer des Nordens – deren Perspektive die Ökonomik durchweg dominiert – ist die alleinige Fixierung des Lebensnotwendigen auf die Versorgung mit privaten materiellen marktvermittelten Gütern und Dienstleistungen, die man/frau also „kaufen" kann. Hinzu kommt die Unterstellung, dass deren „Nachfrage" als solche Ausdruck eines entsprechenden „Bedarfs" der Menschen ist und deshalb als „das Lebensnotwendige" gelten kann. Bekanntlich geht die traditionelle Ökonomik dabei ja von der prinzipiellen „Unersättlichkeit" der menschlichen Lebensbedürfnisse aus, ohne die Frage aufzuwerfen, wieviel und was des Guten „genug" ist – was neuerdings erst im Zusammenhang mit der ökologischen Debatte zaghaft thematisiert wird. In den Worten von Klaus Meyer-Abich:[24] „In der Naturkrise der wissenschaftlich-technischen Welt merken wir, dass auch die menschlichen Gesellschaften zur Natur gehören und dass ihre Lebensordnungen (wieder) in Einklang mit der des Ganzen der Natur gebracht werden müssen."

---

[24] Meyer-Abich, K. M. (Hrsg.), Vom Baum der Erkenntnis zum Baum des Lebens. Ganzheitliches Denken der Natur in Wissenschaft und Wirtschaft. München 1997, S. 47

Im gleichen von Meyer-Abich herausgegebenen Buch stellt Gerhard Scherhorn in einer Abhandlung zum „Ganzen der Güter" fest, dass hinter der Dominanz des Erwerbsprinzips in der herrschenden Ökonomie und Ökonomik eine „ignorante Einstellung zum Ganzen" stehe, die keine Rücksicht nehme auf den Gesamtzusammenhang zwischen materiellen/privaten sowie immateriellen und gemeinschaftlichen Gütern als Bestandteilen des integrierten Bedarfs.[25] Als kennzeichnend für das herkömmliche ökonomische Denken wird vermerkt, dass *die Frage nach dem „guten Leben"* überhaupt nicht gestellt wird: *Gut* kann das Leben eben *nur als Ganzes* sein!

Was das konkret für die *Arbeitsmethodik einer Ökologischen Ökonomik* bedeutet, dazu können in diesem Rahmen nur noch einige wenige Stichworte genannt werden:

- Zunächst allgemein: Martin Bubers Mahnung zu folgen, mitten im Prozess der Differenzierung das Prinzip der *Integration* zu wahren, könnte gut und gerne als methodisches Motto nachhaltigen Denkens und Handelns gelten, bei dem ja das Ganze der Realität zumindest nicht mehr der „blinde Fleck" bleiben sollte, sondern als ko-evolutionärer Prozess des Lebens verstanden und damit auch „lebensnah" erfahrbar sein sollte.

Weitere Stichworte betreffen

- die Notwendigkeit *kontextualen und prozessorientierten Denkens*, in *partizipativen* Strukturen – angesichts der unvermeidlichen Subjektivität aller Wahrnehmungs- und Reflexionsmöglichkeiten;
- den *Umgang mit Nicht-Wissen* als prinzipieller und keineswegs nur „noch nicht" überwundener Unkenntnis von Lebensprozessen, dem auch eine vertiefte Risikodebatte allein nicht gerecht zu werden vermag;
- den Umgang mit der prinzipiellen *Zukunftsoffenheit* aller Veränderungsprozesse die schlechthin das Wesen des Lebens ausmachen;

---

[25] Ebenda, S. 172

- die notwendige *Transdisziplinarität* des wissenschaftlichen Arbeitens: wenn das Forschungsfeld des nachhaltigen Wirtschaftens Lösungsbeiträge für gesellschaftliche Probleme liefern soll, so geht dies nur *mit Einbeziehung der lebensweltlichen Praxis*.

„Blinde Flecken" belichten lernen: das Exempel der „demographischen" Nachhaltigkeit

Die gesellschaftlichen Humanpotentiale in ihrer quantitativen wie qualitativen Dimension bleiben aus der herkömmlichen Ökonomik als „exogene Faktoren" grundsätzlich ausgeblendet, sie werden dort allenfalls als Produktionsfaktor Arbeit wahrgenommen. Im Hinblick auf die Zielperspektive einer „nachhaltigen Entwicklung" als Inbegriff der Zukunftsfähigkeit auf lange Sicht für eine Ökonomik der Nachhaltigkeit, aber auch für eine entsprechende Politikkonzeption erscheint es unverzichtbar und vorrangig, das Prinzip der Nachhaltigkeit auch in der demographischen Dimension zu thematisieren – was aber aber bisher noch kaum geschieht.[26]

Dabei sind die Zusammenhänge evident: eine an und in den Grenzen der Tragfähigkeit der natürlichen Ökosysteme nachhaltig wirtschaftende Gesellschaft hängt in ihren Chancen und Spielräumen für eine Erhaltung oder gar Steigerung ihrer Lebensqualität ganz und gar von ihrem Reichtum an entfalteten kreativen Humanpotentialen ab, ihrem „Humanvermögen"[27], das damit – zumal im rohstoffarmen Deutschland und Europa – analytisch und gestaltend als das Schlüsselfeld einer nachhaltigen Entwicklung angesehen werden muss und dessen „Produktions- und Reproduktionsbedingungen" – d. h. der Situation und Entwicklung

---

[26] Vgl. Birg, H., Die demographische Zeitenwende. Der Bevölkerungsrückgang in Deutschland und Europa. München 2001, passim

[27] Zur Bekräftigung und Verdeutlichung dieser Aussage sei auf Berechnungen der Weltbank verwiesen („new three-dimensional wealth measurement"), die die Komposition des Produktivvermögens in 192 Ländern aus Human-, Natur- und produziertem Kapital ermittelt hat. Im Durchschnitt aller Länder ergab sich dabei für das Humankapital ein Anteil von 64% gegenüber 20% für das Naturkapital und 16% für das produzierte Kapital. Für Deutschland betragen die entsprechenden Quoten sogar 79%, 5% und 17% (Weltbank 1995)

in den Familien und im Bildungsbereich vor allem – damit zentrale Bedeutung zukommt. Tatsächlich wird aber der festzustellende fortgesetzte Raubbau an den biologisch-sozialen Grundlagen im Humanbereich in Wissenschaft wie Politik eher ausgeblendet und verdrängt und durch die vorrangige Ziel- und Handlungsorientierung auf die kurzfristige Funktionstüchtigkeit des ökonomischen Systems sogar noch gesteigert.

Es ist bemerkenswert, dass auch der Nachhaltigkeitkeits-Diskurs in Wissenschaft wie Politik diese Zusammenhänge bisher weitgehend ausgeblendet hat, obgleich die seit Jahrzehnten offenkundige und auch weiterhin vorprogrammierte Nicht-Nachhaltigkeit der Entwicklung der Humanpotentiale in Deutschland und Europa durch die dramatischen exponentiellen Schrumpfungsprozesse (in Deutschland jeweils um ein Drittel je Generation seit 1968) und die damit und im Zuge der verlängerten Lebenserwartung einhergehende drastische Alterung der Gesellschaft sich längst als das gravierendste Problem einer nachhaltigen Entwicklung hierzulande erweisen. Es ist offenkundig den in Wissenschaft und Politik thematisierten Stabilitäsproblemen der Ökonomie *vorgelagert* und wird immer noch nicht in seinen übergreifenden Zusammenhängen belichtet, verstanden und gestaltet – bislang auch nicht in der Ökologischen Ökonomik![28]

Dabei ist die Parallelität beachtenswert, wie in unseren kulturellen Ökosystemen mit den Leistungen sowohl des natürlichen wie des familiär-sozialen Systems umgegangen wird: beide bleiben ausgeblendet aus der marktorientierten Ökonomie, Politik (und Wissenschaft!), sind aber im Sinne der Nachhaltigkeit die entscheidenden Quellen unseres produktiven Reichtums und seiner Bewahrung, Gesunderhaltung und Entwicklung.

Das „Netz der Fragen" einer auf das „Ganze" gerichteten Ökonomik darf es deshalb nicht bei diesem „blinden Fleck" belassen – zumal die äußerst komplexen Ursachenanalysen des sog. „demographisch-ökonomischen Paradoxons" (im Zuge der industriellen Entwicklung haben die Menschen in immer mehr Ländern

---

[28] Busch-Lüty, Ch., Schlüsselfelder für staatliches Handeln auf dem Weg zu mehr Nachhaltigkeit: (1) Humanpotentiale: Bevölkerung – Familien – Bildung. VÖÖ-Jahrestagung, „Mutter Natur und Vater Staat", Heidelberg 2002 (Manuskriptfassung)

umso weniger Kinder, je höher das ProKopf-Einkommen steigt[29]) auf massive „Gesundheits-Störungen", auch im Sinne des oben erwähnten Salutogenese-Theorems, der kulturellen Ökosysteme hinweisen: so haben z. B. gesellschaftliche Wandlungsprozesse der Individualisierung, Flexibilisierung und Mobilisierung – vor allem als Reflex auf die Anforderungen des herrschenden Wirtschafts- und Erwerbsarbeitssystems – zu einer verbreiteten *Bindungsaversion* geführt; diese erklärt sich u. a. aus dem massiven Anstieg der „biographischen Opportunitätskosten" einer Familiengründung, insbesondere bei den jungen Frauen im Zuge ihrer beruflichen Emanzipation.

Schon aus diesen wenigen Hinweisen wird deutlich, dass demographische Nachhaltigkeits-Defizite keine naturgesetzliche, sondern eine kulturelle Erscheinung sind und als solche dringend in das Blick- und Analysefeld einer als Lebenswissenschaft verstandenen Ökologischen Ökonomik einbezogen gehören: sie kann und muss den massiven Schwund ihrer eigenen kulturellen humanen Reproduktionsbasis und -dynamik als ein Krankheitssymptom zumindestens diagnostizieren und hinterfragen lernen.

Epilog:
Hoffen auf kulturelle Vielfalt...

Die hier skizzierten Gedankengänge zu den Folgerungen aus dem Nachhaltigkeitsprinzip für eine Gesundung der herrschenden Wissenschaftskultur und insbesondere der Ökonomik verfolgen offenkundig nur *eine* der möglichen Reformspuren. Sicher bedarf es einer Vielfalt kultureller Wandlungsimpulse und -ansätze, um den Evolutionsprozess einer zukunftsfähigen neuen Wissenschaft anzustoßen und voranzubringen.

Aber hoffnungsvolle Anstöße gibt es auch aus anderen Richtungen – zumindest für die Ökonomik soll hier zum Abschluß noch auf zwei von ihnen hingewiesen werden:

Zum einen ist auf die Entstehung einer neuen Bewegung *„postautistischer Ökonomen"* zu verweisen, die von einer Initiative

---
[29] Birg, H., a.a.O. S. 42 ff.

französischer Ökonomie-StudentInnen im Juni 2001 ausging und eine überwältigende Resonanz weltweit – v.a. über das Internet – ausgelöst hat.[30] Ihr Programm: „Ausbruch aus den Paradigmen imaginärer Welten" – und: „gesunder Menschenverstand muss überleben!". Dreh- und Angelpunkt ihres Anliegens ist die methodische Umorientierung: „... Da die Wirtschaft ein historisch gewachsenes Kulturphänomen ist, braucht sie einen sozialwissenschaftlichen Zugang: *Volkswirtschaftslehre ist Kulturtheorie!"*
(Wer mit der Dogmengeschichte der Ökonomik vertraut ist, wird hinter diesem Ansatz allerdings eher eine Neuauflage der Historischen Schule des ausgehenden 19. Jahrhunderts vermuten, und den durch diese ausgelösten Methodenstreit in der Ökonomik fröhliche Urständ feiern sehen!)

Schließlich soll noch auf einen gedanklichen Ansatz verwiesen werden, der an die auch hier erwähnte Forderung nach der konsequenten „Entsorgung" des ‚homo oeconomicus' als *der* Leitfigur der herkömmlichen Ökonomik anknüpft: In einer der Arbeiten im Rahmen des Wettbewerbs um den „Forschungs-Förderpreis für Ökologische Ökonomie" 1998 hatte sich ein auch in Praxisprojekten der Nachhaltigkeit in Sachsen hoch engagierter junger Philosoph aus dem Umfeld von Rudolf Bahro an der Berliner Humboldt-Universität[31] um das Bild des *„Homo sapiens integralis"* bemüht und die Anforderungen an eine „kritische Masse" freier und selbstverantwortlicher Bürger für eine einzuleitende Entwicklung der Nachhaltigkeit formuliert. Als Lernfeld setzt er dabei vor allem auf die „kleinen Lebenskreise": es brauche ihre Überschaubarkeit, um die für die Zukunft von Mensch und Erde notwendigen menschlichen Lebensfunktionen und Qualitäten – wie Geborgenheit, An-

---

[30] Nils Goldschmidt in der SZ Nr.77/2002, S. 25 „Gestörte Wirtschaftsbeziehungen. Eine neue Bewegung post-autistischer Ökonomen möchte die Wirtschaftswissenschaften erneuern." Vgl. *post-autistic economics network* (http://www.paecon.net) als feste Diskussionsplattform. Das Netzwerk der bereits über 40 assoziierte Ökonomik-Verbände weltweit umfassenden „Internationalen Konföderation der Gesellschaften für Pluralismus in der Ökonomie" (ICAPE) ist dabei, für den Juni 2003 in Kansas City an der University of Missouri eine Weltkonferenz zur „Zukunft der heterodoxen Ökonomik" zu organisieren.

[31] Als Manuskript der Jury eingereichte Habilitationsarbeit von Maik Hosang, von der Peter Finke wie auch die Autorin dieses Beitrags als JurorInnen beeindruckt waren, auch wenn kein Preiszuschlag erfolgte.

erkennung, Solidarität, Eigenverantwortung, Mitgefühl u.ä. – neu auszubilden: „In den Menschen muss man investieren", so sein Resümmee, auf eine „neue Qualität menschlicher Subjektivität" komme es an, „ohne deren Ausbildung alle Ansätze neuer Lebenskreise, lokaler Agenden und nachhaltigen Wirtschaftens nur geist- und machtlose Versuche bleiben". Gewisse Anknüpfungspunkte zu dem oben erwähnten Salutogenese-Theorem sind bei diesem Ansatz offenkundig.

Auch die Erste-Preisträgerin des gleichen Wettbewerbs 1998, die Soziologin Christa Müller, resümmierte zum Schluß ihrer preisgekrönten Arbeit, im Anschluß an Horkheimer, dass „... der gesellschaftliche Umgang mit der Natur zur ‚inneren' Natur des industriegesellschaftlich sozialisierten Menschen geworden" sei, und deswegen eine andere Orientierung auch nur „aus einer anderen gesellschaftlichen Praxis" kommen könne, die die innere und äußere Natur näher zusammenrücken lässt und die Menschen wieder in die Lage versetzt, ihr Leben eigenmächtig zu gestalten und sich selbst in den Produktions- und Naturprozessen zu erkennen."[32] In diesem Zusammenhang kommt nach ihrer Einschätzung den neuen Regionalisierungsbewegungen eine richtungsweisende Funktion zu.

Hier schließt sich der Kreis zu dem eingangs aus der Feder von Peter Finke zitierten *Bild des neuen Wissenschaftlers*, als „... lernbereiter, selbstkritischer, seine eigene Begrenztheit sehender Teilnehmer eines umfassenden Gesprächs": es fordert den *ganzen Menschen*.

---

[32] Müller, Ch., Von der lokalen Ökonomie zum globalen Dorf. Bäuerliche Überlebensstrategien zwischen Weltmarktintegration und Regionalisierung. Frankfurt 1998. S. 219

Der erste Teil des Weges: Natur, die gefährdete Basis

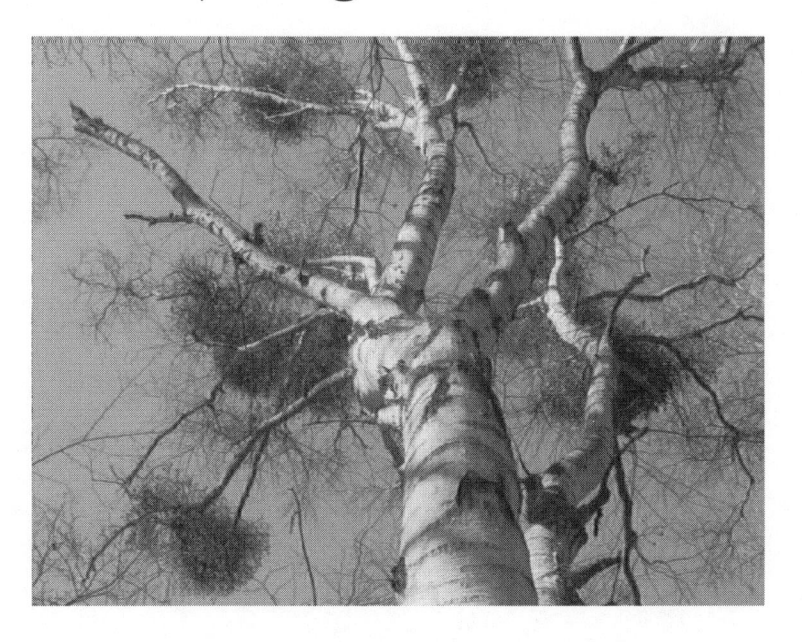

Der Baum der Natur nährt die Misteln der Kultur. Aber nur, wenn wir uns offener als bisher um Wissenszusammenhänge bemühen, können wir die Risiken dieser Symbiose vermindern und ihre Chancen für neue Visionen nutzen.

Natur, Naturschutz, Naturschützer

Roland Sossinka

Naturschutz erfährt bei allgemeinen Umfragen eine große Zustimmung. Selbst wenn theoretische Kosten mit ins Befragungs-Spiel gebracht werden, ist immer noch eine große Mehrheit der Menschen unserer Kultur für Naturschutz. Aber die tägliche Erfahrung lehrt: Die Praxis mit Ernstbezug sieht mehrheitlich anders aus. Naturschutz hat entgegen den Beteuerungen keinen Stellenwert für Einzelentscheidungen, ist meist nachrangig. Woraus erklärt sich diese Schizophrenie der Gesellschaft, die meist auch eine Inkonsequenz der Einzelnen offenbart? Hinweise könnten sich ergeben, wenn konkreter nachgefragt wird: Um welche Ziele des Naturschutzes im Einzelnen soll es gehen, was für Maßnahmen sind zu treffen, wer sollen die Akteure sein? Wenn gar nach Gründen, die für den Schutz von Natur sprechen, gefragt wird, wird das Bild ganz verschwommen. Setzen wir unsere guten Vorsätze, unsere pauschale Naturbefürwortung nicht um, weil wir verschiedene Vorstellungen haben, keine eindeutigen Begriffe verwenden, uns nicht einig sind, worum es geht?

Die Wörter Natur, Naturschutz, Naturschützer stellen keine Steigerungsreihe dar. Es handelt sich um Begriffe, die Bezug zueinander nehmen. Sie stehen auf den ersten Blick für ein Trio von notwendig und harmonisch verknüpften Einheiten: den Gegenstand, den Vorgang und den/die Handelnden. Der Gegenstand scheint den Vorgang vorzugeben, den die Handelnden nur ausführen.

Auf den zweiten Blick allerdings wird die Wechselwirkung der Begriffe untereinander sichtbar, ebenso wie die daraus folgenden Bedeutungsverschiebungen. Beginnt man bei den Naturschützern, so scheinen sie den Vorgang des Naturschutzes zu bestimmen und damit auch den Gegenstand Natur festzulegen. Naturschutz schließlich kann auch als Zustand, als Ergebnis gesehen werden, der eine Festschreibung von Natur erreicht hat und Naturschützern nur mehr eine Beobachterrolle zubilligt.

Wenn man die Begriffe mit Beispielen zu illustrieren versucht, oder eine Vielzahl von Deutungen erfragt, zeigen sich nicht nur Unschärfen, sondern auch Widersprüche. Nun ist die Begreiflichkeit von Abstrakta wie Naturschutz grundsätzlich ein Problem (und etliche Politiker scheinen es nie erfasst zu haben). Die unterschiedliche Besetzung der häufig benutzen Begriffe Natur und Naturschutz auch durch Naturschützer erzeugt möglicherweise grundlegende und umsetzungshemmende Zweifel. Insofern gilt es erst die Inhalte der drei Worte zu klären, wobei besonders ihre notwendigen Wechselwirkungen Beachtung finden sollen. Vor diesen Hintergrund kann – an dieser Stelle nur kurz angerissen – die Begründung für Naturschutz hinterfragt werden.

Vor der Abgrenzung der Worte ist zu erkunden, in welchem Feld sie stehen, wogegen eine Grenze zu ziehen ist. Naturschutz ist sicher eine gesamtgesellschaftliche Aufgabe, auch wenn – oder gerade weil – er in verschiedenen Kulturen unterschiedlich stark ausgeprägt ist. (Dabei können die Motive für praktizierten Naturschutz sehr verschieden sein, man denke an Naturvölker oder einige wohlhabende Hochzivilisationen.) Die Gesellschaft ist also wichtiges Umfeld für diese Betrachtungen. Auch sind Naturschützer ein Teil der Gesellschaft, selbst wenn einige sich mitunter ausgegrenzt fühlen.

Mit der Abgrenzung des Wortes Natur aber hatte schon Goethes Faustus Probleme („Wo fass ich dich, unendliche Natur..."), und Norbert Elias klassifiziert das Wort als ein „Symbol, das eine Synthese auf sehr hoher Ebene repräsentiert..." (Elias, N. 1986: Über die Natur. Merkur 40, S. 471). Tatsächlich ist es alles andere als ein klarer Begriff, und das seit alters her (vgl. Radkau, J. 2000: Natur und Macht. Beck, München, S. 31). So können Definitionsversuche des Wortes Natur leicht scheitern: Fasst man alle Objekte und Erscheinungen unter Natur zusammen, die den Naturgesetzen unterliegen, ist fast alles Natur. Grenzt man als (unberührte) Natur dagen alle (Lebens-)Räume und Wesen aus, die von Menschen verändert oder beeinflusst worden sind, bleibt auf der Erde fast keine Natur.

Bei dem Gebrauch des Wortes Natur sind von verschiedenen Wortführenden meist sehr unterschiedliche Teilmengen gemeint. Dies lässt sich oft durch die Polarisierung mit einem Gegenbegriff erkennen. Gebräuchliche Begriffspaare sind zum Beispiel: Natur – Kultur; Natur – Industrie; natürlich – künstlich. Auch Natur und Gesellschaft wird in bestimmten Zusammenhängen gegenübergestellt etwa, wenn bei Menschen die ontogenetische Bedingtheit bestimmter Verhaltenseigenschaften angesprochen werden soll. Solche Begriffs-Dyaden überpolarisieren in der Regel und verwischen die Übergänge. Irreführend schließlich wird das Präfix Natur auch an höchst künstliche Gegenstände gekoppelt, wie bei Naturkosmetik, um vage – verkaufsfördernde – Assoziationen abzurufen. Und schließlich erlaubt es die Verwendung eines unklaren Naturbegriffes, die Naturvölker von anderen Völkern abzugrenzen sowie in der eigenen Gesellschaft mitunter Individuen als Naturmenschen zu bezeichnen, denen aber keineswegs Menschen eines Naturvolkes gleichgestellt werden.

Gerade bei den Gegensätzen Mensch und Natur wird klar, dass nur ein bestimmter Ausschnitt von Natur – eben der ohne den Menschen – gemeint ist. Der Mensch gehört als biologische Art und Lebewesen aber gleichfalls zur Natur.

Vielen Biologen ist die geisteswissenschaftlich übliche Gegenüberstellung von Mensch und Natur oder von Mensch und Tier – d.i. eine Spezies versus 10 000 000 andere Spezies – schon immer als methodisch bedingte, weil vom Blickwinkel abhängige, Fehleinschätzung erschienen. Mittelpunkt ist man nur, wenn man soweit den Überblick verloren hat, dass man die eigene Position nicht mehr wahrnimmt. Weil ich als Mensch die Natur zunächst nur als mir gegenüber wahrnehme, bin ich noch lange nicht das Gegenüber der Natur. Vielleicht wäre es für viele Einschätzungen nützlicher, statt der Natur gegenüberzustehen, sich hineinzu(ver)setzen, um die räumlichen und zeitlichen Proportionen von Mensch und Natur zu empfinden. Natur ist nicht nur die Kulisse des Schauspiels oder gar Requisite. Sie ist auch das Ensemble und das Publikum. Der Mensch spielt nur eine Rolle unter vielen – im Übrigen nur eine vorübergehende.

Die Dichotomie Natur und Mensch birgt neben dem Manko des Übersehens der Zugehörigkeit des Menschen zur Natur aber auch Vorteile. Aus dem konstruierten Abstand kann man sich der eigenen Einstellung gegenüber der Natur klar werden. Das Riesige und Mächtige von Räumen und Gewalten, die Spontanität und Willkür von Abläufen, das Unbegreifliche von Erscheinungen, die unseren Sinnesorganen nicht zugänglich sind, kann uns mit Furcht oder Ehrfurcht erfüllen. Ob prometische Angst oder heilige Scheu, die unerklärliche Natur fordert Respekt. Ferner schenkt die Schönheit von Wahrgenommenem, ob Sonnenaufgang, Vogelgesang oder Rosenduft, Freude – uns selbst, aber auch merkbar vielen Mitmenschen (siehe auch: Williams, B. 1997: Muß Sorge um die Umwelt vom Menschen ausgehen? In: „Naturethik". A.Krebs (Hrg'in). Suhrkamp, Frankfurt, S. 303).

Die vermeintlich erklärbare Natur dagegen in ihrer Berechenbarkeit und Vorhersagbarkeit ist nützlich und dienstbar. Die „erkennbare" Gesetzmäßigkeit (eigentlich die durch Jahrtausende von Beobachtung ständig wachsende Anhäufung von überliefertem Wissen über die Ordnung in der Natur) macht sie kontrollierbar.

Dabei hat sich aber seit der Antike eine doppelte Funktion in dem Begriff erhalten, ob er physis, natura oder Natur genannt wurde, wie Norbert Elias (1986, loc.cit. S. 472) aufzeigt. Das Wissen wird durch Phantasie ergänzt, neben einer Distanzierung durch die Kenntnis der naturwissenschaftlichen Ordnung steht ein affektives Engagement. Auch heute noch erkennt man eine romantische Flucht aus den Fakten. Unreflektiert wird der „Mutter Natur" Güte zugeschrieben, das Wissen um den rechten Gang der Dinge unterstellt. So steht sie für Leben und Gesundheit. Natürlich wird heute oft gleichgesetz mit gesund beziehungsweise gut für die Menschen (Birnbacher, D. 1997: „Natur" als Maßstab menschlichen Handelns. In : Ökophilosophie. D. Birnbacher (Hrg). Reclam, Stuttgart, 217-241). Aber auch Raubtiere und Krankheitserreger sind natürlich.

Als Bezugspunkt zu den Worten Naturschutz und Naturschützer steht also nur dieser schillernde Naturbegriff mit zum Teil massiver metaphysischer Konnotation zur Verfügung (Elias 1986, loc.cit. S. 479: Die Bedeutung des Begriffes „kann mehr durch die Bedürfnisse der Person bestimmt sein, als durch die Tatsachen, auf die er verweist").

Mit Naturschutz ist in der Regel weder der Schutz der ganzen Natur gemeint, noch der einzelner Tierindividuen. Die Natur als Ganzes hat keine Umwelt, man kann sie höchstens als Umwelt des Menschen sehen. Und das Naturgesamte ist nicht reparierbar (Spaemann, R. 1980: Technische Eingriffe in die Natur als Problem der politischen Ethik. In: „Ökologie und Ethik". D. Birnbacher (Hrg.). Reclam, Stuttgart, 182-206). Auf der anderen Seite ist der Schutz, den man einem Einzelindividuum angedeihen lässt, etwa dem verletzten Rehkitz, kein Natur- sondern Tierschutz. Unter Naturschutz ist in der Regel die Erhaltung oder Wiederherstellung von Kollektiven gemeint: von den Mitgliedern der Population einer Pflanzen- oder Tierart in einem bestimmten Gebiet, oder von der Lebensgemeinschaft eines Lebensraumes, auch von einer ganzen Landschaft mit ihrem typischen Erscheinungsbild. Auch der natürliche Vorgang eines Veränderungsablaufes, etwa das Mäandrieren eines Flusses mit der ständigen Verlagerung, fällt hierunter. Damit können sowohl statische als auch dynamische Erscheinungen als Naturschutz bezeichnet werden. Nach den Zielen sind drei Kategorien von Naturschutz zu unterscheiden: Biotop-, Arten- und Prozess-Schutz (Plachter, H. 1995: Der Beitrag des Naturschutzes zu Schutz und Entwicklung der Umwelt. In: „Umwelt und Naturschutz am Ende des 20. Jahrhunderts. Erdmann, K. H. & H. G. Kastenholz (Hrsg.). Springer, Berlin, 197-254).

Die Lüneburger Heide (übrigens eine Kulturlandschaft) in ihrer typischen Ausprägung festzuhalten ist nur durch ständige Pflege (menschenvermittelte Schafbeweidung zum Beispiel) möglich (Biotop-Schutz). Dieses antropogene Management sichert dort auch das Überleben des Heidekraut-Bläulings und etlicher anderer spezialisierten Arten (Artenschutz). Ohne menschlichen Eingriff bewalden sich solche Flächen, zunächst mit Birken, später mit Kiefern, nach einigen hundert Jahren herrscht Eichen-Birkenwald vor. Diese Wiederbewaldung (oder –verwaldung, wie ein Löns-Bewunderer abwertend sagen würde) ist ein natürlicher Prozess. Auch solche Bewaldungsprozesse bis hin zu dynamischen Urwäldern (einschließlich Windwurf, Waldbrand und Regenerationen) können Schutzziel sein (Prozessschutz). Problematisch ist nur, dass die verschiedenen Ziele sich zum Teil gegenseitig ausschließen, dass auf einer Fläche meist nur eine Form von Naturschutz betrieben werden kann. Selbst innerhalb des Ziels Artenschutz gilt es festzulegen, welche Art (oder Gilde von Arten) auf Kosten welcher anderer zu schützen ist. Naturschutz ist eine gesellschaftliche Aufgabe, die in einem Rahmengesetz (Bundes-

Naturschutz-Gesetz, Neuregelungsgesetz vom 3. 4. 2002) für die Bundesrepublik Deutschland verbindlich festgelegt ist, als Staatsziel sogar Verfassungsrang hat (Grundgesetz Artikel 20a). Dieses gibt die Ausformung der Gesetze der Bundesländer, denen die Aufgabe des Naturschutzes obliegt, vor.

Wer nun meint, in den Naturschutzgesetzen nachlesen zu können, was Naturschutz sei und wie er zu erreichen ist, wird enttäuscht. Die im parlamentarischen Prozess entstandenen Gesetzestexte sind der Kompromiss zwischen den divergenten Weltanschauungen, das heißt Natursichten und anderer Interessenswahrnehmungen, der Volksvertreter und den resultierenden Wertvorstellungen. Die so entstandenen unscharfen Formulierungen müssen von Rechtswissenschaftlern interpretiert, im Konfliktfall von Richtern entschieden werden.

Die Umsetzung der Regelwerke zum Naturschutz ist Sache des Staates und aller seiner Bürger – so auch (besonders?) der Naturschützer. Auch bei diesem dritten Wort bedarf es einer sorgfältigen Sichtung seiner Bedeutungen. So kann man vorab verschiedene Gruppierungen von Naturschützern unterscheiden: die amtlichen und die ehrenamtlichen. Erstere sind in den öffentlichen Verwaltungen mit der Einhaltung und Umsetzung der Gesetze und Verordnungen zum Schutze der Natur befasst. Dabei überwachen sie sich zum Teil selbst, etwa wenn ein Landrat ein Gewerbegebiet in der freien Landschaft anlegt und gleichzeitig die Landschaft schützen soll. Die zweite Gruppe, die ehrenamtlichen, scheinen zum Spaß den Erhalt von Natur zu propagieren und zu betreiben. Außer in der Bildungsarbeit und in freiwilligen Arbeitseinsätzen bei Pflegemaßnahmen kann man sie auch noch im Streit mit Behörden finden, wenn sie den Schutz der Natur nicht gewahrt sehen. Zu diesen beiden Gruppen kommt als dritte noch jene der WissenschaftlerInnen, die sich fachlich mit Naturschutz befassen. Sie untersuchen entweder Auswirkungen bestimmter Faktoren auf die schützenswerte Natur oder schlagen Maßnahmen für effektiven Schutz vor, mitunter hinterfragen sie auch die Ziele. Im Gegensatz zu den beiden vorgenannten Gruppen sollten sie aber nicht wertend Stellung nehmen.

Angesichts der vorher festgestellten Unschärfen bei gesetzlichen Regelungen (ganz abgesehen von der oft einseitgen Abwägung mit anderen Belangen) und der Vielfalt der Meinungen zu Natur ist es nicht überraschend, dass es in den Lagern der Naturschützer ständig brodelt. So reiben sich nicht nur Naturschützer und Naturnutzer aneinander, wobei Erstere als selbsternannte Naturschützer und übereifrig, letztere als Naturverbraucher und unersättlich tituliert werden. Auch zwischen den Naturschützer-Gruppierungen werden Gräben gezogen und selbst innerhalb der einzelnen Lager – besonders bei den ehrenamtlichen – gärt es. Da will der eine „seine" hohe Zahl von Schmetterlingsarten auf dem Trockenrasen durch raffinierte Mahdprogramme eher noch steigern, während der andere für bestimmte Brutvögel eine Verbuschung propagiert. Nur die Natur streitet nicht mit – aber sie ändert sich. Und die Menschen bewerten dies, verschiedene Menschen unterschiedlich...

Um sich über Zweck und Ziele von Naturschutz zu einigen, muss man die Motive offenlegen und mit guten Gründen zu überzeugen suchen. Motive können sehr subjektiv sein, in der Religion, in tiefem Empfinden, in individuellen Erinnerungen begründet sein. So stark dies auf den Betroffenen wirkt (und meiner Meinung nach auch be- und geachtet werden sollte); die Überzeugungskraft, der Umstimmungseffekt dieser Größen ist anderen gegenüber gering, sofern sie nicht schon vorher diese Beweggründe teilten. (Bei Kindern mag das anders sein, ihnen kann man auch gefühlsmäßige ehrliche Einstellungen vermitteln). Bei Erwachsenen, kritisch Denkenden, lässt sich nur mit rationalen Argumenten Rücksicht gegenüber der Natur wecken, auch bei dem bisher Achtlosen. Was aber sind gute Gründe?

Der Mensch braucht Natur – umgekeht ist das nicht der Fall. Natur ist die Lebensgrundlage der Menschen, mindestens was Boden, Wasser, Luft, Klima und Nahrung angeht. Insofern ist nachhaltiger Umgang mit diesen Naturgütern unerlässlich. Der Mensch braucht aber auch Mitmenschen, und zwar möglichst solche, denen es gut geht. Und da es viele Menschen gibt, die sich in intakter Natur wohlfühlen, die sich über seltene Tier- und Pflanzenarten freuen, denen die Schönheit von Natur ganz einfach gut tut, ist auch dies ein guter Grund, die Natur zu schützen (vergl. Meyer, Kirsten 2002: Der Schutz der Natur und das gute Leben. *Philosophia naturalis* 39, 173-186). Den vielen Naturvorstellungen der verschiedenen Menschen entsprechend darf, ja muss es auch unterschiedliche Zielsetzungen im Naturschutz geben. Insgesamt schützen wir mit der Natur also mittelbar viele Menschen. Und das sollte ein überzeugender Grund sein.

Dem Willen der Mehrheit der Menschen wird man also entsprechen, wenn man die Natur, so wie sie (von klein auf) erfahren, wahrgenommen, gedacht und gefühlt wird, schützt. Und davon kann man die meisten vernünftig denkenden Mitmenschen auch überzeugen. Bei Kleinkindern kann man durch Früherziehung und Vorbild eine entsprechend natur- und menschenfreundliche Grundeinstellung einpflanzen.

Letzendlich werden alle Menschen Naturschützer, wenn sie dem Imperativ folgen, der von Hans Jonas ableitbar ist (1984. Das Prinzip Verantwortung. Suhrkamp, Frankfurt): „Handle so, daß die Wirkungen deiner Handlung verträglich sind mit der Permanenz echten menschlichen Lebens auf Erden!"

Und entspräche dies nicht auch der menschlichen „Natur"? Die eingangs festgestellte Inkonsequenz der Einzelnen ist denn wohl mehr die Folge falscher Beratung (Die Werbeindustrie gibt dafür Milliarden aus). Es gibt viel zu schützen: Packen wir es an!

Ökologie und Gemeinschaft*

Fritjof Capra

Das Verständnis von Gemeinschaft ist heute von allergrößter Wichtigkeit, nicht nur für unser emotionales und spirituelles Wohlbefinden, sondern für die Zukunft unserer Kinder und für das Überleben der Menschheit.

Wie Sie wissen, sehen wir uns einer ganzen Reihe globaler Umweltprobleme gegenüber, die die Biosphäre schädigen und menschliches Leben bedrohen. Das Ausmaß der Schäden ist alarmierend und wird bald vielleicht nicht mehr rückgängig zu machen sein. Die große Herausforderung unserer Zeit ist die Schaffung nachhaltiger Gemeinschaften, das heißt, sozialer und kultureller Umwelten, innerhalb derer wir unsere Bedürfnisse befriedigen können ohne die Lebenschancen zukünftiger Generationen zu mindern.

In unserem Bestreben, nachhaltige Gemeinschaften zu schaffen und zu unterhalten, können wir wertvolle Einsichten aus Ökosystemen gewinnen, die bereits nachhaltige Gemeinschaften aus Pflanzen, Tieren und Mikroorganismen *sind*. In über vier Milliarden Jahren Evolutionsgeschichte haben Ökosysteme sehr komplizierte und raffinierte Organisationsformen zur Maximierung der Nachhaltigkeit entwickelt.

Es gibt natürliche Gesetze der Nachhaltigkeit, so wie das Gesetz der Gravitation ein natürliches Gesetz ist. Durch die Wissenschaft vergangener Jahrhunderte haben wir eine Menge über das Gesetz der Gravitation und ähnliche physikalische Gesetze gelernt, über

---

* Aus dem Amerikanischen übersetzt von Peter Plöger (Originaltitel: *Ecology and Community*). Der Beitrag geht auf einen Vortrag zurück, der zuerst im August 1994 anlässlich einer Klausurtagung vor dem Lehrkörper und der Verwaltung des Mill Valley Schulbezirks gehalten. Die Herausgeber danken Fritjof Capra und dem Center for Ecoliteracy sehr herzlich dafür, uns diesen Text für den vorliegenden Sammelband zur Verfügung gestellt zu haben.

die Gesetze der Nachhaltigkeit jedoch nur wenig. Wenn Sie eine hohe Klippe hinaufsteigen und hinunterspringen, das Gesetz der Gravitation ignorierend, werden Sie mit Sicherheit sterben. Wenn wir in einer Gemeinschaft leben, die die Gesetze der Nachhaltigkeit unbeachtet lässt, werden wir auf lange Sicht gesehen ebenso sicher sterben. Diese Gesetze sind genauso stringent wie die Gesetze der Physik, aber bis vor kurzem wurden sie nicht erforscht.

Das Gesetz der Gravitation ist, wie Sie wissen, von Galileo und Newton formuliert worden, dennoch wussten die Menschen lange vor Galileo und Newton, dass man nicht von Klippen springen sollte. Analog hierzu kannten Menschen die Gesetze der Nachhaltigkeit lange bevor Ökologen des zwanzigsten Jahrhunderts begannen sie aufzudecken. Tatsächlich ist das, worüber ich heute sprechen möchte, nichts, was ein zehnjähriger Navajo-Junge oder ein Hopi-Mädchen, aufgewachsen in einer traditionellen indianischen Gemeinschaft, nicht verstünde oder wüsste. Während ich diesen Vortrag vorbereitete, entdeckte ich, dass, wenn Sie wirklich versuchen, das Wesentliche in den Gesetzen der Nachhaltigkeit herauszuarbeiten, Sie auf sehr einfache Aussagen stoßen. Je weiter Sie sich dem Wesentlichen nähern, desto einfacher werden sie.

Was ich Ihnen zeigen will, ist die Essenz der Vorgänge, mit denen sich Ökosysteme selbst organisieren. Man kann bestimmte Organisationsprinzipien abstrahieren und sie die Prinzipien der Ökologie nennen. Aber ich möchte Ihnen keine Liste von Prinzipien zeigen, sondern eine Organisationsstruktur. Wenn Sie versuchen, sie zu formalisieren und zu sagen: „Dies ist ein Schlüsselprinzip und dies ist ein Schlüsselprinzip", werden Sie sehen, dass Sie nicht wissen, an welcher Stelle Sie beginnen sollen, denn alle Prinzipien hängen zusammen. Sie müssen alle gleichzeitig erfassen. Wenn Sie also in der Schule die Prinzipien der Ökologie lehren, können Sie nicht sagen „In der dritten Klasse machen wir Interdependenz und in der vierten Klasse Vielfalt". Eins kann ohne das andere weder gelehrt noch praktiziert werden.

Ich werde nun also beschreiben, wie Ökosysteme sich selbst organisieren und Ihnen das Wesentliche ihrer Organisationsprinzipien darlegen.

Beziehungen

Wenn Sie ein Ökosystem betrachten – sagen wir eine Wiese oder einen Wald – und zu verstehen versuchen, um was es sich dabei handelt, werden Sie zuerst feststellen, dass es dort viele Spezies gibt. Sie finden viele Pflanzen, viele Tiere, viele Mikroorganismen. Aber sie sind mehr als eine Ansammlung von Arten. Sie bilden eine Gemeinschaft, was bedeutet, dass sie voneinander abhängen; sie sind interdependent. Sie hängen auf viele verschiedene Arten und Weisen voneinander ab, die wichtigste Beziehung ist eine existenzielle: Sie ernähren sich voneinander. Das ist die existenziellste Interdependenzbeziehung, die man sich vorstellen kann.

Tatsächlich waren Räuber-Beute-Beziehungen eines der ersten Dinge, die erforscht wurden, als die Ökologie sich in den zwanziger Jahren des zwanzigsten Jahrhunderts etablierte. Zunächst formulierten Ökologen das Konzept der Nahrungskette. Sie erforschten große Fische, die kleinere Fische fraßen, die wiederum noch kleinere Fische fraßen, und so weiter. Bald entdeckten diese Wissenschaftler, dass es sich hier nicht um lineare Ketten, sondern um Zyklen handelte: Wenn die großen Tiere sterben, werden sie wiederum von Insekten und Bakterien gefressen. Das Konzept wechselte von Nahrungsketten zu Nahrungszyklen.

Dann fand man heraus, dass mehrere Nahrungszyklen miteinander verbunden sind, also verschob sich die Aufmerksamkeit der Forscher erneut von Nahrungszyklen zu Nahrungsnetzen. Das ist der Stand der Dinge in der heutigen Ökologie. Die Ökologen sprechen von Nahrungsnetzen, Netzwerken von trophischen Beziehungen.

Das sind nicht die einzigen Beispiele für Interdependenz. Mitglieder einer ökologischen Gemeinschaft geben einander beispielsweise auch Schutz. Vögel nisten in Bäumen und Flöhe auf Hunden, und Bakterien leben an den Wurzeln von Pflanzen. Schutz ist eine weitere wichtige Art der Interdependenz. Um Ökosysteme zu verstehen, müssen wir mithin Beziehungen verstehen. Dies ist ein wesentlicher Aspekt des neuen Denkens. Denken Sie des weiteren immer daran, dass ich, wenn ich über Ökosysteme spreche, über Gemeinschaften spreche. Der Grund, aus dem wir hier Ökosysteme erforschen, ist, dass wir etwas über die Schaffung nachhaltiger menschlicher Gemeinschaften lernen können.

Also müssen wir ein Verständnis von Beziehungen entwickeln, und dies widerspricht dem traditionellen Wissenschaftsverständnis der westlichen Kultur. In der traditionellen Wissenschaft haben wir versucht, Dinge zu messen oder zu wiegen, aber Beziehungen können nicht gemessen oder gewogen werden. Beziehungen müssen als Karte dargestellt werden. Sie können eine Karte der Beziehungen zeichnen, welche die Verbindungen zwischen verschiedenen Bestandteilen oder verschiedenen Mitgliedern der Gemeinschaft zeigt. Wenn Sie das tun, werden Sie entdecken, dass bestimmte Anordnungen in den Beziehungen immer wieder auftauchen. Diese Anordnungen nennen wir Muster. Die Erforschung von Beziehungen führt uns zur Erforschung von Mustern. Ein Muster ist eine Anordnung von Beziehungen, das immer wieder auftritt.

Die Erforschung von Formen und Mustern

Somit führt uns die Erforschung von Ökosystemen zur Erforschung von Beziehungen, die uns wiederum den Begriff des Musters entdecken lässt. Und hier stoßen wir auf eine Spannung, die charakteristisch ist für die westliche Wissenschaft und Philosophie seit ihrem Beginn. Es ist die Spannung zwischen der Erforschung der Substanz und der Erforschung der Form. Die Erforschung der Substanz beginnt mit der Frage: „Woraus besteht es?". Die Erforschung der Form beginnt mit der Frage: „Was ist seine Struktur?". Dies sind zwei sehr unterschiedliche Herangehensweisen. Beide haben Bestand durch unsere ganze wissenschaftliche und philosophische Tradition hindurch. Die Erforschung der Form begann mit den Pythagoräern in der griechischen Antike, und die Erforschung der Substanz begann zur gleichen Zeit mit Parmenides, Demokrit und verschiedenen andern Philosophen, die sich die Frage stellten: Woraus besteht die Materie? Woraus besteht die Realität? Was sind ihre kleinsten Bestandteile? Was ist ihre Essenz?

Indem sie diese Frage stellten, stießen die Griechen auf das Konzept der vier grundlegenden Elemente: Erde, Feuer, Luft und Wasser. In unserer Zeit wurden diese neu geformt zu den chemischen Elementen – viele mehr als vier, aber immer noch fundamentale

Elemente, aus denen alle Materie besteht. Im neunzehnten Jahrhundert identifizierte Dalton die chemischen Elemente mit Atomen, und mit dem Aufkommen der Kernphysik in unserem Jahrhundert wurden Atome aufgespalten in Kerne und Elektronen, und die Kerne wiederum in weitere subatomare Partikel.

Ganz ähnlich in der Biologie: Die grundlegenden Elemente waren zunächst Organismen oder Spezies. Im achtzehnten und neunzehnten Jahrhundert waren die Spezies in sehr komplizierte Klassifikationen eingeordnet. Dann, mit der Entdeckung von Zellen als den allen Organismen gemeinsamen Grundbausteinen, wechselte die Aufmerksamkeit von Organismen auf Zellen. Die Zellbiologie war nun an vorderster Front der Forschung in der Biologie. Dann wurde die Zelle aufgespalten in ihre Makromoleküle, in die Enzyme und Proteine und Aminosäuren und so weiter, und Molekularbiologie wurde die nächste Forschungsfront. In diesem gesamten Forschungsprozess lautete die Frage immer: Woraus besteht es? Was ist die grundlegende Substanz?

Zur selben Zeit, durch die ganze Geschichte der Wissenschaft hindurch, gab es immer auch die Suche nach Mustern, und einige Male spielte sie eine führende Rolle. Größtenteils wurde sie jedoch vernachlässigt, unterdrückt oder marginalisiert durch das Studium der Substanz. Wie ich bereits sagte: Wenn Sie Muster erforschen, müssen sie die Muster bildlich darstellen, während das Studium der Substanz eine Erforschung von Quantitäten ist, die gemessen werden können. Die Erforschung von Mustern oder Form ist eine Erforschung von Qualitäten, die ein Visualisieren und Kartographieren erfordert. Form und Muster müssen verbildlicht werden.

Dies ist ein entscheidender Aspekt im Studium der Muster und der Grund dafür, dass jedes Mal, wenn die Erforschung von Mustern die führende Rolle spielte, Künstler maßgeblich zur Entwicklung der Wissenschaft beigetragen haben. Die vielleicht berühmtesten Beispiele sind Leonardo da Vinci, dessen ganzes wissenschaftliches Leben dem Studium von Mustern gewidmet war, und im achtzehnten Jahrhundert der deutsche Dichter Goethe, der durch sein Studium von Mustern bedeutende Beiträge zur Biologie geliefert hat.

Für uns als Eltern und Erzieher ist dies sehr wichtig, denn die Erforschung von Mustern fliegt Kindern nachgerade zu: Muster verbildlichen, Muster zeichnen ist natürlich. Im traditionellen

Schulsystem wurde es dennoch nicht gefördert. Kunst war irgendwie etwas nebensächliches. Wir können daraus ein zentrales Merkmal der „Ecoliteracy" machen: die Visualisierung und Erforschung von Mustern durch Kunst.

Nachdem wir nun erkennen, dass die Erforschung von Mustern in der Ökologie eine zentrale Rolle spielt, können wir die Schlüsselfrage stellen: Was ist das Muster des Lebens? Auf allen Ebenen des Lebens – Organismen, Bestandteile von Organismen und Gemeinschaften von Organismen – gibt es Muster, und wir können fragen: Wie sieht das charakteristische Muster des Lebens aus? Ich arbeite gerade an einem Buch, das diese Frage klären soll, könnte Ihnen also eine eher fachsprachliche Beschreibung der Charakteristika der Muster des Lebens geben, möchte mich hier jedoch auf seine wesentlichen Eigenarten konzentrieren.

Netze

Der erste Schritt zur Beantwortung dieser Frage – und vielleicht der wichtigste – ist ein sehr einfacher und offensichtlicher: Das Muster des Lebens hat eine Netzwerkstruktur. Wann immer Sie das Phänomen Leben betrachten, sehen Sie Netze. Wiederum wurde diese Erkenntnis durch die Ökologie in die Wissenschaft eingebracht, und zwar in den zwanziger Jahren, als man Nahrungsnetze erforschte – Netze von trophischen Beziehungen. Man begann, sich auf Netzwerke zu konzentrieren. Später entwickelte die Mathematik eine ganze Reihe von Methoden zur Beschreibung von Netzwerken. Schließlich bemerkten die Wissenschaftler, dass das Netzwerkmuster nicht nur charakteristisch ist für das Ganze ökologischer Gemeinschaften, sondern auch für jedes Mitglied einer Gemeinschaft. Jeder Organismus ist ein Netz von Organen, Zellen, vieler verschiedener Bestandteile, und jede Zelle ist wiederum ein Netz noch kleinerer Bestandteile: Netzwerke in Netzwerken. Wann immer Sie Leben betrachten, betrachten Sie Netze.

Sie könnten fragen: Was ist ein Netz, was können wir über Netze sagen? Das erste, was Ihnen auffällt, wenn Sie ein Netz zeichnen, ist, dass es nicht-linear ist, es breitet sich in alle Richtungen aus. Also sind die Relationen innerhalb eines Netzwerkes nicht-lineare

Beziehungen. Wegen dieser Nicht-Linearität kann ein Impuls oder eine Botschaft einen Kreispfad entlang wandern und zu seinem Ursprung zurückkehren.

In einem Netz finden Sie Kreisläufe und geschlossene Schleifen. Diese Schleifen sind Rückkopplungsschleifen. Das Konzept der Rückkopplung, das in den vierziger Jahren in der Kybernetik entdeckt wurde, ist eng verbunden mit Netzmustern. Aufgrund der Rückkopplung in Netzwerken, weil ein Impuls eine Schleife entlang laufen und zurückkommen kann, gibt es Selbstregulierung – und nicht nur Selbstregulierung, sondern Selbstorganisation. Netzwerke, zum Beispiel Gemeinschaften, können sich selbst regulieren. Die Gemeinschaft kann aus ihren Fehlern lernen, denn die Fehler wandern entlang der Schleifen und kehren zurück. Dann können Sie lernen und es das nächste Mal anders machen. Die Folgen Ihres Handelns werden zu Ihnen zurück gelangen und Sie können wiederum lernen, Schritt für Schritt.

Eine Gemeinschaft kann sich somit selbst organisieren und lernen. Sie benötigt keine regelnde Institution von außerhalb, die sagt: „Ihr habt etwas falsch gemacht". Eine Gemeinschaft hat ihre eigene Intelligenz, ist selbst lernfähig. Man kann sagen, jede lebendige Gemeinschaft ist eine lernende Gemeinschaft. Entwicklung und Lernen gehören zum Wesentlichen des Lebens aufgrund dieser Netzstruktur.

Selbstorganisation

Sobald Sie verstehen, dass Leben aus Netzen besteht, verstehen Sie, dass Selbstorganisation der Schlüssel zum Leben ist. Wenn Sie also jemand fragt: „Was ist die Essenz des Lebens? Was ist das Leben überhaupt?", könnten Sie sagen: „Es ist ein Netz, und weil es ein Netz ist, kann es sich selbst organisieren". Diese Antwort ist sehr einfach, gehört aber zu den aktuellsten Themen der Wissenschaft unserer Tage. Und sie ist nicht allgemein bekannt. Wenn Sie sich in den Forschungsabteilungen umhören, wird das nicht die Antwort sein, die Sie hören werden. Stattdessen werden Sie hören: „Aminosäuren", „Enzyme" und Ähnliches, sehr komplizierte Antworten. Das ist die Art und Weise, in der die Erforschung der Substanz betrieben wird: Woraus besteht es?

Es ist wichtig zu verstehen, dass die Biologen trotz der großen Triumphe der Molekularbiologie immer noch sehr wenig darüber wissen, wie wir atmen, wie eine Wunde heilt oder wie sich ein Embryo in einen erwachsenen Organismus entwickelt. All die koordinierenden Vorgänge des Lebens können wir nur begreifen, wenn wir Leben als selbstorganisierendes Netzwerk verstehen. Selbstorganisation ist also die Essenz des Lebens, und sie ist verbunden mit der Netzstruktur.

Eine andere Art und Weise, die Rückkopplungsschleifen im Netzwerk eines Ökosystems zu deuten, ist, sie als Recycling zu sehen. Energie und Materie bewegen sich in Kreisläufen. Die Kreisläufe von Energie und Materie – sie sind ein weiteres Prinzip der Ökologie. Genaugenommen können Sie ein Ökosystem definieren als eine Gemeinschaft, in der nichts verschwendet wird.

Dies ist eine sehr wichtige Lektion, die wir von der Natur lernen müssen. Genau darüber rede ich, wenn ich zu Unternehmern über die Einführung von „Ecoliteracy" in die Wirtschaft spreche. Unser Wirtschaftsleben folgt heute einer linearen Struktur: Ressourcen verbrauchen, Güter produzieren und sie dann wegwerfen. Wir müssen unsere Wirtschaft so umgestalten, dass sie die Kreisläufe in der Natur imitiert anstatt Verbrauch und Verschwendung hervorzurufen. Paul Hawken hat dieses Thema erst kürzlich in seinem Buch *The Ecology of Commerce* behandelt.

Wir haben bisher über Interdependenz, Beziehungen in einem Netzwerk, Rückkopplungsschleifen, über Kreisläufe und über Gemeinschaften gesprochen, die aus vielen verschiedenen Spezies bestehen. All dies zusammengenommen erfordert Kooperation und partnerschaftliches Zusammenleben. Da verschiedenste Bau- und Nährstoffe durch das Ökosystem fließen, nehmen die Beziehungen zwischen seinen Bestandteilen viele unterschiedliche Formen an. Während des neunzehnten Jahrhunderts sprachen Darwinisten und Sozialdarwinisten vom Wettbewerb und Kampf in der Natur – „Nature red in tooth and claw". Im zwanzigsten Jahrhundert entdeckten Ökologen, dass Kooperation für die Selbstorganisation in Ökosystemen eine viel wichtigere Rolle spielt als Wettbewerb. Wir werden ständig Zeugen von Partnerbeziehungen, Verbindungen, Zusammenschlüssen; Arten, die gemeinsam mit anderen Tieren leben, so dass beide Partner in ihrem Überleben voneinander abhängen. Partnerschaften sind ein wesentliches Moment des Lebens. Selbstorganisation ist ein gemeinschaftliches Unternehmen.

Wir sehen, dass all diese Prinzipien – Interdependenz, Netzmuster, Rückkopplungsschleifen, die Kreisläufe von Energie und Materie, Wiederverwertung, Kooperation, Partnerschaft – verschiedene Aspekte ein und desselben Phänomens darstellen: der nachhaltigen Selbstorganisation von Ökosystemen.

Flexibilität und Vielfalt

Sobald dies alles verstanden ist, kann man detailliertere Fragen stellen, etwa: Wie widerstandsfähig ist eine solche Organisationsform? Wie reagiert sie auf Störungen von außen? Auf diese Weise werden Sie auf zwei weitere Prinzipien stoßen, die ökologischen Gemeinschaften ermöglichen, Störungen zu überstehen und sich wechselnden Bedingungen anzupassen. Die eine ist Flexibilität. Flexibilität manifestiert sich in der Netzstruktur. Netze in Ökosystemen sind nicht festgefügt, sie fluktuieren. Wo immer sich Rückkopplungsschleifen befinden, bringt sich das System im Falle einer Störung zurück ins Gleichgewicht. Da aber aufgrund der sich stetig ändernden Umweltbedingungen jederzeit Störungen auftreten, befindet sich das System in einer kontinuierlichen Fluktuation.

Alles innerhalb eines Ökosystems ist in Veränderung begriffen: Populationsdichten, Versorgung mit Nahrung, Regenmenge und so weiter. Gleiches gilt für einen einzelnen Organismus. Alles in unserem Körper – unsere Körpertemperatur, unser hormonelles Gleichgewicht, unsere Hautfeuchtigkeit, unsere Gehirnwellen, unser Atemrhythmus – fluktuiert. Aus diesem Grunde sind wir flexibel und anpassungsfähig, denn selbst wenn dieser ständige Wechsel gestört wird, stellt sich ein gesundes fluktuierendes Gleichgewicht wieder ein. Flexibilität durch Fluktuation ist also die Strategie, mit der Ökosysteme anpassungsfähig bleiben.

Natürlich geht diese Strategie nicht immer auf, es kann zu sehr ernsten Störungen kommen, die eine bestimmte Spezies schließlich tötet, sie einfach auslöscht. Dadurch wird einer der Knoten in einem Netz zerstört. Ein Ökosystem oder jede andere Art von

Gemeinschaft bleibt anpassungsfähig, wenn dieser zerstörte Knoten nicht der einzige seiner Art war, wenn es also weitere Knoten und Verbindungen gibt, so dass die anderen zumindest teilweise die Funktion des ausgelöschten übernehmen können. Mit andern Worten: Je komplexer das Netz mit all seinen Verbindungsknoten ist, desto widerstands- und anpassungsfähiger ist es, denn es kann sich leisten, einige Knoten zu verlieren. Es wird viele andere geben, die dieselbe Funktion erfüllen können.

Dies, meine Freunde, führt uns zur Vielfalt. Vielfalt bedeutet viele verschiedenen Knoten, viele verschiedene Lösungsansätze für dasselbe Problem. Eine vielfältige Gemeinschaft ist mithin eine widerstandsfähige Gemeinschaft. Eine vielfältige Gemeinschaft kann sich wechselnden Situationen anpassen. Daher ist Vielfalt ein weiteres wichtiges Prinzip der Ökologie.

Wir müssen allerdings vorsichtig sein, wenn wir über Vielfalt sprechen, da es, wie wir alle wissen, politisch korrekt ist, Vielfalt hoch zu schätzen und sie als großen Vorteil zu bezeichnen. Doch sie ist nicht immer vorteilhaft, das können wir von Ökosystemen lernen. Vielfalt ist ein strategischer Vorteil für eine Gemeinschaft nur dann, wenn sie über ein lebendiges Netz von Beziehungen verfügt, wenn Informationen durch alle Knoten des Netzes frei fließen können. Dann ist Vielfalt ein überragender strategischer Vorteil. Ist das Netz jedoch geteilt, gibt es Untergruppen oder Individuen, die nicht wirklich dazugehören, dann kann Vielfalt auch Vorurteile und Reibungen hervorrufen und – wie wir alle von unseren großen Metropolen wissen – sie kann Gewalt erzeugen.

Vielfalt ist also eine gute Sache, solange die anderen Prinzipien einer nachhaltigen Organisation erfüllt sind. Sind sie es nicht, ist Vielfalt ein Hindernis. Wir müssen hier sehr klar sehen. Wenn es eine Netzstruktur mit Rückkopplungsschleifen gibt, wenn diverse Leute verschiedene Arten von Fehlern machen, und wenn Informationen über diese verschiedenen Arten von Fehlern die Runde durch das Netz machen, dann wird die Gemeinschaft sehr schnell den klügsten Lösungsweg für bestimmte Probleme oder die klügste Form der Anpassung an die Veränderungen entwickeln. Die Forschungen über verschiedene Formen des Lernens und verschiedene Denkmuster werden hilfreich sein, wenn (und nur dann, wenn) sie sich auf eine lebendige Gemeinschaft beziehen, mit Interdependenzen, einem lebendigen Netz von Beziehungen und Kreisläufen von Energie und Information. Wenn deren Fluss behindert wird, erzeugt man Verdacht und Mißtrauen, und Vielfalt wird zum Hindernis. Bei einem freien Fließen ist Vielfalt jedoch ein großer Vorteil. Selbstverständlich stehen in Ökosystemen alle Türen immer offen. Alles tauscht mit allem anderen Energie, Materie und Information aus. Kurz: Vielfalt ist eine der Schlüsselstrategien der Natur für das Überleben und für die Evolution.

Dies sind also einige der grundlegenden Prinzipien der Ökologie: Interdependenz, Wiederverwertung, Partnerschaft, Flexibilität, Vielfalt und, als Konsequenz aus all diesen, Nachhaltigkeit.

Nun, da unser Jahrhundert sich seinem Ende nähert und wir auf den Beginn eines neuen Jahrtausends zuschreiten, wird das Überleben der Menschheit von unserer ökologischen Bildung abhängen, von unserer Fähigkeit, diese Prinzipien der Ökologie zu verstehen und ihnen gemäß zu leben.

Was heißt wissenschaftliches Querdenken?

Modelle und Thesen zum wissenschaftlichen Querdenken

Hans-Peter Dürr

Einführende Bemerkungen

Die Frage: „Was heißt wissenschaftliches Querdenken?" lässt sich nur auf dem Umweg über das Tagungsthema: „Zukunftsfähige Wissenschaft braucht Querdenken – Herausforderung für Lehre und Forschung durch Nachhaltigkeit"[1] erschließen. Das Kunstwort 'Querdenken' soll, in Umkehrung des Tagungstitels, ein gegenüber dem üblichen traditionellen Denken geeignet 'quer' liegendes Denken bedeuten, das eine Wissenschaft schafft und fördert, die uns erlaubt, der großen und dringenden Herausforderung, nachhaltige Lebensstile zu entwickeln, erfolgreich zu begegnen.

Nachhaltigkeit soll hierbei in einem sehr allgemeinen Sinne verstanden werden. Entgegen der durch 'nach' und 'halten' vielleicht suggerierten Statik soll es eine Unterstützung der dynamischen

---

[1] GCN-Forum für junge Erwachsene: Evangelische Akademie Tutzing, 11.-13. Dezember 2001 „Zukunftsfähige Wissenschaft braucht Querdenken – Herausforderung für Lehre und Forschung durch Nachhaltigkeit". („Tutzing III"). – Die Tagung wurde für das Global Challenges Network von Christiane Busch-Lüty, Hans-Peter Dürr, Peter Finke und Frauke Liesenborghs geleitet

Kräfte bedeuten, die insbesondere in der Vitalität, Produktivität und Elastizität unserer Lebenswelt zum Ausdruck kommt. Sie bezeichnet eine 'Fähigkeit', eine 'Tragfähigkeit' des Ökosystems der Erde, wie dies im englischen Wort *'sustain-ability'* besser zum Ausdruck kommt. Nachhaltigkeit zu fordern wäre aber trivial, wenn wir nicht sagen, was die Erde dabei tragen soll. Die eigentliche Schwierigkeit liegt in der Forderung, dass die Erde uns Menschen erträgt. Wenn dies nicht gelingt, dann geht dies voll zu Lasten des Menschen, seiner Zukunftsfähigkeit, denn die Natur kann ohne den Menschen leben, aber nicht der Mensch ohne die Natur und ihre speziell auf der Erde ausgeprägte Form, in der er aufgewachsen und existentiell eingebettet ist. Nachhaltigkeit umfasst also nicht nur die 'ökologische' Dimension, welche die Erhaltung der natürlichen Lebensgrundlagen betrifft, sondern hat auch eine 'gesellschaftliche' und eine 'human-individuelle' Dimension, welche soziale Gerechtigkeit und ein für einen *homo sapiens sapiens* würdiges und lebenswertes Leben erfordert. Ein solches Leben sollte in einer vollen physischen, emotionalen und geistigen Entfaltung zum Ausdruck kommen und sich nicht nur an den ökonomischen Mindestbedürfnissen orientieren, denn „der Mensch lebt nicht vom Brot allein".

Die Wissenschaft, die ursprünglich angetreten ist, uns ein umfassenderes Verständnis unserer Welt zu vermitteln und eine bessere Orientierung zu ermöglichen (Orientierungswissen) sowie durch genauere Kenntnis der zeitlichen Abläufe von Naturprozessen, die Naturkräfte zum Nutzen des Menschen, zur Erleichterung seiner Tagesmühen und zur Bereicherung, Vermehrung und Vertiefung seiner Erlebnisse einzuspannen (Verfügungswissen), läuft heute Gefahr nicht nur diese hehren Ziele nach höherer Lebensqualität der Menschen aus dem Auge zu verlieren, sondern darüber hinaus auch, durch eine immer extensivere, intensivere und beschleunigtere Technik und materiell expandierende Lebensweisen, die natürlichen Lebensgrundlagen des Menschen und seine darauf gründende Produktivität zu zerstören.

Die Wissenschaft ist dabei nicht die eigentliche Ursache dieser verhängnisvollen Entwicklung. Sie liegt vielmehr in einer wirtschaftlichen Rückkopplung, die zu einem Teufelskreis von selbstverstärkenden Sachzwängen führt und auch noch als Erfolge gefeiert werden. Wissenschaft ist aber ein wesentlicher Faktor bei dieser Entwicklung, da sie die Grundlagen für eine weitere Beschleunigung dieses Teufelskreises führt, welcher den allgemeinen Raubbau der nicht-erneuerbaren Ressourcen unserer Erde vorantreibt und ganz allgemein zu gravierenden Verletzungen der Nachhaltigkeit führt. Wie können wir dies verhindern? Was ist zu tun?

Lösungswege aus der eskalierenden Problematik

In dieser Situation werden heute zwei diametral entgegengesetzte Lösungsstrategien vorgeschlagen:

Der erste Lösungsweg betrachtet die jetzige dynamische Entwicklung als eine Art Naturgesetz, die als unaufhaltbar gilt und deshalb einfach akzeptiert werden muss. Hierbei werden die tieferen Ursachen dieser Entwicklung und insbesondere die entscheidende Rolle nicht hinterfragt, die dabei die Menschen und die spezielle, noch am 19. Jahrhundert orientierten Denkweise ihre Entscheidungsträger spielen. Hier wird ein 'Durchstarten' nach alter Denkweise vorgeschlagen, also die bisherigen Prozesse noch intensiver, schneller und mit noch raffinierteren neuen Techniken (z. B. Gentechnologie) voranzutreiben und damit auf vollen *Konfrontationskurs* mit der Natur zu gehen, um ihren 'Widerstand' nieder zu ringen. Diese bizarre Lösungsstrategie wird, wenn auch nicht so explizit, leider von einem wichtigen Sektor der Wissenschaft vertreten, die dabei verständlicherweise Zustimmung aus gewissen einflussreichen Branchen der Wirtschaft aber neuerdings auch von der Politik erhält.

Dazu einige gewichtige Stimmen, wie dem damals noch nicht designierten Präsidenten der Max-Planck-Gesellschaft Hubert Markl in einem Berliner Vortrag 1995 „Natur unter Menschenhand" (und seinem Spiegel-Artikel 48/1995 „Pflicht zur Widernatürlichkeit"):

„... wenn wir dafür sorgen wollen, dass unsere Spezies noch möglichst lange überleben kann, dann sind wir gezwungen, aus Eigeninteresse oder aus sittlicher Verantwortung für das Wohlergehen künftiger Generationen, gerade unsere Natürlichkeit aufzugeben und uns ganz bewusst anders zu verhalten, als es naturgegebenen Antrieben entspräche."

Oder kürzlich, jetzt als amtierender Präsident, auf der Berliner Jahresversammlung 2001 der MPG:

> „... Wenn dies der Rubikon wäre, den nicht zu überschreiten uns Weisheit riete, dann hieße es für mich genauso viel, wie Freiheit und Selbstverantwortung des Menschen zu entsagen und sich blind hoffend und leidend dem Naturgeschehen auszuliefern ... "

Auch bei Bundeskanzler Gerhard Schröder klingt neuerdings diese Sichtweise an, so in seinem Vortrag auf der Jahresversammlung 2001 der Deutschen Forschungsgemeinschaft: Es gehe darum, einen „schicksalsergebenen 'Naturzustand' zu überwinden und der Selbstbestimmung des Menschen zum Durchbruch zu verhelfen."

Hier wird also der Mensch aufgrund seiner besonderen Gaben nicht nur als „Krone der Schöpfung" angesehen, sondern auch als ihr „Herr" und Mitschöpfer deutlich abgegrenzt von einer nur mechanistisch interpretierten übrigen Natur. Naturwissenschaftlich betrachtet wird die Möglichkeit des Menschen, prinzipiell aus der naturergebenen Sklaverei ausbrechen zu können, in einer „evolutionären Emergenz" gesehen.

Der zweite Lösungsweg setzt im Gegensatz zur konfrontativen Strategie auf eine möglichst umfassende *Kooperation* mit der Natur. Hier wird der Mensch ganz als ein Teil, besser: als ein Beteiligter einer *umfassenderen* Natur aufgefaßt, in der er auf Gedeih und Verderb eingebettet ist. Bei dieser Vorstellung kann der Mensch als Gattung nur überleben, wenn er sein Handeln im optimalen Einvernehmen mit der Natur vollzieht. Hier sollte bei der Lösung von Problemen versucht werden, maximal von der Natur, als der „Firma, die dreieinhalb Milliarden Jahre nicht pleite gegangen ist", zu lernen, was ganz natürlich zu einer Haltung führt, die ich 1996 (in einer Gegenäußerung zu Hubert Markl) im Spiegel als: „Pflicht zur Mitnatürlichkeit" bezeichnet hatte.

Diese Strategie kann nicht einfach durch bestimmte Rezepte und Pflichten beschrieben werden, sondern verlangt vielmehr von uns Menschen eine bestimmte *Lebenshaltung*, die auf Empathie, Gerechtigkeit, Umsicht und Liebe basiert und sich in dieser Form allgemein auch auf unsere ganze Mitwelt beziehen soll. Diese neue Lebenshaltung würde notwendig zu einer anderen, verbindlicheren, verantwortungsvolleren, 'humaneren' Denkweise führen und so vielleicht eine gute Brücke bilden zu unserem Ausdruck des „Querdenkens". Das 'Quer' würde sich hier mehr auf ein 'quer' zur augenblicklich dominanten Orientierung der Gesellschaft auf die Technik hin beziehen und in diesem Sinne 'weg davon', auf das Lebendige der dynamischen Natur deuten. Aber wir sehen schon bei diesem Vergleich, dass bei der enormen Komplexität der Natur, Begriffe wie 'geradeaus', 'schief' und 'quer' usw. keine brauchbaren Ausdrücke sind, mit denen wir das Neuartige an diesem Denken angemessen zum Ausdruck bringen können. Das empathische Verständnis der Mitwelt ist eigentlich kein Denken im engeren Sinne, das irgendwie quer zum üblichen analytischen Denken und dem analytisch orientierten Profitstreben steht, sondern bezieht sich auf eine vollständig andere und nicht mehr scharf definierbare erweiterte Beziehungsstruktur zur Mitwelt.

Nachhaltige Wissenschaft

Den beiden angegebenen Lösungsstrategien liegt eine fundamental verschiedene Vorstellung vom Menschen, der Natur und ihrer Beziehung zueinander zugrunde. Welches Menschenbild und Naturbild haben wir eigentlich? Was können wir wirklich wissen? Was kann Wissenschaft, die wesentlich auf der Möglichkeit eines *objektivierbaren* Wissens aufbaut, prinzipiell leisten? Damit ein solches „Wissen" möglich ist, müssen bestimmte Bedingungen erfüllt sein:

1. Objektivierbarkeit, d. h. die Möglichkeit einer weitgehenden Abtrennung des Beobachteten vom Beobachter.

2. Reduzierbarkeit, d. h. mögliche Zerlegbarkeit einer objektivierbaren Wirklichkeit in kleinere Teile.

3. Kontinuität in der Zeit, die kausale Ursache-Wirkungs-Beziehungen zulässt.

Hierbei wird offensichtlich, dass wir die Wirklichkeit nicht von vorne herein mit unserer *Wahrnehmung* der Wirklichkeit identifizieren dürfen. Denken, rationales Denken, ist immer ein fragmentierendes Denken, das einer virtuellen Art des Handelns gleicht, was Objektivierbarkeit braucht. Wir denken, wie wir begreifen. Querdenken im Sinne von nur einem Quereinstieg im Rahmen der alten linear-kausalen analytischen Denk- und Wissensstruktur wird also für unsere Deutung von Querdenken *nicht* ausreichen. Hier wird also berührt, dass es ein allgemeineres Wissen gibt als das der exakten Naturwissenschaften und auch das großzügiger gefaßte der Geisteswissenschaften, weil wir „mehr verstehen als wir begreifen" können. Denn die Wirklichkeit ist, wie sich in der modernen Naturwissenschaft herausgestellt hat, streng genommen nicht wissbar.

Das alte klassische und das moderne Natur- und Menschenbild

Es erscheint wichtig, einen kurzen Blick auf die im letzten Jahrhundert durch die revolutionären Erkenntnisse der modernen Physik aufgedeckte neuartige Struktur der Wirklichkeit zu werfen, da sie uns auch als Vorbild für die Organisation unserer Gesellschaft dienen kann. Sie gibt Hinweise, dass unsere augenblickliche Krise mit einer geistigen Krise zu tun hat, weil wir im neu begonnenen Jahrhundert versuchen, die auf der modernen Physik des 20. Jahrhunderts basierende Technologie mit der veralteten 'Denke' des 19. Jahrhunderts zu managen, wofür die erste 'Lösungs'-Strategie ein alarmierendes Beispiel wäre.

In unserer westlichen Tradition sind wir gewohnt, Mensch und Natur auseinander zu halten. Wir stellen den Menschen, anthropozentrisch, über eine Natur, die, aus der Sicht der Aufklärung und in Folge der eindrucksvollen Erfolge der klassischen Physik, sich als ein nach streng determinierten Gesetzen ablaufender und deshalb auch von außen prinzipiell beherrschbarer Mechanismus von Materie darstellt. Diese Natur umfasst tote und lebendige Materie gleichermaßen, doch mit Ausnahme des Menschen, der wegen seiner besonderen geistigen Fähigkeiten und der (vermuteten) Freiheit zum absichtsvollen Handeln erkennbar aus ihr herausragt. Mit der Evolutionslehre Darwins wurde allerdings die Grenzziehung zwischen Mensch und Natur problematisch. Eine Einbeziehung des Menschen in eine größere, alles umfassende Natur drängte sich auf mit der wichtigen Frage, ob in ihr der Mensch mehr der Maschine oder umgekehrt, die Natur mehr dem Menschen gleiche.

Das vergangene 20. Jahrhundert hat uns dafür eine überraschende Antwort gegeben. Die widersprüchlichen Befunde der Physik zu Beginn des Jahrhunderts und deren theoretische Interpretation in den zwanziger Jahren haben zu einer tiefgreifenden Änderung dieses alten und uns geläufigen physikalischen Weltbildes geführt: Materie ist nicht aus Materie aufgebaut, sondern basiert auf einer nicht-auftrennbaren, ganzheitlichen, immateriellen Verbundenheit, einer Potentialität, die sich energetisch in physikalisch nachweisbaren Ereignissen, als materielle Teilchen verschiedener Art und energetische Wechselwirkungsfelder (wie etwa elektromagnetische Wellenfelder) realisieren kann. Die zeitliche Abfolge solcher Ereignisse ist nur noch statistisch determiniert. Dies hat dramatische Konsequenzen: Die Zukunft ist wesentlich offen. Der für eine exakte Wissenschaft notwendige Reduktionismus gelingt nicht mehr. Komplexes ist genuin holistisch und kann deshalb nicht in Schärfe als kompliziert vernetzte Vielheit ('Emergenz') gedeutet werden. Über diese revolutionären philosophischen Einsichten hinaus, die eine neue Denkweise erzwingen, führte die moderne Physik in ihrer praktischen Anwendung zu neuartigen Technologien, wie die Mikroelektronik, die Atomkerntechnik u.a. mehr.

Trotz des beispiellosen theoretischen Erfolges (so vor allem der Erklärung der dynamischen Stabilität der Atome als wesentliches Fundament der Chemie) und vielfältigen praktischen Nutzens fand die neue Denkweise außerhalb der Physik bei den anderen Naturwissenschaften und, vielleicht weniger überraschend, den Geistes- und Sozialwissenschaften und der allgemeinen Intelligenzia erstaunlich wenig Beachtung. Grob betrachtet ist dies nicht unverständlich, zeigt sich, dass bei der relativen Größe der Objekte unseres Alltags im Vergleich zu den Atomen die von der neuen Vorstellung erwarteten Abweichungen sich in der Regel fast völlig herausmitteln, so dass die klassische Physik und deshalb auch unsere gewohnte Denkweise sich als vergröberte „als-ob"-Betrachtung weiterhin hervorragend bewährt. Die neue ganzheitliche, immaterielle, indeterminierte Grundstruktur der Wirklichkeit bleibt uns jedoch nicht prinzipiell verborgen. Wir können sie erfahren, wenn die Ausmittelung, wie z. B. bei instabilen Konfigurationen, nicht völlig gelingt. Ganz allgemein eröffnet die neue Einsicht interessante Möglichkeiten, bisher nur ungenügend verstandene Dualitäten, wie Materie und Geist, Leib und Seele, Totes und Lebendiges letztlich auf eine gemeinsame Wurzel zurück zu führen.

Insbesondere besteht die prinzipielle Möglichkeit, Unbelebtes und Belebtes einschließlich des Menschen als verschiedene Ausdrucksformen derselben einen Potentialiät zu deuten. Im Gegensatz zur üblichen, aus dem 19. Jahrhundert noch an der klassischen Physik orientierten Denkweise bietet sich die umgekehrte Deutung an: Anstatt das Lebendige als „evolutionäre Emergenz" eines komplexen Zusammenspiels von ursprünglich unkorreliertem und getrenntem Unbelebten zu interpretieren (wie dies die übliche, aus dem 19. Jahrhundert, noch an der klassischen Physik orientierte Denkweise versucht), ist nun umgekehrt das „lebendig Zusammenhängende" das Fundament, das differenziert und durchgemischt zum Unbelebten führt. In diesem Fall wird die Einheit der umfassenden Natur nicht dadurch erreicht, das Lebendige bis hinauf zum Menschen als ein stufenweise immer komplizierter werdender Mechanismus zu verstehen, sondern umgekehrt dem Leben eine noch tiefere, geistig ausgeprägte Wurzel zuzuschreiben, die alles in der Welt durchdringt. Die „evolutionäre Emergenz" würde dann einem sich stetig steigernden Bewusstwerden, einem immer deutlicheren Wahrnehmen des potentiellen (geistigen) gemeinsamen Fundaments durch Selbstreflexion entsprechen.

Folge für den Menschen und seine Denkweise

Die heute weiterhin übliche Denkweise des 19. Jahrhundert klebt weiterhin am klassischen Weltbild. Sie ist auf das Unbelebte zugeschnitten, gewissermaßen am Toten orientiert. Da sie, wegen der streng determinierten Naturgesetzlichkeit zunächst Schwierigkeiten hat, den Menschen mit seinem absichtsvollen Handeln in dieser (als quasi unbelebt vorgestellten) Natur unterzubringen, verführt sie dazu, den Menschen wesentlich außerhalb der Natur anzusiedeln. Hierzu passt die Redeweise: „Macht Euch die Erde untertan" der Bibel.

Im Rahmen der gewohnten klassischen Beschreibung klammert man sich dabei an das effektive Ausklinken der strengen Gesetzlichkeit in instabilen Lagen, was zu chaotischen Bewegungsabläufen führt. Das Chaos bleibt aber weiterhin determiniert, es wird nur in diesen höchstsensiblen Situationen von nicht kalkulierbaren, weil praktisch unbekannten äußeren Einflüssen gesteuert, kann also nie, wie vermutet, aus dem ursprünglichen „natürlichen" Zusammenhang ausbrechen.

Bei der alten „klassischen" Denkweise muss der Mensch eine besondere Rolle spielen. Wann diese Besonderheit in der phylogenen und individuellen Entwicklung des Menschen beginnt, bleibt unklar, weil das eigentliche Menschsein hier ja nicht einfach mit Leben oder Lebendigsein, (dessen wesentliche Ausdrucksformen der Mensch ja mit den zur Natur gerechneten Tieren und Pflanzen teilt) identifiziert, sondern mit seinem 'hellen' Bewusstsein verbunden wird. Diese 'Inspiration' entspricht mehr einem langsamen Aufwachen oder Erinnern, als einem plötzlichen Aufflammen aus dem Nichts.

Bei der modernen Denkweise treten viele der Schwierigkeiten, die durch eine Grenzziehung zwischen Mensch und Natur entstehen, gar nicht auf. Hier ist der Mensch, wie alles andere auch, in einer gemeinsamen, immateriellen (geistigen) Potentialität eingebettet. Hier gibt es keinen Anfang des Urlebendigen, da es in der Potentialität selbst zum Ausdruck kommt. In diesem Sinne reicht das „Urlebendige" sogar noch weiter als zu Beginn des Lebens auf unserer Erde vor über dreieinhalb Jahrmilliarden bis in die unbelebten Frühstadien unseres Universums zurück.

Der individuelle biologische Mensch wäre dann ähnlich wie ein in einem großen Verbundnetz eingebetteter Computer mit Monitor und Tastatur, der, ausgestattet mit einem geeigneten Betriebssystem, Zugriff auf einen Teil der im Hintergrund gespeicherten Daten- und Programmspeicher hat, und dadurch die Möglichkeit erhält, die 'Software' mit seinen eigenen Dokumenten anzureichern und sie anderen im Netz zugänglich zu machen. Dies entspricht einem stetigen Lernvorgang. Die „evolutionäre Emergenz" ergibt sich aus dem erweiterten Zugriff auf das Gesamtnetz. Die Besonderheit des Menschen in der Wirklichkeit wäre in diesem Bilde sein Monitor und die Tastatur, die ihm erlauben einen Teil der Software in Bildern zu erfassen und durch die Tasten absichtsvoll in die Struktur der Software einzugreifen. Die Hardware des Computers (Genom?) bietet nur eine notwendige Voraussetzung für die darauf laufende Software, ist aber kein geeigneter Einstieg für die Programmgestaltung. Der Vergleich mit dem Computer sollte jedoch nicht überstrapaziert werden, weil insbesondere die Potentialität der Wirklichkeit in einem unendlich vieldeutigen immateriellen 'Code' angelegt ist, im Gegensatz zum quasi-materiell verankerten binären code der Computersoftware.

Der Hauptunterschied im Natur- und Menschenbild zwischen der klassischen und modernen Denkweise liegt in der völligen Einbettung des Menschen in einer zusammenhängenden, immateriell fundierten Welt, die vom Menschen nicht nur Verantwortung für seine eigene Gattung, sondern für alles Leben und letztlich auch das dieses tragende Unbelebte fordert im Sinne einer Kooperation mit der Evolution, einem synergetischen Zusammenspiel von Mensch mit Menschen und Mensch mit seiner Mitwelt. Die Fähigkeit des konstruktiven Zusammenwirkens letztlich zum Vorteil aller Beteiligten ist keine mühsam dem Menschen durch seine Zivilisierung anerzogene Eigenschaft, sondern tief in der fundamentalen nicht-auftrennbaren Verbundenheit verankert. Unter diesem Gesichtpunkt sollte auch das an der klassischen Denkweise orientierte naive Darwinsche Evolutionsprinzip 'Zufalls-Mutation und nachfolgende Auslese des Erfolgreichsten in einem Lebenskampf aller gegen alle und aller gegen die übrige Natur' revidiert werden, da in der neuen Denkweise anstelle des 'Zufalls' eine hochkorrelierte 'Unendlich-Vieldeutigkeit' tritt. Die alte Denkweise, die sich an den klassischen Gesetzen und damit im Wesentlichen den Gesetzen des Unbelebten orientiert, bewertet Handlungen nach der Maxime, dass in Zukunft das Wahrscheinlichere wahrscheinlicher passiert (2. Hauptsatz der Thermodynamik in physikalischer Terminologie), was wie eine Tautologie klingt und für isolierte Systeme zu der bekannten Erfahrung führt, dass Unordnung sich automatisch ausbreitet. Die Evolution des Lebendigen führt jedoch in die entgegengesetzte Richtung vom *Wahrscheinlicheren zum Unwahrscheinlicheren*, nicht von alleine allerdings, sondern unter ständiger Aufwendung von geordneter Energie. Was bei Prozessen von Unbelebten als „nicht realistisch" und „blauäugig" gilt, führt beim Lebendigen zur Differenzierung und Höherentwicklung. Die volle Entfaltung des Individuums, die Stärkung seines Selbstbewusstseins, seiner kreativen Kräfte und seiner Verantwortung für das Ganze, von dem es ein Teil ist, findet hier seine Fundierung.

Gesellschaftliche Rahmenbedingungen

Die heutige Gesellschaft orientiert sich immer stärker an den Rahmenbedingungen einer kapitalistischen freien Marktwirtschaft. Wie der Marxismus ist diese ein Kind des 19. Jahrhunderts und deshalb eng an die alte klassische Denkweise gebunden. Das Paradigma der heute dominanten Wirtschaft steht im Widerspruch zum Paradigma des Lebendigen und wird deshalb längerfristig nicht das Biosystem der Erde, sondern den Menschen, der in dieses eingebettet und auf dieses als natürliche Lebensgrundlage angewiesen ist, in Schwierigkeiten bringen. Das Wirtschaftssystem ist letztlich auch im Widerspruch zu einer demokratischen Gesellschaft im eigentlichen Sinne, die Empowerment und Partizipation der BürgerInnen am Gemeinwohl tatkräftig fördert sollte.

Die eigentliche Macht in der Gesellschaft liegt nicht mehr beim Souverän, den BürgerInnen eines Landes. Der Machtverlust des Souveräns geschieht in zwei Schritten, erstens, in der Delegation an die Staatsmacht, die Regierenden, Parlamentarier und ihre Bürokratien, und, zweitens, durch die Schwächung staatlicher Souveränität durch eine übermächtige, nicht legalisierte und kontrollierte globale Wirtschaft.

Wissenschaft und Forschung muss heute nicht mehr primär gegen Einflussnahme von Kirche und Staat geschützt werden, sondern vor allem vor einer Bevormundung durch die Wirtschaft. Forschungsfreiheit in ihrer historischen Bedeutung verliert ihre verfassungsrechtliche Vorrangstellung, wenn sie nicht zum Vorteil der Menschen und zur Stärkung der lebendigen Evolution genutzt wird. Eine Wirtschaft, in welcher der Wettbewerb statt als Mittel (im Sinne einer Com-petition, die Nachhaltigkeit auf ökologischer, gesellschaftlicher und individueller Ebene erzielen will) zum Selbstzweck und zum Nutzen von Wenigen wird, kann die großzügig gewährte Forschungsfreiheit nicht mehr für sich in Anspruch nehmen. Die ethischen Prinzipien, wie auch immer sie konkret formuliert werden, sollen dem Leben auf der Erde in seiner ganzen Vielfalt und der Kooperation mit seiner Evolution dienen. Dies sind Forderungen, die sich aus der modernen Denkweise ergeben, da alles als Teil eines größeren Ganzen verstanden werden muss, das den Menschen einschließt.

Es ist die Destabilisierung der Gesellschaft durch die Wirtschaft, die uns an vielen Stellen in Entscheidungsnotstand bringen. Sie erzeugt eine ansteigende Schieflage, in der letztlich alle Lösungsvorschläge zum Scheitern verurteilt sind, weil letztlich selbst die besten „Gummischuhe" ein Abrutschen nicht verhindern können. Würde die Schieflage vermindert oder beseitigt werden, so wären viele Lösungen möglich. In diesem Sinne ist die wirtschaftliche Schieflage das Grundübel für die Nachhaltigkeit, das korrigiert werden muss.

Welches Querdenken braucht nachhaltige Wissenschaft?

Die modernen Erkenntnisse der Naturwissenschaften zeigen uns, dass es prinzipielle Grenzen des exakten Wissens gibt und dem zufolge auch Wissenschaft im scharfen Sinne nur begrenzte Gültigkeit besitzt. Wirklichkeit in ihrer Bedeutung als 'Potentialität' im Gegensatz zur dinglichen 'Realität' zeigt im Grunde spontanes 'Entstehen' und 'Vergehen', die ihr Züge des Lebendigen verleihen. Auch gibt es in der Abfolge von Ereignissen keinen strengen Determinismus mehr, sondern diese werden nur noch durch Wahrscheinlichkeitsgesetze miteinander verknüpft, wobei die Wahrscheinlichkeiten nichts mit unserer praktischen Ignoranz, sondern einer prinzipiellen Unschärfe zu tun haben, die mit der Nichtauftrennbarkeit, der Ganzheitlichkeit der Wirklichkeit zu tun hat. Die Zukunft ist dadurch wesentlich offen, was echte Kreativität und Gestaltungsfähigkeit ermöglicht. In dem von der Physik untersuchten Rahmen geht diese Offenheit allerdings nicht so weit, dass wir schon so etwas wie Willensfreiheit und absichtsvolles Handeln beschreiben könnten. Dies heißt andererseits auch nicht, dass es überhaupt keine fest bestimmten Aussagen mehr gibt. Es gibt weiterhin Erhaltungsgrößen, wie z. B. die Gesamtenergie, die sich zeitlich nicht verändern dürfen und aus gewissen Symmetrieeigenschaften der Bewegungsgesetze resultieren.

Die Grundverbundenheit der Wirklichkeit als 'Potentialität' lässt sich wie eine Art Erwartungsfeld oder 'Wahrscheinlichkeitslandschaft' beschreiben, welche die materielle und energetische Manifestation der Zukunft vorbereiten und die Häufigkeit ihres Eintretens beschreiben. Die von uns wahrgenommene 'Realität' ist in gewisser Weise wie eine Art 'Schlacke' der ursprünglichen ganzheitlichen Wirklichkeit und erhält in dieser Vergröberung und Form eine Struktur, wie wir sie bisher mit der Vorstellung einer objektivierbaren, nach strengen Gesetzen sich kausal entwickelnden 'dinglichen' Wirklichkeit beschrieben haben. Die Art der Realisierung hängt jedoch davon ab, auf welche Weise wir diese Wirklichkeit wahrnehmen und auch von den Messapparaten, mit der wir sie vermessen. Das empirisch ermittelte Wissen, die Fakten (das „Gemachte") zeigen deshalb Spuren ihrer speziellen Beobachtung. In diesem Sinne ist empirische Wissenschaft immer auch ein menschliches Konstrukt und kann nicht unmittelbar von dem sprechen, was sich dahinter als eigentliche Wirklichkeit verbirgt.

Die primär unbegreifliche Wirklichkeit als 'Potentialität' führt nunmehr dazu, dass wir als Menschen eine *doppelte Beziehung* zur Wirklichkeit besitzen. Da wir, erstens, untrennbar mit dieser einen großen Wirklichkeit verbunden sind, erleben wir sie unmittelbar durch eine Innensicht als das „Ich". Dieser primären Innensicht steht eine zweite Sichtweise, eine Außensicht der Wirklichkeit gegenüber, die uns aufgrund eines hellen Bewusstseins oder bewussten Wahrnehmung erlaubt, die Wirklichkeit in ihrer geronnenen, materiell-energetischen Form betrachten zu können. Diese beiden Ansichten gibt es nicht gleichzeitig, sie sind in einer gewissen Weise komplementär: Bei der Innensicht erlebe ich das Ganze, doch kann ich nicht darüber sprechen, weil es keinen Zeugen gibt; bei der Außensicht gerinnt dagegen das Erleben zu einem Erlebnis oder zur Erfahrung, so dass ich darüber sprechen kann, doch die Ganzheit der Wirklichkeit dabei durch die Fokussierung auf bestimmte Erfahrungen verloren geht. Über die Innensicht können wir nicht sprechen, weil das Sprechen schon eine gewisse Objektivierung und erkennbare Differenzierung voraussetzt, aber wir können darüber vielleicht in der Vergangenheitsform sprechen, wenn wir uns daran erinnern, dass einem Gedanken eine 'Ahnung' vorausgegangen ist. Doch in der 'Ahnung' sprechen wir nie. Wir können uns diesen Zustand durch Kontemplation und Meditation annähern. 'Ahnen' in diesem Sinne ist noch kein Denken, aber es bereitet die Landschaft vor, in der wir hinterher denken, wenn wir allmählich vom dunklen zum hellen Bewusstsein auftauchen und dabei in Bildern reden und noch nicht direkt die Objekt-orientierte Sprache mit streng definierten Begriffen benutzen, wie wir sie in den Wissenschaften verwenden. Die ursprüngliche Verbundenheit der Ahnung schlägt sich mehr in etwas nieder, was wir mit Empathie und einsichtiger Vernunft und nicht gleich mit scharfen Verstand bezeichnen würden. Diese hoch sensibilisierte, doch 'unscharfe' Form des Denkens können wir nicht nur in einem Selbstgespräch, sondern auch und auf erstaunliche Weise in einem vertieften menschlichen Dialog erfahren. Ein solcher tiefer Dialog zwischen zwei Menschen entspricht in gewisser Weise einer Art reflektierter Innensicht, er bedient sich einer dem primären Erleben nahen und mehr emotionalen Sprache, die in hohem Maße mit Bildern und Metaphern operiert. Diese Bilder sind Formen, die auf etwas deuten, was nicht direkt begreifbar ist, aber vom Dialogpartner, ähnlich wie durch Karikaturen, in einer durch den anderen intendierten Weise 'verstanden' werden, das heißt zum eigenen Erleben aufblühen. Der eine erlebt gewissermaßen innensichtlich, was der andere nur metaphorisch außenansichtlich in den Dialog eingeführt hat. Eine solche Verwandlung von 'innerem Erleben' zur 'äußeren Erfahrung' und 'äußerem Ereignis' und umgekehrt findet an vielen Stellen in unserem Leben statt, z. B. wenn wir die Bachsche Matthäuspassion von einer CD abspielen. Hier wird eine 'äußerliche' komplizierte Abfolge von Nullen und Einsen der primitiven Computer-Schrift, auf einer Scheibe durch viele 'äußere' Zwischenschritte über elektrische und mechanische Medien in ein 'inneres' freudiges Musikerleben verwandelt, bei dem wir 'vor dem Abtauchen' noch das harmonische Zusammenspiel der unterschiedlichen Instrumente eines großen Orchesters, einen mehrstimmigen Chor und Solistenstimmen ausmachen können.

Außenansicht wird möglich, wenn sich in unserem unmittelbaren Erleben 'Objekte' vom wahrnehmenden „Ich" als Subjekt abspalten und sich diesem „Ich" gegenüber als die äußere Mitwelt darstellen. Diese Abspaltung gelingt nur in der Vergröberung, in der die Wirklichkeit als dingliche, zerlegbare Realität erscheint, als etwas, was wir im wörtlichen Sinne sogar 'begreifen' können, als Erfahrung von Materie, die sich durch eine Lokalisierung im Raume und eine Bewegung in der Zeit auszeichnet. In dieser Vorstellung machen wir dann Aussagen über verschiedene Orientierungen, gerade, quer usw. Es ist die Welt, in der wir auch vernünftig mit Kausalität, mit Ursache und Wirkung, umgehen können. Die ursprüngliche Beziehungsstruktur ist bei diesem Vorgehen nicht vollständig verloren gegangen. Sie offenbart sich in der Erfahrung von Wechselwirkungen zwischen den begreifbaren Objekten. In dieser objektivierbaren Welt wird alles messbar in dem Maße, wie die Objekte abgrenzbar und begreifbar werden. Auch die Wechselwirkung erhält als Energieträger eine fast materielle Greifbarkeit. Es ist diese manifeste Beziehungsstruktur zwischen den Objekten, die ein entsprechendes Beziehungsdenken erlaubt, die uns einen anderen brauchbaren Zugang verschafft, zu dem, was wir als „Querdenken" bezeichnet haben. Im Gegensatz zum Begreifen, dem symbolisch die sich schließende, abtrennende, greifende Hand entspricht, sollte man sich beim Beziehungsdenken oder Querdenken mehr offene Hände an weit ausgebreiteten, einladenden Armen vorstellen, mit dem wir die Welt, obgleich nicht fassen, so doch erfühlen und langsam vortastend erkunden können, ohne dabei ihren Zusammenhang (zwischen dem 'Begriffenen' und dem Übrigen) zu zerreißen. Die offenen, fühlenden Hände haben gegenüber den greifenden den Nachteil, daß sie nie die Genauigkeit ermöglichen, die wir zu einem sicheren Handeln („ich hab's!") brauchen, sie haben andererseits den Vorteil, dass sie die Form nicht verletzen. Solches Beziehungsdenken oder Querdenken ist, wie ein offenes, unfokussiertes Schauen geeignet, Muster zu erkennen, die Topologie einer Landschaft, einer 'Wissens'landschaft, zu ertasten, fast möchte man sagen: Wissen in etwas wie Weisheit zu verwandeln. Sie eröffnen damit die fantastische Möglichkeit, Komplexität auf wenige, für den jeweiligen Augenblick wesentliche

Aspekte zu reduzieren. Diese Betrachtung offenbart auf anschauliche Weise eine tief liegende 'Komplementarität zwischen Exaktheit und Relevanz'. Wir leben heute in einer Welt, die großen Wert auf Exaktheit legt, weil wir darauf erpicht sind, die Wirklichkeit zu manipulieren, um uns Vorteile im Wettbewerb mit anderen zu verschaffen. Exaktheit ist aber nur möglich durch eine geeignete Abtrennung und Isolierung vom Übrigen, wodurch der Kontext zerstört wird, der für eine Beurteilung der Relevanz notwendig ist. Orientierung und Orientierungswissen betont das jeweils Relevante, erlaubt Bewertung im Kontext, und verlangt deshalb „Mut zur Unschärfe". In diesem Sinne deutet Unschärfe nicht primär auf eine Einbuße, nämlich einen Mangel an Schärfe oder Exaktheit, sondern auf einen dadurch erst möglichen *Vorteil*, Zusammenhänge, Beziehungsstrukturen, Abhängigkeiten, ja auch das „Gute, Wahre und Schöne" besser wahrnehmen zu können. Auch neigt *kreatives Wissen*, im Gegensatz zum exakten Faktenwissen, zu einem Beziehungswissen, das mit Mustern, Karikaturen, Gleichnissen spielt, die zu reichen und vielfältigen Assoziationen anregen.

Übertragung auf die gesellschaftliche Ebene

Die verschiedene Art und Weise, Wissen aufzuarbeiten, einerseits durch Spezialisten, in immer weiter differenzierter und detaillierter Form, und andererseits durch Generalisten, durch eine grobe und oft nur formale Verknüpfung dieser verschiedenen Disziplinen, führt in der Gesellschaft zu 'vertikalen' und 'horizontalen' Strukturen. Wegen der stark auf Handlung orientierten Ausrichtung unserer (westlichen) Gesellschaft sind hierbei die vertikalen, disziplinären Strukturen viel weiter ausgebildet und die quer dazu liegenden horizontalen Verknüpfungen werden überall, vielleicht mit Ausnahme des künstlerischen Sektors, immer weiter in den Hintergrund gedrängt. Organisatorisch lassen sich solche horizontalen Querstrukturen nicht so ohne Weiteres aus dominant vertikalen herstellen, da ja ein Querdenken nicht einfach durch Richtungsänderung des üblichen Denkens gelingt. Das Grundelement der horizontalen Verknüpfung erfolgt durch eine Kohäsion, die nur durch persönliche Dialoge zu erzielen sind. Eine Verbindung zwischen Verschiedenem kann selbstverständlich auch äußerlich hergestellt werden, aber eine tiefere Verbundenheit verlangt einen intensiven Dialog, der sich Metaphern bedient, um am Grunde des Verschiedenen Gemeinsames zu wecken. Dies gelingt letztlich nur im Kontakt von T-Intelligenzen, die das Vertikale und Horizontale, das analytische Denken und das Querdenken schon in ihrer Person verbinden.

In der Organisation der Wissenschaft heißt das, dass wir vermehrt Wissen nicht nur im Sinne von *Verfügungswissen* verstehen, das uns erlaubt etwas zu *machen* und damit auch zu *Macht* zu kommen, wie schon Francis Bacon betont hat, sondern das Wissen auch durch nicht-fragmentierendes Verständnis zu einem *Orientierungwissen* und, über vertiefte Einsichten, letztlich auch zur *Weisheit* führt.

Eine neue Vision aus der Wissenschaft*

Ervin Laszlo

Im Bewusstsein der allgemeinen Öffentlichkeit ist die Wissenschaft fraglos zu einer bedeutenden – vielleicht der bedeutendsten – Kraft geworden, die die Welt formt. Und dies ist auch tatsächlich der Fall. Bahnbrechende Erkenntnisse in den Biotechnologien erweitern die Möglichkeiten, uns zu ernähren, verlängern die Spanne unseres Lebens und stellen neue Heilmittel zur Bekämpfung der vielen Krankheiten in Aussicht, die unsere menschliche Existenz beeinträchtigen; Innovationen in der Mikroelektronik öffnen die Datenautobahn für einen globalen Informationsverkehr und stellen auch einem Durchschnittshaushalt durch einen Mausklick mehr Information zur Verfügung, als im Mittelalter in der ganzen Vatikanischen Bibliothek gespeichert war. Angewandte Kommunikations- und Steuerungstechnologien erlauben den Menschen, die Arbeitszeit zu verkürzen und dafür ihre Freizeit zu erweitern, Ideen und Bilder über faktisch alles und in jedem vorstellbaren Interessenfeld zu transportieren, ganz gleich, ob es nur um lokales Gerede oder um globale Krisen geht. Transporttechnologien haben massive Touristenströme ermöglicht und erlauben den Leuten, binnen weniger Stunden überall hin auf den sechs Kontinenten der Erde zu gelangen, und dies mit einem beträchtlichen Maß an Komfort und Sicherheit. Hochenergietechnologien überwinden die Schwerkraft, zähmen die Kraft der Atome und erlauben uns, den Weltraum und das Reich der kleinsten Teilchen zu erkunden. Paradoxerweise verdanken wir Fortschritten in der Hochenergiephysik sogar –

---

* Aus dem Englischen übersetzt von Peter Finke (Originaltitel: *A New Vision From Science*).

bis zu einem gewissen Grade – die Abwesenheit eines weltweiten Krieges: Die heutigen Waffen sind so gefährlich geworden, dass sie die potentiellen Sieger selbst bedrohen, indem sie die Hinterlassenschaften eines Krieges zu bloßen Haufen von Krümeln reduzieren, die zu vergiftet und radioaktiv sein können, um sie überhaupt zu betreten.

Atomkraft, Interkontinentalreisen und Weltraumfahrt, Wunderdrogen und schnellste Kommunikation sind technologische Nebenprodukte der Wissenschaft, und sie formen die Welt, in der wir leben, tatsächlich. Aber die Wissenschaft formt die Welt auch schon selbst, und sie tut dies auf subtilere Weise als über die Technologien. Wissenschaft ist mehr als Technologie: Sie ist auch Bedeutung und Wissen – bestenfalls ist sie nichts weniger als wirkliche Einsicht in die Natur der Dinge. Wissenschaft in diesem Sinne formt die Welt durch die Vision, die wir von uns selbst haben, von der Gesellschaft und von der Natur. Diese Vision, ob wir davon wissen oder nicht, beeinflusst unsere Sehweisen, färbt unsere Gefühle und wirkt sich auf unsere Einschätzung individueller Werte und gesellschaftlicher Verdienste aus. Sie gesellt sich zur Menge der Ideen, Emotionen, Wertvorstellungen und Ambitionen, die zusammen genommen unser Bewusstsein ausmachen.

Ein Wandel im Weltverständnis der Wissenschaft fiel zusammen mit dem Ende des zwanzigsten Jahrhunderts. Es ist ein Wandel von ähnlicher Grundsätzlichkeit wie an seinem Beginn, als Einstein Newtons harmonisches, aber mechanistisches Uhrwerk-Universum durch das relativistische Universum ersetzte. Allerdings ist das neue Wissenschaftskonzept, das nun an den Schnittstellen der Naturwissenschaften aufscheint – in der neuen Physik, der neuen Biologie, der neuen Psychologie und Psychotherapie – noch nicht im allgemeinen Bewusstsein angekommen. Das Bild, das die meisten noch immer von der Wissenschaft haben, ist aber heute obsolet geworden. Nach dieser verbreiteten Sicht vermittelt die Wissenschaft ein entmenschlichtes Bild der Welt, trocken und abstrakt, auf Zahlen und Formeln reduziert. Das Universum erscheint wie ein seelenloser Mechanismus und das Leben in ihm wie das Produkt eines bloßen Zufalls. Die besonderen Merkmale der Lebewesen erscheinen wie das Resultat einer Abfolge rein zufälliger Ereignisse in der biologischen Evolutionsgeschichte der Erde, und in den Besonderheiten der Menschen scheinen sich einfach die Genkombinationen auszuwirken, mit denen sie geboren wurden. Entsprechend scheint die Psyche von elementaren selbstbezogenen Trieben beherrscht zu sein, als ob wir uns, gäbe es nicht die Furcht vor sozialen Sanktionen, nur in Stehlen und Töten, Inzest und Promiskuität ergehen würden.

Doch dieses Bild entspricht nicht mehr dem Selbstverständnis der neuen Wissenschaften. Die populären Ideen Newtons, Darwins und Freuds, Hauptquellen der vermeintlichen heutigen Ansichten über den Menschen und die Welt, sind von neuen Entdeckungen überholt worden. Im Lichte der dabei auftauchenden Einsichten ist das Universum kein lebloses, seelenloses Aggregat träger Materieklumpen, sondern ähnelt einem lebenden Organismus mehr als einem toten Felsbrocken. Leben ist kein Zufallsereignis, und die elementaren Bedürfnisse der menschlichen Psyche umfassen weit mehr als das Verlangen nach Sex und Eigennutz.

Eine neue Konzeption von Materie und Raum

Die Verschiebung in unserer wissenschaftlichen Weltsicht spiegelt sich bereits in den fundamentalsten Konzepten, die wir heute von der Wirklichkeit haben: Materie und Raum.

Der Commonsense unserer westlichen Zivilisation hat immer angenommen, dass Materie und Raum als letztendliche Ausstattungsstücke der Realität zusammen existieren. Materie füllt Raum und bewegt sich in ihm hin und her, und der Raum selbst ist so etwas wie ein Hintergrundsprospekt oder Container. Diese klassische Vorstellung wurde in Einsteins relativistischem Universum, wo die Raumzeit zu einer integrierten vierdimensionalen Mannigfaltigkeit wurde, und in Bohrs und Heisenbergs Quantenwelt einer radikalen Revision unterzogen. Heute wird sie wiederum neu gedacht. Im Lichte dessen, was Wissenschaftler hinsichtlich der Natur des Quantenvakuums zu ahnen beginnen, dem Meer von Energie, das der gesamten Raumzeit zugrunde liegt, ist es nicht länger gerechtfertigt, Materie als primär und Raum als sekundär zu sehen. Vielmehr müssen wir dem Raum die primäre Realität zugestehen (oder eher dem im Kosmos ausgebreiteten „Nullpunkt-Feld" (*zero-point field*) des Quantenvakuums).

Der Grund für diese Verschiebung von der Materie zur Energie als der primären Wirklichkeit liegt in der Entdeckung, dass das Quantenvakuum – trotz seines Namens – kein leerer Raum, kein Vakuum ist, sondern ein gefüllter Raum, ein Plenum. Es ist der Ort des Nullpunkt-Feldes, das so heißt, weil die Energien dieses Feldes offensichtlich werden, wenn alle anderen Energien in einem Teilchen oder einem System verschwinden: am Nullpunkt. Dieses sehr umfassende Feld ist selbst kein elektromagnetisches oder nukleares, aber auch kein Gravitationsfeld. Es ist vielmehr die Ausgangsquelle der elektromagnetischen, gravitationsphysikalischen und nuklearen Kräfte und Felder. Es ist mithin die Quelle der Materiepartikel selber. Wenn das Nullpunkt-Feld des Vakuums mit einer hinreichenden Energiemenge in der Größenordnung von 10^{27} erg/cm^3 stimuliert wird, wird eine besondere Region in ihm vom Status negativer in den Status positiver Energie „befördert". Dies erzeugt eine „Paarbildung": Aus dem Vakuum emergiert ein energetisch positiv geladenes (wirkliches) Teilchen, mit einem energetisch negativ geladenen (virtuellen) Teilchenzwilling in sich.

Die Energiedichte des Nullpunkt-Feldes ist buchstäblich unvorstellbar. Nach dem Physiker John Wheeler beläuft sie sich (im Lichte von Einsteins Masse-Energie-Gleichung E = mc^2) auf 10^{94} Gramm/cm^3. Eine Dichte von 10^{94} Gramm pro Kubikzentimeter ist aber größer als die gesamte Materiedichte im Universum; letztere beträgt nur 10^{-29} Gramm/cm^3. Glücklicherweise allerdings sind die Energien des Vakuums „virtuell". Andernfalls – denn Energie ist äquivalent zu Masse und Masse trägt jeweils Schwerkraft – würde dieses superdichte Universum umgehend zu einer Größe kollabieren, die kleiner als der Radius eines Atoms ist.

Das beobachtbare Universum ist keine *Verdichtung* von Vakuumenergien, sondern ihre *Ausdünnung* – eine 180-Grad-Abkehr von der Vorstellung, dass Materie dicht ist und sich autonom in einem passiven und leeren Raum bewegt.

Materie ist ein Emergent in einem nahezu unbegrenzten virtuellen Energiefeld. Die Materie, die die beobachtbare Welt erfüllt, wurde „geschaffen", als das Vakuum durch die Explosion, die wir als „Urknall" (*Big Bang*) bezeichnen, destabilisiert wurde. Die enormen Energiemengen, die dadurch freigesetzt wurden, erzeugten Partikelpaare aus dem Vakuum, und diejenigen, die sich nicht gegenseitig vernichteten, wurden zum materiellen Inhalt des Universums. Heute wissen die Wissenschaftler, dass die Materie nicht nur in ihren Ursprüngen, sondern auch in ihrem weiteren Verhalten enge Verbindungen zum Vakuumfeld behält. Schon die Kraft der Trägheit kann auf Interaktionen mit ihm zurückgehen. Bernhard Haisch, Alfonso Rueda und Harold Puthoff haben in einer wegweisenden Studie 1994 eine mathematische Demonstration dieser Auffassung, dass Trägheit als eine vakuum-basierte Lorentz-Kraft angesehen werden kann, vorgelegt.[1] Diese Kraft entsteht auf dem Niveau der Subpartikel und erzeugt einen Gegensatz zur Beschleunigung der materiellen Objekte. Die bescheunigte Bewegung von Objekten durch das Vakuum erzeugt ein Magnetfeld, und die Partikel, welche die Objekte bilden, werden durch dieses Feld abgelenkt. Je größer das Objekt, desto mehr Partikel enthält es, dementsprechend stärker ist die Ablenkung und größer das Beharrungsvermögen. Die Massenträgheit ist daher eine Form elektromagnetischen Widerstands, die im Verlaufe der Beschleunigung aus der Verzerrung des virtuellen Partikelgases des Vakuums entsteht.

Noch mehr als Trägheit scheint Masse ein Produkt der Vakuum-Interaktion zu sein. Wenn Haisch und seine Mitarbeiter recht haben, dann ist der Massenbegriff für die Physik nicht grundlegend; er ist noch nicht einmal notwendig. Wenn die masselosen elektrischen Ladungen des Vakuums (die sog. Bose-Teilchen, die das superflüssige Nullpunkt-Feld ausmachen) mit dem elektromagnetischen Feld interagieren, wird Masse unterhalb einer Energieschwelle von 10^{27} erg/cm^3 effektiv „erzeugt". Masse, als eine Grundgegebenheit im Universum, kann daher, verglichen mit ihrer bisherigen Auffassung, eher eine Struktur sein, die aus Vakuumenergie verdichtet wird.

Wenn aber Masse ein Produkt der Vakuumenergie ist, dann muß dies genau so für die Schwerkraft gelten. Wie wir wissen, ist Schwere immer mit Masse verbunden und gehorcht dem Gesetz der quadratischen Inversion (d. h. sie fällt proportional zum Quadrat der Differenz zwischen den sich durch ihre eigene Schwerkraft bewegenden Massen ab). Wenn also Masse in der Interaktion mit

---

[1] Bernhard Haisch, Alfonso Rueda, und H.E. Puthoff, „Inertia as a zero-point-field Lorentz force", *Physical Review A*, 49.2 (February 1994).

dem Vakuum produziert wird, dann muss auch die Kraft, die mit der Masse verbunden ist, so produziert werden. Das aber bedeutet, dass *alle* jene fundamentalen Charakteristika, die wir normalerweise mit Materie assoziieren, Produkte der Vakuum-Interaktion sind: Trägheit, Masse, und ebenso die Schwerkraft.

Es ist also heute gut vorstellbar, Materie als ein Produkt des Nullpunkt-Feldes des Vakuums anzusehen. Hier kommt eine physikalische Konzeption zum Vorschein, bei der es eine „absolute Materie" nicht gibt, sondern nur ein absolutes, Materie erzeugendes Energiefeld.

Obwohl diese Sicht von Materie und Raum die gewöhnliche Sichtweise auf den Kopf zu stellen scheint, stellt sich doch bei genauerer Betrachtung eine größere Nähe zu unseren Alltagswahrnehmungen über die Natur der Wirklichkeit heraus, als dies bei den Standardvorstellungen der Physik des 20. Jahrhunderts der Fall war. Die Abstraktion, die üblicherweise den Studierenden in den physikalischen Einführungsseminaren so große Schwierigkeiten macht, ist auf dem Hintergrund der neuen Physik nun kein Problem mehr: Licht und Gravitation sind eben keine phantomartigen Wellen, die durch den leeren Raum reisen. Die Raumzeit hat nicht nur eine Geometrie *à la* Einstein, sondern sie hat eine physikalische Realität. Sie ist ein Plenum, ein gefülltes Medium virtueller Energie, das gestört werden kann; es kann Muster und Wellen erzeugen. Licht und Klang sind reisende Wellen in diesem kontinuierlichen Energiefeld, und Tische und Bäume, Felsen und Schwalben sowie andere scheinbar feste Objekte sind feststehende Wellen in ihm.

Zum Vorschein kommende Einsichten in die Natur des Lebens und des Geistes

Die subtile Beziehung zwischen der Materie und dem Energiefeld, die ihr in der Tiefe des Universums zu Grunde liegt, verwandelt auch unser Verständnis des Lebens. Es sieht so aus, als wären Interaktionen mit dem Quantenvakuum nicht auf Mikropartikel beschränkt: Sie können auch ganze lebende Systeme einschließen.

Wenn man die volle Breite der Interaktionen zwischen dem Vakuum und der Mikro- wie der Makrowelt betrachtet, ist die

Arbeit einer russischen Physikergruppe von besonderer Bedeutung. Nach der von Akimov und seinen Mitarbeitern formulierten „Torsionsfeld-Theorie des physischen Vakuums" erzeugen alle Objekte, von den Quanten bis zu den Galaxien, Wirbel im Vakuum – Spins des kosmischen Äthers. Diese Torsionswellen sind dauerhaft: Sie können sogar dann fortexistieren, wenn es die sie erzeugenden Objekte nicht mehr gibt. Mit Bezug auf lebendes Gewebe ist die Existenz solcher „Torsionswellen-Phantome" in den Experimenten von Vladimir Poponin und seinem Team am Institut für biochemische Physik der russischen Akademie der Wissenschaften erhärtet worden.[2] Poponin, der das Experiment seither am US-amerikanischen Heartmath-Institut wiederholt hat, gab eine DNA-Molekülprobe in eine temperaturkontrollierte Kammer und setzte sie einer Laserbestrahlung aus. Er fand heraus, dass das elektromagnetische Feld um die Kammer eine solche spezifische Struktur aufwies, wie sie im Großen und Ganzen auch zu erwarten war. Was er dann aber auch noch herausfand war, dass diese Struktur noch lange, nachdem die DNA selber aus der laserbestrahlten Kammer entfernt worden war, fortbestand: Die DNA gibt dem Feld offenbar ein Gepräge, das auch dann, wenn sie selbst nicht mehr vorhanden ist, bestehen bleibt.

Poponin und seine Mitarbeiter schlossen daraus, was das Experiment zeigt, nämlich dass das physikalische Vakuum eine neue Feldstruktur ausgelöst hat. Sie nehmen an, dass der Phantomeffekt die Manifestation einer bis dato übersehenen Vakuum-Substruktur sein muss.

Über die Interaktionen mit dem Nullpunkt-Feld des Vakuums ist ein Organismus auf subtile, aber effektive Weise mit seiner Umwelt verbunden. Das Leben evolviert wie das ganze Universum: in einem „heiligen Tanz" mit einem darunter liegenden Feld. Das bedeutet: Lebende Organismen sind nicht durch eine Haut von ihrer Umwelt abgeschlossene Entitäten, und die lebende Welt insge-

---

[2] P. P. Gariaev und V. P. Poponin, „Vacuum DNA phantom effect in vitro and its possible rational explanation", in *Nanobiology* 1995; P. P. Gariaev, K. V. Grigor'ev, A. A. Vasil'ev, V. P. Poponin und V. A. Scheglov, „Investigation of the fluctuation dynamics of DNA solutions by laser correlation spectroscopy", in *Bulletin of the Lebedev Physics Institute* No. 11-12, 1999, pp. 23-30; V. P. Poponin, „Modeling of NLE dynamics in one dimensional anharmonic FPU-lattice", *Physics Letters A*.

samt ist nicht jenes schroffe Reich des klassischen Darwinismus, wo alles mit allem kämpft und jede Art, jeder Organismus, jedes Gen nur den eigenen Vorteil gegen die anderen sucht. Lebewesen sind vielmehr Elemente in einem weit ausgedehnten Netz enger Beziehungen, das die Biosphäre ganz umfasst – selbst nur ein vernetztes Element innerhalb viel umfangreicherer Verbindungen, die in den Kosmos hinausreichen. Der Geist und das Bewusstsein, ein Merkmal des Menschen, sind in dieses Beziehungsgewebe eingebettet. Die Einsicht wächst, dass die Information, die uns unser Gehirn bezüglich einiger Eigenschaften der Welt jenseits unseres Kopfes übermittelt, nicht auf das sichtbare Spektrum der elektromagnetischen Wellen und das hörbare Spektrum der Klangwellen beschränkt ist: Sie reicht über Verlängerungen dieser Wellen in das Nullpunkt-Feld des Vakuums hinein. Es findet ein beständiger Verkehr zwischen unserem Bewusstsein und dem Rest der Welt statt, und er fließt in beide Richtungen. Alles, was sich in unserem Geist abspielt, hinterlässt seine Wellenspuren im Vakuumfeld, in das es eingebettet ist, und die feinen Muster, die sich von dort ausbreiten, können in den dafür geeigneten Bewusstseinszuständen empfangen werden.

Die Erfahrung von Kindern, von Menschen aus so genannten primitiven Kulturen und aus gegenüber dem Normalbewusstsein veränderten Bewusstseinszuständen liefert Evidenzen für diese bemerkenswerte Auffassung. Zu solchen Bewusstseinszuständen gehören Träume und Tagträume, kreative Trance, mystische Verzückung, tiefe Meditation, aber auch das Gebet, die Hypnose oder Geistes- und Bewusstseinszustände, die auf der Schwelle zum Tode auftreten.

Seit den klassischen Studien von Elisabeth Kübler-Ross haben klinische Psychologen und andere Spezialisten solche in Todesnähe auftretenden Erlebnisse (Nahtod-Erfahrungen, NTE) systematisch untersucht. Es zeigt sich, dass Menschen, die dem Tode nahe sind, sehr bemerkenswerte Erfahrungen machen, zu denen auch eine Art Ferngedächtnis gehört. Raymond Moody jr. hält es für „eindeutig crwicscn", dass sich die Erlebnisse, die ein signifikanter Teil der Personen gemacht hat, welche nach eigenen Todeserfahrungen wieder belebt werden konnten, in allen Fällen sehr ähneln, ganz gleich, wie alt oder welchen Geschlechts sie sind, welcher Religion und Kultur sie angehören, wie ihre Bildung oder ihr sozioökonomischer Hintergrund aussieht.³ Diese Erlebnisse, zu denen eine panoramaartige Wiederholung der Erfahrungen des ganzen Lebens gehört, sind weiter verbreitet als allgemein angenommen wird: In einer Umfrage von 1982 (George Gallup Jr.) fand man heraus, dass etwa acht Millionen erwachsene US-Bürger sie gemacht hatten. 32 Prozent der Befragten gaben an, dass eine „Lebensrückschau" Teil ihrer Nahtod-Erfahrung gewesen war.

NTE-Forscher David Lorimer hielt fest, dass in dem von ihm so bezeichneten „Panoramagedächtnis" ein solches „Zurückrufen-ins-Gedächtnis" besonders intensiv erlebt wird, mit auffälliger Geschwindigkeit, Wirklichkeitstreue und Genauigkeit der Bilder, die im Geist aufblitzen. Die zeitliche Abfolge der Erinnerungen kann variieren: Einige beginnen in der frühen Kindheit und gehen dann bis in die Gegenwart, andere beginnen in der Gegenwart und gehen zurück in die Kindheit. Andere können sich auch wie in einer holografischen Zusammenfassung überlagern. Subjektiv erlebt man dies so, dass alles, was man jemals im Leben erlebt hat, erinnert wird; kein Gedanke, kein Vorkommnis scheint verloren zu sein.⁴ NTE legen es nahe anzunehmen, dass eine Person die Möglichkeit hat, sich fast vollständig an alle früheren Erfahrungen zu erinnern. Eine solche Erinnerungsfähigkeit wäre überwältigend: John von Neumann schätzte die Informationsmenge, die eine Einzelperson in ihrer gesamten Lebenszeit ansammelt, auf eine Größenordnung von $2,8 \cdot 10^{20}$ „bits".

Ein hiermit verwandtes Phänomen des menschlichen Bewusstseins drückt sich in der Erfahrung von Psychotherapeuten aus, die ihre Patienten in einen veränderten Bewusstseinszustand und in die frühe Kindheit „zurück" versetzen. Diese Therapeuten finden oft heraus, dass sie die Zeit noch weiter zurück drehen können, zu Erfahrungen bei der Geburt oder in der Gebärmutter. Manchmal können sie sogar noch weiter zurück gehen, dem Anschein nach in frühere Leben. Sie geben an, dass viele Patienten sich an mehrere vergangene Leben erinnern können, die zusammen eine sehr große Zeitspanne umfassen. Patienten, die solche Rückführungen

---

[3] Moody, Jr. Raymond A., in der Einleitung zu Lorimer, op. cit. (nächste Fußnote), und in *The Light Beyond*, Bantam Books, New York 1988; außerdem in *Life After Life*, Mockingbird Books, Covington 1975.

[4] Lorimer, David, *Whole In One: The Near-Death Experience and the Ethics of Interconnectedness*, Arkana, London 1990.

erlebt haben, erzählen Geschichten von früheren Lebenserfahrungen, die sie mit gegenwärtigen Problemen und Neurosen in Zusammenhang bringen. Thorwald Dethlefsens Fallgeschichten enthalten die Erzählung eines Patienten, der auf einem sonst funktionsfähigen Auge nicht sehen konnte; er erinnerte sich, einst ein mittelalterlicher Soldat gewesen zu sein, dessen Auge von einem Pfeil durchbohrt worden war. Eine Patientin von Morris Netherton, die an Dickdarmgeschwüren litt, durchlebte erneut die Wahrnehmungen eines achtjährigen Mädchens, dass von Soldaten der Nazis an einem Massengrab erschossen wurde. Und der Patient von Rodger Woolger, der über einen steifen Hals-Schulter-Bereich klagte, erinnerte sich, als ein holländischer Maler Selbstmord begangen zu haben.[5]

Ian Stevenson kannte Berichte von Kindern und ihren Erlebnissen aus vergangenen Leben, von denen sich viele als bezogen auf das Leben von Persönlichkeiten herausstellten, die wirklich gelebt hatten. Am schwierigsten waren die Fälle zu verstehen, bei denen die Versuchspersonen in einer ihnen fremden Sprache zu sprechen begannen. Dieses Phänomen, das man als „Xenoglossie" kennt, kann man durch die Annahme einer flüchtigen Bekanntschaft mit einigen Teilen dieser Sprache nicht erklären, denn in mehreren belegten Fällen kommunizierten hypnotisierte und zu früheren Erlebnissen zurückkehrende Personen mit Muttersprachlern ausführlich und flüssig in deren Sprache, die ihnen aber selbst unbekannt war.[6]

Andere bis heute unerklärte Bewusstseinanomalien sind telepathischer Kontakt und Kommunikation. Traditionell nehmen Wissenschaftler an, dass Menschen nur über Gesten, Mimik oder durch Sprache kommunizieren können, dem „Standardmodus". Es gibt aber Evidenzen dafür, dass Kommunikation auch in einem telepathischen Modus stattfinden kann.

Telepathie kann in so genannten primitiven Kulturen weit verbreitet gewesen sein. Es sieht so aus, als hätten in vielen Stammesgesellschaften Medizinmänner die Fähigkeit besessen, telepathisch zu kommunizieren und dabei eine ganze Anzahl von Techniken gekannt, die dabei Voraussetzung für das Eintreten in veränderte

---

[5] Woolger, Roger, *Other Lives, Other Selves*, Doubleday, New York 1987.
[6] Stevenson, Ian, *Unlearned Lanquage: New Studies in Xenoglossy*, University Press of Virginia, Charlottesville 1984; und *Children Who Remember Previous Lives*, University Press of Virginia, Charlottesville 1987.

Bewusstseinszustände gewesen zu sein scheinen: Einsamkeit, Konzentration, Fasten, Singen, Tanzen, Trommeln, der Gebrauch psychedelischer Kräuter gehören dazu. Nicht nur solche Schamanen, sondern ganze Stämme scheinen die Fähigkeit zur Telepathie besessen zu haben. Bis zum heutigen Tage können australische Aborigines über das Schicksal ihrer Familie und Freunde auch dann informiert sein, wenn sie sich außerhalb des Bereichs aufhalten, in dem eine über die Sinneswahrnehmungen begründete Kommunikation stattfinden kann. Der Anthropologe A. P. Elkin notierte, dass ein Mann, der sich weit entfernt von seiner Heimat befindet, in der Lage ist „plötzlich eines Tages mitzuteilen, dass sein Vater gestorben ist, seine Frau ein Kind geboren hat oder Unruhen im Land seiner Herkunft ausgebrochen sind. Er ist sich dessen als Tatsachen so sicher, dass er umgehend nach Hause zurückkehren wird, wenn er kann."[7]

Neben den anthropologischen Daten gibt es eine weitgehend anektodenhafte und unwiederholbare wissenschaftliche Evidenz für verschiedene Arten der Telepathie, die aus Laborforschung stammt, welche freilich auf kontrollierten Experimenten basierte. Sie gehen auf die Pionierarbeit J. B. Rhines an der Duke Universität aus den 1930er Jahren zurück („card-and-die-guessing experiments"). Erst kürzlich wurden solche Experimente einer methodologisch strengen Kontrolle unterzogen, als Physiker und Ingenieure in die Ausarbeitung und Überwachung jener Tests einbezogen wurden. Erklärungen wie wahrgenommene versteckte Signale, durch die Versuchsapparaturen bedingte Beeinflussungen, Betrug der Probanden oder Irrtümer bzw. Inkompetenz der Untersuchungsleiter sind dabei sämtlich geprüft worden, aber für eine ganze Zahl von statistisch signifikanten Resultaten reichen sie nicht aus.

Russell Targ und Harold Puthoff führten in den 1970er Jahren einige der bekanntesten Forschungsarbeiten zu telepathischem Denken und Bildübertragen durch. Ihr Ziel war es zu erhärten, dass es eine spontane Signalübertragung zwischen verschiedenen Individuen geben kann, von denen das eine als „Sender" und das andere als „Empfänger" agierte. Sie setzten den Empfänger in eine versiegelte, undurchsichtige und elektrisch abgeschirmte Kabine und

---

[7] A. P. Elkin, *The Australian Aborigines*, Angus & Robertson, Sydney 1942.

den Sender in einen anderen Raum, wo er in regelmäßigen Intervallen hellen Lichtblitzen ausgesetzt war. Zur Registrierung der Hirnströme beider Probanden wurden Elektroenzephalographen (EEG) verwendet. Wie zu erwarten war, zeigte der Sender jene rhythmischen Hirnwellen, die normalerweise auftreten, wenn man hellen Lichtblitzen ausgesetzt ist. Nach kurzer Zeit aber begann auch der Empfänger die gleichen Hirnstrommuster zu zeigen, obwohl er den Blitzen nicht ausgesetzt war und über seine Sinne keine Signale des Senders aufnehmen konnte.[8]

Ein verwandtes Experiment betrifft die spontane Harmonisierung der Hirnströme der linken und rechten Hemisphäre einer Untersuchungsperson. Wenn sich unser Bewusstsein im gewöhnlichen Wachzustand befindet, zeigen sich für die beiden Hemisphären – die sprachorientierte, für das lineare rationale Denken zuständige linke Hälfte und die für das gestaltwahrnehmende, intuitive Denken zuständige rechte Hälfte des Gehirns – unkoordinierte, von Zufallsabweichungen gekennzeichnete Wellenmuster. Experimente machen aber deutlich, dass dann, wenn eine Versuchsperson in einen meditativen Bewusstseinszustand eintritt, diese Muster zur Synchronisierung tendieren, und in tiefer Meditation ergibt sich oft für beide Hemisphären ein nahezu identisches Muster. Bei Experimenten, die man am Cyber-Laboratorium in Mailand durchgeführt hat, wurde bei jeweils zwei gemeinsam meditierenden Versuchspersonen der gleiche Synchronisationseffekt nicht nur zwischen ihren individuellen linken und rechten Hemisphären, sondern auch *zwischen ihnen selber* beobachtet. Bei Paaren tief meditierender Personen fand man eine fast identische vierfache Synchronisation (individuell links-rechts, zusätzlich auch noch individuenübergreifend), obwohl die Beteiligten sich gegenseitig weder sehen oder hören, noch eine sonstige Wahrnehmung voneinander haben konnten. Solche Synchronisation konnte in Experimenten beobachtet werden, an denen insgesamt zwölf Personen beteiligt waren.[9]

Veränderte Bewusstseinszustände scheinen eine Verbindung zwischen dem Gehirn und fast jedem Teil des bekannten Uni-

---

[8] Russell Targ und Harold Puthoff, „Information transmission under conditions of sensory shielding", *Nature*, 251 (1974); Russell Targ und K. Harary, *The Mind Race*, Villard Books, New York 1984.

[9] Die Experimente wurden von Nitamo Montecucco durchgeführt und in *Cyber*, Milan, 40 (November 1992) dargestellt.

versums zu vermitteln. Zu diesem Ergebnis kommt Stanislav Grof, nach dessen Erkenntnissen wir dem bekannten „biografisch-rekollektiven" Bereich unserer Psyche einen „perinatalen" und „transpersonalen" Bereich hinzufügen müssen. In diesen zusätzlichen Bewußtseinräumen scheint ein Individuum dann in der Lage zu sein, an Information heran zu kommen, die jenseits der Reichweite seiner Sinnesorgane, ja sogar jenseits seiner eigenen Lebensspanne liegen.[10]

Solche heute vorhandenen Belege rechtfertigen im Nachhinein Carl Gustav Jungs frühen Scharfblick. Es gibt zusätzlich zu unserem Individualbewusstsein auch noch eine Art Kollektivbewusstsein. Dieses Bewusstsein – so legen die neuen Wissenschaften nahe – wurzelt in den feinen Wellenmustern des Quantenvakuums: im umfassenden und immer präsenten „flüsternden Teich" des Universums.[11]

Schlussfolgerungen

Im heute neu sich formierenden Wissenschaftsverständnis gibt es keine kategoriale Kluft mehr zwischen der physischen Welt, der lebendigen Welt und der Welt von Geist und Bewusstsein. Widerspruchsfrei erscheinen Leben und Geist in der Welt als Bestandteile eines umfassenden Prozesses hoher Komplexität und gleichwohl harmonischen Designs. Raum und Zeit sind als dynamischer Hintergrund des beobachtbaren Universums zur Einheit verbunden, aber Materie ist als ein fundamentales Charakteristikum der Realität flüchtig, auf dem Rückzug vor Energie. Kontinuumsfelder ersetzen diskrete Partikel als die Basiselemente im Energiebad des Universums.

Der Kosmos ist ein nahtloses Ganzes, das über Äonen von Zeit evolvierte und Bedingungen schuf, unter denen Leben und dann auch Geist auftreten kann. Leben ist ein enges Beziehungsgewebe, das nach eigenen Gesetzen entsteht, indem es Myriaden verschie-

---

[10] Stanislav Grof, *The Adventure of Self-discovery*, State University of New York Press, Albany, 1988.
[11] vgl. Ervin Laszlo, *The Whispering Pond: A Personal Guide to the Emerging Vision of Science*, Element Books, Shaftesbury and Rockford, 1996.

dener Elemente verknüpft und integriert. Die Biosphäre wurde im Mutterleib des Universums geboren und Geist und Bewusstsein im Mutterleib der Biosphäre. Unser Körper ist ein Teil jener Biosphäre und schwingt mit dem Lebensnetz auf diesem Planeten mit. Und unser Geist ist Teil unseres Körpers, verbunden mit dem Geist anderer und der ganzen Biosphäre. Vor tausenden von Jahren schrieb der chinesische Weise Huang Tsu: „Himmel, Erde und ich leben miteinander und alle Dinge und ich bilden eine untrennbare Einheit." In ihrer jüngsten Entwicklung entdecken die erneuerten Wissenschaften diese zeitlosen Intuitionen neu und bekräftigen sie. Durch Beobachtung und Experiment finden sie eine Antwort nach der anderen auf Gregory Batesons Frage: „Welches Muster verbindet die Krabbe mit dem Hummer und die Orchidee mit der Schlüsselblume und alle vier mit mir?" Ihre Entdeckungen passen zu William James' weitsichtiger Metapher: Wir sind wie Inseln im Meer – an der Oberfläche getrennt voneinander, aber in der Tiefe verbunden.

Die Vision, die wir aus den Ergebnissen der Wissenschaften entwickeln können, welche heute an der vordersten Front der Forschung arbeiten, verleiht unserer Existenz wieder einen Sinn und eine neuen Bedeutung. Mögen wir auch Bewohner eines kleinen Planeten in einem ziemlich kleinen Sonnensystem am Rande einer Galaxie sein: Mit unserem Geist und Bewusstsein sind wir doch eine der wahrhaft entwickelten Manifestationen des großen Evolutionsverlaufs, der die Galaxien, die Sterne und Planeten in der kosmischen Raumzeit hervorgebracht hat, und dann auch, auf der Oberfläche der sonnengebadeten Planeten, Leben immer komplexerer Form.

Diese Erkenntnisse sollten uns heute einen tieferen Einblick in unsere Verantwortung vermitteln. Als bewusst lebende Protagonisten im kosmischen Drama ist es unsere Rolle zu gewährleisten, dass die Evolution auf diesem Planeten nicht in einer Sackgasse endet. Vielmehr muss sie auch weiterhin die Chance haben, das große Abenteuer unserer Art fortzusetzen: Nämlich eine Welt zu schaffen, in der Individualität, Innovation und Vielfalt nicht die Quelle von Uneinigkeit, Konflikt und Erniedrigung sind, sondern eine Grundlage für Zusammenhalt, Kooperation und eine Zukunft gemeinsamer Evolution.

Der mittlere Teil des Weges:
Sprache, das lebende Fossil

Unsere Sprachen vermitteln evolutionär und strukturell zwischen Natur und Kultur. Aber nur, wenn wir uns mutiger als bisher um Perspektiverweiterungen bemühen, kommen solche verborgenen Systemzusammenhänge in den Blick.

Limitationen der Sprachdisziplinen

Siegfried Kanngießer

Da dengelt jemand – oder sagt man dangelt?
im Tale seine Sense, und es drangelt
sich der Vergleich auf – oder sagt man drängelt?
daß es so klingt, als wenn wer wo was dengelt.

ROBERT GERNHARDT

Unter dem Begriff der Sprachdisziplinen werden diejenigen Disziplinen zusammengefasst, die in irgendeiner Hinsicht die Sprache zum Gegenstand der Untersuchung nehmen. Diese Disziplinen sind, wie alle Wissenschaften, einer Methodologie der restringierten Untersuchungsdomänen verpflichtet. Gerade deshalb aber stellt sich im Spektrum dieser Disziplinen, das – da es beispielsweise von Biologie bis hin zur Linguistik reicht – überaus mächtig ist, die Aufgabe, domänenspezifisch gewonnene Einzelerkenntnisse zu einem konsistenten Gesamtsystem der Spracherkenntnis zusammenzufassen, also miteinander zu unifizieren. Es wird gezeigt, dass dem Lösen dieser Unifikationsaufgabe Grenzen gesetzt sind, die disziplinenintern, aber auch interdisziplinär gegebenen Erkenntnisgrenzen gleichkommen. So ist es derzeit nicht möglich, die auch Tatbestände der Sprachkapazität betreffende neurobiologische Dynamic Core-Hypothese und die linguistische CP/IP-Hypothese miteinander zu unifizieren. Diese Erkenntnisgrenze dürfte jedoch eine kontingenterweise gegebene, also zukünftige Forschung überwindbare Grenze sein. Andere Unifizierungsgrenzen reflektieren jedoch systematische, unüberwindbare Erkenntnisgrenzen, die bei dem Versuch ins Blickfeld kommen, die zukünftige Sprachperformanz eines Individuums zu prognostizieren.

1 Domänen der Forschung

Das System der Wissenschaften ist ein offenes System; insbesondere ist es erweiterungsfähig, und es erfährt in der Tat Erweiterungen: es gibt den Tatbestand der Genese neuer wissenschaftlicher Disziplinen, und es besteht keinerlei Anlaß, die Möglichkeit dieses Tatbestandes für irgendeine Zukunft auszuschließen. Die Offenheit der Wissenschaften, die die Möglichkeit der Erweiterung der Menge der Disziplinen selbstverständlich mit einschließt, ist einer der Garanten für die Möglichkeit des wissenschaftlichen Fortschritts; sie ist damit – wie sich den Kantischen Sprachgebrauch adaptierend sagen läßt – eine der Bedingungen der Möglichkeit von Wissenschaft überhaupt. Die Offenheit der Wissenschaften ist mit konstitutiv für ihre Produktivität.

Die Offenheit der Wissenschaften manifestiert sich primär in Prozessen der disziplinären Ausdifferenzierung. So ist, beispielsweise, die Naturwissenschaft aus der Naturphilosophie durch einen Vorgang der methodologischen Ausdifferenzierung hervorgegangen; sie hat sich dann nach ihrer Etablierung ihrerseits weiter ausdifferenziert – etwa in Physik, Biologie, Chemie und Medizin. Jede dieser Disziplinen ist dann wiederum weiter ausdifferenziert worden – die Biologie etwa in den „roten" und den „grünen"Bereich, die Physik in Theoretische Physik und Experimentalphysik, und so weiter. Der Zuwachs an Erkenntnis scheint zwangsläufig mit Prozessen der disziplinären Ausdifferenzierung verbunden zu sein.

Es liegt auf der Hand, daß diese offenbar unvermeidlichen und auch erforderlichen Ausdifferenzierungsprozesse jedem Versuch entgegenstehen, die vielberufene – methodologische oder gar nomologische – Einheit der Wissenschaft zu demonstrieren. Nicht die Einheit der wissenschaftlichen Erkenntnis ist es, die *prima facie* ins Blickfeld gerät – ins Blickfeld gerät vielmehr ein unsystematisiertes Amalgam heterogen anmutender wissenschaftlicher Detailerkenntnisse. Dieses Erkenntnisamalgam ist es wesentlich, das gemeint ist, wenn von „der" wissenschaftlichen Erkenntnis die Rede ist.

Warum kommt es zu diesen Ausdifferenzierungen und Diversifizierungen in der Menge der wissenschaftlich möglichen Erkenntnisse? Ergibt sie sich sozusagen kontingenterweise oder ist sie eine Funktion der Logik der Forschung? Dies ist klar: man kann schwarze Löcher wissenschaftlich untersuchen. Man kann Enzyme wissenschaftlich untersuchen. Man kann Infinitive und XN-Komposita wissenschaftlich untersuchen. Man kann bestimmte Populationen bezüglich ihrer epistemischen Voraussetzungen wissenschaftlich untersuchen. Man kann Endreime und Stabreime wissenschaftlich untersuchen. – Kann man alles und jedes – und dies nach Möglichkeit zugleich – wissenschaftlich untersuchen? Chomsky gibt eine vergleichsweise lakonische Antwort auf diese Frage; sie lautet, dass „in rational inquiry, in the natural sciences or elsewhere, there is noch such subject as «the study of everything»" (Chomsky 2000: 49). Um Chomskys Antwort zu paraphrasieren: Man betrachte Gott (G) und den Rest der Welt (RdW). Eine Wissenschaft von Gott und dem Rest der Welt – eine den normalen Wissenschaften vergleichbare G/RdW-Disziplin – kann es offenbar nicht geben. Die Möglichkeit der Wissenschaft setzt offenbar eine Methodologie restringierter Untersuchungsdomänen voraus, wie sie in den empirischen Wissenschaften üblicherweise praktiziert wird. Und in Konsequenz der Abstraktionen und Idealisierungen, durch die Problemfelder von Problemfeldern separiert werden, kommt es zu den angesprochenen Ausdifferenzierungen und Diversifizierungen. Sie sind insofern unvermeidlich; sie *sind* eine Funktion der Logik der Forschung. Ausdifferenzierungen und Diversifizierungen, die in Idealisierungen, Abstraktionen und Problemfeldinsolationen begründet sind, sind der Preis, der für die Möglichkeit wissenschaftlicher Erkenntnis entrichtet werden muss. Sie sind der Preis, der für die Möglichkeit von Wissenschaft gezahlt werden muss. Wissenschaft ist nur da möglich, wo es möglich ist, restringierte Untersuchungsdomänen auszuzeichnen.

2 Weserüberquerung

Um knapp zu verdeutlichen, was unter der Auszeichnung solcher Domänen zu verstehen ist, sei hier ein Problem betrachtet, das zum sozusagen klassischen Bestand der Probleme der Künstlichen Intelligenz (KI) gehört und unter dem Namen *farmers problem* bekannt ist. Dies ist das Problem: Ein Bauer will einen Fluss überqueren, sagen wir: die Weser, und zwar etwa auf der Höhe von Bursfelde. Das wird ihm leicht gemacht: am Ufer, an einem zum Kloster Bursfelde gehörenden Anlegeplatz, liegt ein Ruderboot, mit dem er mühelos ans andere Ufer der übersetzen kann. Allerdings ist das Boot sehr, sehr klein, und seine Tragfähigkeit äusserst begrenzt. Und damit beginnt *farmers problem*. Denn das besteht darin, dass der Bauer nicht nur alleine ans andere Weserufer übersetzen will, sondern zugleich auch das mit hinüberschaffen will, was er bei sich hat. Und bei sich hat er – wie dies wohl für Bauern typisch ist – einen Kohlkopf, eine Ziege und einen Wolf. Sein Problem besteht darin, dass das Ruderboot nicht ihn, Kohlkopf, Ziege und Wolf gleichzeitig zu tragen vermag. Genauer verhält es sich so, dass der Bauer immer nur mit einem Tier oder dem Gemüse im Ruderboot übersetzen kann. Lässt er jedoch den Wolf und die Ziege allein, so frisst der Wolf die Ziege. Lässt er jedoch die Ziege und den Kohlkopf allein, so frisst die Ziege den Kohlkopf. Das Problem des Bauern besteht nun darin, diese Verluste zu vermeiden und sich selbst, Kohlkopf, Wolf und Ziege mit dem Ruderboot an das andere Weserufer überzusetzen, ohne zwischenzeitlich samt Tieren und Gemüse im Fluss unterzugehen.

Natürlich hat das Problem eine nachgerade triviale Lösung; sie braucht hier nicht ausgebreitet zu werden. Interessanter als seine Lösung ist hier das Problem selbst. Es handelt sich bei diesem Problem, um es in der KI-Terminologie auszudrücken, um ein Planungsproblem, und dieses Planungsproblem ist natürlich nichts anderes als ein mathematisches Problem, das in Form einer Textaufgabe gestellt ist. Diese Textaufgabe beinhaltet zugleich die Bedingungen, unter denen sie beantwortet werden kann. Sie definiert, um es wiederum in der Terminologie der KI auszudrücken, ein *closed world*, und die Lösung der Aufgabe ist nur *innerhalb* der *closed world* möglich. Diese Welt umfasst *alle* Operationen und Informationen, die *zulässigerweise* zur Lösung der Aufgabe in Betracht gezogen werden können. Insofern ist die Menge der Wege, die zur Lösung der Aufgabe führen können, auf eine *closed world*-spezifische Art restringiert und limitiert.

Es kann natürlich sein, dass jemand die aufgabenspezifisch gegebene geschlossene Welt als zu eng empfindet und darauf insistiert, dass der Bauer seine Transportprobleme anderweitig zu lösen vermag. Eine solche anderweitige Lösung könnte wie folgt aussehen: „Der Bauer hat viel Zeit und kennt sich an der Weser aus. Also nimmt er sich die Zeit, mit Kohlkopf, Ziege und Wolf nordwärts nach Gieselwerder zu wandern. Er weiß, dass dort eine Brücke ist. Auf der überquert er die Weser dann auf das Bequemste. Dann geht er mit dem Gemüse in der Hand und den Tieren an der Leine auf der anderen Seite der Weser bis auf Höhe Bursfelde zurück." Eine alternative anderweitige Lösung könnte wie folgt aussehen: „Der Bauer hat viel Zeit und kennt sich an der Weser aus. Also nimmt er sich die Zeit, mit Kohlkopf, Ziege und Wolf südwärts nach Hemeln zu wandern. Er weiß, dass dort eine Fähre ist. Von der lässt er sich, Gemüse und Tiere übersetzen und geht dann auf der anderen Weserseite bis auf die Höhe von Bursfelde zurück." Eine weitere anderweitige Lösung von *farmers problem* könnte darin bestehen, das Problem einfach aus der Welt zu schaffen, und zwar vermöge des folgenden Szenarios: Der Bauer steht mit Kohlkopf, Ziege und Wolf an der Anlegestelle des Klosters Bursfelde und bedenkt sein Problem. Da fällt der Wolf seiner Altersschwäche zum Opfer und ist von einer zur anderen Minute tot. Damit entfällt *farmers problem*. An anderweitigen Lösungen dieser Art ist wahrlich kein Mangel; sie lassen sich tonnenweise produzieren. Aber evidentermassen stellt keine von ihnen eine echte Lösung der Textaufgabe dar. Kein Lehrer, der seinen Schülern diese Textaufgabe stellt, könnte zufrieden sein, wenn einer von ihnen ihm die Fähren-Lösung präsentiert. Er würde sagen, dass der Schüler die Aufgabe nicht gelöst hat, und dies zu Recht, denn der Schüler hat mit dem Fährenszenario die Aufgabe nicht unter den Bedingungen, unter denen sie gestellt wurde – als mathematische Aufgabe – gelöst. Mathematische Aufgaben *können nicht* unter Aufbietung heimatkundlicher Kenntnisse gelöst werden. Sie müssen mathematisch gelöst werden oder sie bleiben ungelöst. Anders und allgemeiner gesagt: man kann *closed world*-Aufgaben nicht dadurch lösen, indem man die *closed world* in eine *open world* transformiert. Denn genau das ist das Charakteristikum der anderweitigen Lösungen: Um sie herbeiführen zu können, werden die *closed world*-Bedingungen der Aufgabenstellung zugunsten der Gegebenheiten einer *open world* ausser Kraft gesetzt. Das heisst aber, dass die Aufgabe nicht gelöst wird, sondern – um es wiederum in der KI-Begrifflichkeit zu sagen – statt dessen das Frame-Problem aufgeworfen wird. Dieses Problem besteht darin, dass man nicht mit wohl definierten Aufgabenstellungen, sondern mit einer unüberschaubaren Mannigfaltigkeit durch und durch kontingenter, vollkommen singulärer, fluktuierender Situationen konfrontiert ist, die auf Grund dieser ihrer Mannigfaltigkeit, Komplexität und Singularität weder unter theoretische noch unter empirische Kontrolle gebracht werden können. Insofern ist das Frame-Problem unlösbar. Seine Bearbeitung macht eine G/RdW-Disziplin erforderlich, und eine solche Disziplin kann es nicht geben. Eine Wissenschaft von der *open world* – also „the study of everything" – gibt es nicht und kann es nicht geben.

Damit ist vielleicht auf exemplarische Art in einer hinreichenden Näherung klar geworden, was unter einer durch Idealisierungen und Abstraktionen gewonnenen restringierten Untersuchungsdomäne zu verstehen ist. Eine solche Domäne ist so etwas wie eine *closed world*, also ein gegenüber der Mannigfaltigkeit und der Komplexität kontingenter, vollkommen singulärer, fluktuierender situativer Gegebenheiten abgeschotteter Bereich. Nur wo solche Bereiche identifiziert und somit restringierte Untersuchungsdomänen ausgezeichnet werden können, lässt sich wissenschaftliche Forschung betreiben. Wer Wissenschaft betreibt, kann mithin nicht darauf abzielen, von allem – G/RdW – etwas zu wissen, sondern er muss darauf abzielen, von einigen (nahezu) alles zu wissen. Und dies festzustellen, heisst natürlich auch, festzustellen, dass demjenigen, der Wissenschaft betreibt, nichts anderes übrig bleibt, als sich epistemischer Bescheidenheit zu befleissigen. Ein epistemisches Omnipotenzprinzip kann es gerade in den Wissenschaften nicht geben. Wissenschaft zu betreiben, heisst zwangsläufig, eine *closed world*-Methodologie zu praktizieren. Wissenschaft kann deshalb nur diesseits oder jenseits aller Allwissenheitsphantastereien betrieben werden. Anders gesagt: Wissenschaft zwingt unvermeidlich zur epistemischen Bescheidenheit.

3 Sprachdisziplinen

Das Spektrum der Sprachdisziplinen – also der Disziplinen, die sich in primärer, sekundärer oder auch nur tertiärer Hinsicht – unter irgendeinem Aspekt, vermöge irgendwelcher Methoden, und im Rahmen irgendwelcher Paradigmen mit als *sprachlich* identifizierten Tatbeständen befassen – ist ein vergleichsweise mächtiges disziplinäres Spektrum. Es umfasst Disziplinen wie beispielsweise die Biologie, die Psychologie, die Künstliche Intelligenz (KI), die Linguistik und die Literaturwissenschaft. Dieses Spektrum ist – vermutlich zu niemandes Überraschung – von einer Vielzahl teilweise sehr unterschiedlicher Forschungsansätze bestimmt. Im Rahmen der Sprachdisziplinen – dieser Neologismus ist im Sinne der voranstehenden Erläuterung zu verstehen – werden sehr unterschiedliche Wege eingeschlagen, um zu explanativem und deskriptivem Erfolg kommen zu können, und diese Wege führen – jedenfalls zunächst einmal – durchaus nicht zusammen, sondern sie laufen auseinander. Das Spektrum der Sprachdisziplinen ist ein epistemisch uneinheitliches Gebilde. Diese Uneinheitlichkeit ist ein Indikator dafür, dass die Sprachdisziplinen von unterschiedlichen, teilweise sogar zueinander gegenläufigen Wissenschaftstraditionen bestimmt sind. Es gibt Sprachdisziplinen, die – wie etwa die Literaturwissenschaft – fast durchgängig von hermeneutischen Konzepten bestimmt sind, und es gibt Sprachdisziplinen, die – wie etwa die Linguistik – danach streben, eine rigide Mathematisierung ihrer Ergebnisse ins Werk zu setzen. Es liegt auf der Hand, dass es unter diesen Bedingungen nicht möglich ist, linguistische und literaturwissenschaftliche Erkenntnisse miteinander zu unifizieren. Das Spektrum der Sprachdisziplinen ist insofern ein Spektrum uneinheitlicher, diskrepanter und teilweise sogar dissonanter Erkenntnisse. Diese epistemische Dissonanz ist auch eine Funktion diverser disziplinärer Ungleichzeitigkeiten, das heißt: die diversen Sprachdisziplinen reflektieren – vermutlich wiederum zu niemandes Überraschung – unterschiedliche Zustände der Wissenschaftsentwicklung. Entwicklungen, die in der einen Disziplin bereits abgeschlossen sind, sind in einer anderen Sprachdisziplin noch nicht einmal angelaufen; das Spektrum der Sprachdisziplinen ist ein Spektrum disziplinärer Ungleichzeitigkeiten. Und was in Ansehung des Gesamtspektrums gilt, gilt in Entsprechung zumindest auch für einige Disziplinen des Spektrums: Auch sie sind von epistemischen Ungleichzeitigkeiten bestimmt. So gibt es beispielsweise Sprachdisziplinen – die Sprachpsychologie etwa ist eine von ihnen – innerhalb derer einerseits der Behaviorismus noch bestimmend nachwirkt, andererseits aber – sozusagen in einem anderen disziplineninternen Bezirk – alles versucht wird, sich eben dieser behavioristischen Tradition zu entledigen. Wie es innerhalb des Spektrums disziplinäre Ungleichzeitigkeiten gibt, so gibt es auch disziplineninterne Ungleichzeitigkeiten; diese Ungleichzeitigkeiten beiderlei Art sind es, die es unmöglich machen, eine Einheit der Spracherkenntnis zu erzeugen. Das Spektrum der Sprachdisziplinen ist insofern wesentlich ein Spektrum epistemischer Diskrepanzen. Es ist vermutlich nicht unangebracht, knapp zu verdeutlichen, wie tief diese Diskrepanzen gehen und wie weit sie reichen.

4 IP/CP-Hypothese und DC-Hypothese

Die Linguistik, wie sie derzeit betrieben wird, ist eine wesentlich von dem von Chomsky (1957) begründeten Paradigma der generativen Grammatik bestimmte Disziplin. Insofern kann es nicht verwundern, dass die linguistische Forschung zur Zeit primär grammatische Forschung ist. Sofern sie auf eine dem von Chomsky (1981) inaugurierten und von Chomsky (1986) weiterentwickelten Prinzipien- und Parameter-Modell der Universalgrammatik, kurz: dem P&P-Modell der UG verpflichtete Art betrieben wird, wird sie – genauer gesagt – als universalgrammatische Forschung betrieben; so betrieben rückt sie insbesondere Strukturen wie die nachfolgend angegebene ins Blickfeld, die die interne grammatische Kenntnis der Sprecher/Hörer – also ihre Sprachkompetenz – reflektieren. Ein für diese Strukturen mit konstitutives Element ist das CP/IP-System. Die Hypothese, mit der das CP/IP-System eingeführt wird, lässt sich allgemein – unter Absehung von einer Vielzahl von Details – wie nachfolgend angegeben charakterisieren:

CP/IP-HYPOTHESE

Das CP/IP-System hat eine projektive, die Hauptkategorien CP und IP integrierende Struktur, die wie in (a) angeführt gegeben ist, und durch die die in (b)-(d) angeführten Strukturelemente determiniert werden, wobei bezüglich (d) die Feststellung in (e) gilt:

(a) [$_{CP}$ SpecC [$_C$^{1} C $_{IP}$[NP$_I$^{1} [VP I]]]]

(b) Dominanzen.

(c) Präzedenzen.

(d) Bewegungen.

(e) Es gibt eine Menge B von Bewegungstransformationen, mit:

    (1) Bewegungstransformationen operieren innerhalb des CP/IP-Systems.

    (2) Jede Bewegungstransformation t gehört einem der Typen in (A)-(C) an:

        (A) t ist strukturerhaltend.

        (B) t ist lokal.

        (C) t ist eine Wurzeltransformation.

Die sozusagen prominenteste und sicher auch gewichtigste Bewegungstransformation ist die Transformation „Bewege α", kurz: die α-Transformation. Für α-Transformationen gilt grundsätzlich folgendes:

α-TRANSFORMATION

Wenn t eine α-Transformation ist, dann gilt:

(a) t hinterlässt eine Spur.

(b) t ist strukturerhaltend.

(c) t ist eine Anhebungstransformation.

Das CP/IP-System, also eines der zentralen Systeme der UG, reflektiert die die interne grammatische Kenntnis der Sprecher/Hörer – also ihre Sprachkompetenz –, und es trägt auf gewichtige Art zur Determination der internen Sprache – der I-Sprache – der

Sprecher/Hörer bei, die der Gegenstand der universalgrammatischen Forschung ist.[1] Die I-Sprache kommt erst in Konsequenz zahlreicher Idealisierungen und Abstraktionen ins Blickfeld, die es insbesondere zur Folge haben, dass bei der Betrachtung von I-Sprachen von allen Tatbeständen der Sprachperformanz ebenso abgesehen werden kann und muss wie bei ihrer Betrachtung von allen zugrundeliegenden, die Sprachperformanz der Individuen allererst ermöglichenden nicht-grammatischen Kenntnissystemen abgesehen werden kann und muss. Die I-Sprache ist insofern die *closed world* des Universalgrammatikers.

Die Universalgrammatik ist ein Kenntnissystem. Dieses Kenntnissystem ist, wie Chomsky immer wieder herausgestellt hat, ein genetisch fundiertes System (cf. Chomsky 1981, 2000). Folglich muss auch das CP/IP-System als ein durch die Prozesse der Ontogenese und Phylogenese erzeugtes kognitives System begriffen werden. Nun ist die Untersuchung der genetischen Grundlagen kognitiver Systeme traditionellerweise eine genuine Aufgabe der Biologie, namentlich eine Aufgabe der Neurobiologie des Gehirns. Bei der Bearbeitung dieser Aufgabe sind von den Neurobiologen am Ende des vergangenen Jahrhunderts erste, teilweise sicher bahnbrechende Erfolge erzielt worden. Die Redeweise von den genetischen Grundlagen kognitiver Systeme hat nicht mehr nur programmatischen Charakter, sondern sie beruht nunmehr auf zunehmend zugänglicher werdenden empirischen und theoretischen Fundamenten. Im Zuge solcher Fundierungsbemühungen legen sich beispielsweise Edelman und Tononi die folgende Frage vor:

---

[1] Die I-Sprache ist alles andere als das, was üblicherweise unter einer Sprache verstanden wird. Diesem üblichen Verständnis zufolge ist eine Sprache etwas, das in einer Sprachgemeinschaft aktual gesprochen wird. Solche Sprachen – Sprachgemeinschaftssprachen, kurz: S-Sprachen –, wie etwa das Französische, das Mongolische, ..., das Englische – sind der Hauptgegenstand der von de Saussure (1916) einerseits und Bloomfield (1933) andererseits initiierten, unter den Vorzeichen des Strukturalismus betriebenen Sprachforschung, wie sie unerachtet der Dominanz des Paradigmas der generativen Grammatik noch immer ihren Platz in der Linguistik hat. Diese Ungleichzeitigkeit innerhalb der Linguistik darf jedoch nicht darüber hinweg täuschen, dass zwischen I-Sprachen und S-Sprachen ein kategorialer Unterschied besteht. Es erübrigt sich an dieser Stelle, die zwischen I-Sprachen und S-Sprachen bestehende Beziehung – sie wäre wohl besser als eine Nicht-Beziehung charakterisiert – genauer zu erörtern.

„Can we formulate a hypothesis that explicitly states what, if anything, is special about the subsets of neuronal groups that sustain conscious experience and how they can identified?" (Edelman/Tononi 2001:143)

Es soll hier nicht versucht werden, den von Edelman/Tononi verwendeten Begriff der bewussten Erfahrung vertieft zu erörtern. Für die hier verfolgten Argumentationsziele ist auf eine wohl unproblematische Art möglich, diesem Begriff schlicht mit dem oben (auch weitgehend unspezifiziert) verwendeten Begriff der Kognition zu identifizieren. Die Frage, die Edelman und Tononi aufwerfen, ist im Sinne dieser Identifizierung entsprechend nichts anders als die Frage nach den neuronalen Grundlagen der Kognition. Diese Frage beantworten Edelman und Tononi mit ihrer von ihnen sogenannten *Dynamic Core*-Hypothese. Diese Hypothese wird hier als die DC-Hypothese bezeichnet. Edelman und Tononi formulieren sie wie folgt:

DC-HYPOTHESE

„1. A group of neurons can contribute directly to conscious experience only if it is part of a distributed functional cluster that, through re-entrant interactions in the thalamocortical system, achieves high integration in hundred of milliseconds.

2. To sustain conscious experience, it is essential that this functional cluster be highly differentiated, as indicated by high value of complexity." (Edelman/Tononi 2001:144)

Die naheliegende Frage, wie der im zweiten Teil der Hypothese verwendete Begriff der Komplexität zu verstehen ist, lassen Edelman und Tononi nicht unerörtert; sie beantworten sie vermöge der Spezifizierung einer Komplexitätsmetrik. Komplexität – neuronale Komplexität – wird vermöge der folgenden Formel berechnet:

$$C_N(X) = \sum_{n-1}^{n/2} < \mathrm{MI}(X_j^k; X - X_j^k) >$$

Dabei betrachten sie alle Teilmengen X^k als „composed of k-out-of-n-elements of the system" und die durchschnittliche wechselseitige Information zwischen den Teilmengen und ihren Komplementen wird durch die Formel

$$< X_j^k; \mathrm{X} - X_j^k >$$

denotiert (cf. Edelman/Tononi 2001:130). Es kann hier nicht die Frage sein, ob die *Dynamic Core*-Hypothese zutrifft oder ob dies nicht der Fall ist. Es reicht aus hier herauszustellen, dass diese Hypothese eine vergleichsweise gut elaborierte Hypothese ist.

Ersichtlich liegt es nahe zu fragen, wie sich diese gut elaborierte Hypothese (unter der Voraussetzung, dass sie zutrifft) zu der ebenfalls vergleichsweise differenziert gefassten CP/IP-Hypothese (unter der Voraussetzung, dass auch diese Hypothese Chomskys zutrifft) verhält. Genauer: gestattet die *Dynamic Core*-Hypothese es, irgendwelche signifikanten Aussagen über die genetische – und das heisst hier: die neuronale – Basis zu machen, auf der das CP/IP-System *ex hypothesei* beruht? Die Antwort auf diese Frage ist negativ. Sie muss negativ ausfallen, weil die Entitäten, die im Rahmen der CP-Hypothese behandelt werden – Bäume, genauer gesagt: *Strukturbäume*, im technischen Sinn des Begriffs (also Graphen einer bestimmten Art), und im Zusammenhang damit beispielsweise *Kasus*, wie der Nominativ und der Akkusativ – im Rahmen der die DC-Hypothese nicht ins Blickfeld genommen werden können, da sie biologisch nicht identifizierbare Entitäten sind. Folglich können die CP/IP-Hypothese und die DC-Hypothese miteinander *unifiziert* werden. Das heisst vor allem, die beiden Hypothesen lassen sich nicht zu einer Hypothese zusammenfassen, in deren Rahmen explanativ und deskriptiv mehr geleistet werden kann als zu leisten in jeder dieser beiden Hypothesen allein möglich ist.

Diese Unifizierbarkeitsgrenze markiert zweifelsfrei eine *Erkenntnisgrenze*, die derzeit im Spektrum der Sprachdisziplinen besteht. Erkenntnisgrenzen dieser Art lassen sich nicht nur im Spektrum der Sprachdisizpilinen nachweisen; ihre Existenz lässt sich auch in jeder einzelnen dieser Disziplinen nachweisen. Es kann und soll hier nicht versucht werden, den Verlauf dieser Grenzen nach zu zeichnen. Es ist hier wesentlicher zu sehen, dass das Auftreten dieser Grenzen vor allem eines deutlich macht: dass nämlich die Forschung sich nicht im Lösen der Probleme erschöpft, für die *farmers problem* exemplarisch ist.

Eine Wissenschaft, die einer *closed world*-Methodologie – im zuvor erläuterten Sinn dieses Begriffes – verpflichtet ist, ermöglicht es sicher, Probleme mit explanativen und deskriptiven Erfolg zu thematisieren, die sich *isolieren*, also von anderen Problemen und Problemfeldern separieren lassen. Allgemein gesagt: eine so betriebene Forschung führt zu einer Vielzahl von Erkenntnissen, für die es allerdings charakteristisch ist, dass sie vergleichweise unverbunden nebeneinander stehen. Eine tiefer gehende und weiter reichende Einsicht in den Gesamtzusammenhang der Probleme kann so natürlich nicht gewonnen werden. *Diese* Einsicht zu gewinnen ist jedoch *auch* eine Aufgabe der Wissenschaft, denn im Rahmen einer wohlverstanden betriebenen Forschung kann man es natürlich nicht damit bewenden lassen, Erkenntnisbruchstücke unverbunden nebeneinander stehen zu lassen. Das aber bedeutet, dass sich gerade in Konsequenz der Erkenntnisse, deren Gewinnung durch Problemseparation möglich wurde, ein anderes Problem umso nachhaltiger stellt: *nämlich das bereits angesprochene Problem der Erkenntnisunifikation* – also das Problem, separierte Einzelerkenntnisse in einen konsistenten und kohärenten epistemischen Zusammenhang zu *integrieren*. Kurz und bündig gesagt: Die erste Aufgabe der Forschung besteht in der Auszeichnung restringierter Untersuchungsdomänen; gerade deshalb aber – also in Konsequenz dieser Auszeichnung – stellt sich die dazu konverse Aufgabe der Unifikation der unter Voraussetzung *closed world*-Methodologie erzeugten – und nur unter Voraussetzung dieser Methodologie überhaupt erzeugbaren – Wissensbestände.

Der Hinweis darauf, dass es jedenfalls beim derzeiten Stand der Dinge nicht möglich ist, die CP/IP-Hypothese und die DC-Hypothese miteinander zu unifizieren, macht nun überdies deutlich, dass Unifikationsprobleme im Normalfall Probleme sind, für die es keine einfache und naheliegende Lösung gibt. Dies ist aus sehr grundsätzlichen Gründen heraus nicht der Fall: Voraussetzung für die Lösung eines Unifikationsproblems ist die Vereinigung zweier (oftmals disjunkter) *closed worlds* cw_1 und cw_2 zu einer *closed world* cw_3 und damit die Zusammenfassung der cw_1-Theorie und cw_2-Theorie zu einer cw_3-Theorie. Das Problem besteht also – generell gesagt – in der integrierenden Transformation von Erkenntnissen in generellere Erkenntnisse. Solche Transformationen vor allem sind es, aus denen die epistemische Einheit einer Disziplin oder eines disziplinären Spektrums hervorgeht. Die sehr wohl mögliche Disjunktheit der *closed worlds* jedoch, ihre unterschiedliche interne Topographie und auch deren unterschiedliche Granularität jedoch stellen schwer zu überwindende Barrieren dar, wenn es um die Lösung von Unifikationsproblemen geht. Wie hoch diese Barrieren sein können und wie schwer sie zu überwinden sind, dürfte der Hinweis auf die CP/IP-Hypothese einerseits und die DC-Hypothese andererseits exemplarisch verdeutlicht haben. Er dürfte damit auch verdeutlicht haben, wie schwer der Weg zu gehen ist, der zur Einheit des wissenschaftlichen Wissens – des disziplinären und erst recht, *a fortiori*, des interdisziplinären Wissens – führt.[2]

Die Probleme der Wissensunifikation sind, wie bereits gesagt, Probleme, die sich in Konsequenz einer strikt durchgehaltenen *closed world*-Methodologie ergeben. Eben deshalb kommt das Auftreten dieser Probleme auch in keinster Weise einer (verdeckten) Wiederkehr irgendwelcher G/RdW-Probleme – also der Wiederkehr von Problemen, deren Unlösbarkeit zuvor bereits konstatiert wurde. Denn die Unifikationsprobleme stellen sich unter ganz anderen Bedingungen als die G/RdW-Probleme. Auf Grund der Andersartigkeit dieser Bedingungen sind die Unifikationsprobleme – im Gegensatz zu den G/RdW-Problemen – Probleme, die sich jedenfalls im Prinzip unter theoretische und empirische Kontrolle

---

[2] Es ist klar – oder sollte klar sein –, dass diese Einheit nicht durch das erreicht werden kann, was man eine Granularitätsabsenkung der in Rede stehenden Problematik vornimmt, und sich nicht fragt, wie sich die CP/IP-Hypothese und die DC-Hypothese miteinander uinifizieren lassen, sondern fragt, wie sich biologisches Wissen und linguistisches Wissen zueinander verhalten. Oder sich – noch allgemeiner – fragt, wie sich Biologie und Linguistik zueinander verhalten. Oder sich die Frage vorlegt, wie sich der Geist, dem wohl der CP/IP-Bereich zugerchnet werden muss, und Körper, dem der DC-Bereich, zugerechnet werden muss, zueinander verhalten. Denn eine Frage wird – trivialerweise – nicht dadurch beantwortet, dass man sie in Fragen transformiert, die gerade wegen ihrer grösseren Allgemeinheit Probleme betreffen, die typische G/RdW-Probleme sind (und, wie viele von ihnen, auf der Basis von Voraussetzungen zum Tragen kommen, die einer strengeren Prüfung nicht standhalten). Die Resultante, die aus all dem zu ziehen ist, ist leicht gezogen, und sie ist trivial genug: Wissenschaftliche Fragen lassen sich nur innerhalb der Wissenschaft lösen; ausserhalb der Wissenschaften ist eine Antwort auf sie nicht möglich.

bringen lassen. Insofern können sie rational abgehandelt werden. Das garantiert selbstverständlich nicht, dass alle anfallenden Unifikationsprobleme gelöst werden können; es garantiert nicht einmal, dass auch nur eines dieser Probleme gelöst werden kann. Aber die Möglichkeit, ein Problem rational stellen und bearbeiten zu können, ist sicherlich die Vorbedingung für die Lösbarkeit dieses Problems. Und die Unifikationsprobleme sind, im Gegensatz zu den G/RdW-Problemen, Probleme, die rational gestellt und abgehandelt werden können. Ihr Auftreten ist gewissermassen die rationale Resultante, die aus den naiv gestellten G/RdW-Problemen gezogen werden muss. Dies gilt auch dann, wenn mit dem Auftreten eines Unifikationproblems – wie im Fall der CP/IP-Hypothese einerseits und der DC-Hypothese andererseits – eine Erkenntnisgrenze sichtbar wird.

Es mag möglich sein, dass diese Erkenntnisgrenze kontingenterweise existiert, also im Zuge weiterer und weiterführender, also jedenfalls *zukünftiger* Forschung überwunden werden wird. Es mag sein, dass sich Chomskys Mutmassung bestätigt, und die CP/IP-strukturierten Bäume sich eines Tages – in Konsequenz entsprechender Veränderungen der Biologie – als biologisch identifizierbare Entitäten erweisen werden. Aber eine solche Zukunftsmusik rechtfertigt es nicht, beim derzeitigen Stand der Dinge von der Existenz dieser Erkenntnisgrenze abzusehen. Und sie rechtfertigt es erst recht nicht, von der Annahme auszugehen, dass alle derzeit nachweislich existierenden Erkenntnisgrenzen sich als kontingente Erkenntnisgrenzen erweisen werden, die sich durch zukünftige Forschung – und insbesondere durch zukünftige disziplinäre oder interdisziplinäre Forschung – überwinden lassen werden. Auch für die interdisziplinäre Forschung existieren systematische Erkenntnisgrenzen, und diese Grenzen sind schneller erreicht, als derjenige, der ein uneingeschränktes epistemisches Prinzip Zukunft vertritt, es wohl wahrhaben möchte.

5 Prof. Dr. Rinaldo M., Mitglied des Senats der Universität Osnabrück

Das CP/IP-System ist ein Teilsystem der UG und es ist mithin, wie diese, ein Kenntnissystem, ein System von für die Sprecher/Hörer selbst nicht-transparenten universalgrammatischen Kenntnisse. Es liegt nahe, nach den Eigenschaften dieses Kenntnissystems und nach den Bedingungen seiner Möglichkeit zu fragen, aber es liegt nicht weniger nahe zu fragen, wie die Individuen von diesen ihren ihnen selbst nicht transparenten universalgrammatischen Sprachkenntnissen Gebrauch machen und Gebrauch machen können. Es liegt also nahe, nach den grammatischen und nicht-grammatischen Bedingungen der *Sprachperformanz* der Individuen zu fragen.

Es ist klar, dass diese Frage – die Chomsky zu einer der Hauptfragen der Linguistik rechnet – nicht mehr im Rahmen der Theorie der UG beantwortet werden kann. Der Versuch, eine Antwort auf sie zu geben, „[...] calls for the development of performance theories, among them, theories of production and interpretation." (Chomsky 1995:18). An der Notwendigkeit der Entwicklung von Theorien der Sprachperformanz besteht also kein Zweifel, auch und gerade für Chomsky nicht. Allerdings ist er hinsichtlich der Möglichkeiten, den Aufbau solcher Theorien effektiv ins Werk setzen zu können, vergleichsweise hochgradig skeptisch. Die Lösung der Probleme, die durch Performanztheorien herbeigeführt werden soll, ist für ihn „beyond reach: it would be unreasonable to pose the problem of how Jones decides to say what he does, or how he interprets what he hears in paticular circumstances." (Chomsky 1995:18). Mit anderen Worten: der Aufbau einer Theorie dessen, was Davidson (1986) den Interpreter nennt, und dessen Verhaltens in konkreten Sprachgebrauchsituationen liegt für Chomsky – nicht nur einstweilen, sondern grundsätzlich – ausserhalb der Reichweite dessen, was im Rahmen einer sinnvoll betriebenen Forschung errcicht werden kann. Wer mit der Frage konfrontiert wird, welche Sprechakte ein bestimmter Osnabrücker Wissenschaftler – etwa Herr Prof. Dr. Rinaldo M., der Mitglied des Senats der Universität Osnabrück ist – am Tag der nächsten Sitzung des Senats der Osnabrücker Universität um 17.00 Uhr vollziehen wird, ist wohl – nach

Limitationen der Sprachdisziplinen

allem verfügbaren Wissen – nicht nur mit einem *problem*, sondern in der Tat mit einem unlösbaren Rätsel konfrontiert. Denn um das *Äußerungsverhalten* des Senators M. voraussagen zu können – und die Aufgabe einer Theorie der Sprachperformanz besteht eben wesentlich darin, das Äußerungsverhalten von (komplexen oder nichtkomplexen) Individuen zu prognostizieren –, müsste man wissen, wie sich das Leben des Senators M. bis zur nächsten Senatssitzung gestalten wird, dazu müsste man wissen, wie sich das Leben der Familie des Senators M. gestalten wird; man müsste wissen, welchen zukünftigen Schicksalen die Osnabrücker Universität und das Land Niedersachsen ausgesetzt sein wird, und so weiter, und so fort – kurzum: man müsste, um die angedeutete Prognoseleistung erbringen zu können, das kennen, was Sir Karl Popper den „course of human history" zu nennen pflegte. Man müsste also etwas wissen, was man nicht wissen kann – man müsste eine vollständige Kenntnis von Gott (G) und dem Rest der Welt (RdW) haben, und eine solche G/RdW-Information ist der linguistischen Vernunft nicht zugänglich. Das in Rede stehende Äußerungsverhalten des Senators M. liegt ausserhalb ihrer Reichweite, und der Aufbau einer Theorie der Sprachperformanz, die das Äußerungsverhalten der Individuen durch Prognosen wie die genannten zu erklären vermag, liegt ebenfalls ausser der Reichweite der linguistischen Vernunft. Eine Theorie der Sprachperformanz, deren Aufbau die gesamte G/RdW-Information erfordert, ist nicht möglich; eine *vollständige Erklärung* des Äußerungsverhaltens der Individuen ist insofern nicht möglich.

Aber was folgt daraus? Was folgt aus der wohl von niemanden ernsthaft bestreitbaren Feststellung, dass eine *vollständige Erklärung* – und das heisst: eine erschöpfende Prognose – des Äußerungsverhaltens der Individuen nicht möglich ist? Was folgt aus dem Umstand, dass es nicht prognostizierbar ist, welche Sprechakte der Senator Rinaldo M. am Tag der nächsten Sitzung des Senats der Osnabrücker Universität um 17.00 Uhr vollziehen wird? Genereller gefragt: folgt aus dem Umstand, dass nicht *alles* vorausgesagt werden kann, dass *nichts* vorausgesagt werden kann? Natürlich nicht; es ist schlicht und einfach ein *Non Sequitur*, wenn die *generelle* Prognoseunfähigkeit jeglicher Theorie der Sprachperformanz behauptet wird. Die generelle Performanzskepsis, die Chomsky – man kann wohl sagen: seit Jahrzehnten – führt, geht sicher zu weit.

111

Auch der Fall des Senators Rinaldo M. rechtfertigt diese so weitreichende Performanzskepsis nicht. Aber dessen unerachtet instanziiert dieser Fall wohl das, was man eine nicht-kontingente, also eine systematische, unüberschreitbare Erkenntnisgrenze zu nennen hat. Dass am Fall des Rinaldo M. die prognostische Kapazität des *gesamten* wissenschaftlichen Wissens zuschanden wird, verdeutlicht insofern vor allen Dingen eines: dass keine Wissenschaft jemals mit der Entität wird gleichziehen können, die Carnap den allwissenden Hans zu nennen pflegte. Diese Einsicht ist nicht neu, und sie ist auch nicht sonderlich schwer zu gewinnen. Aber Prof. Dr. Rinaldo M. dürfte es freuen, wenn gelegentlich an sie erinnert wird. Rinaldo M. ist evangelischer Theologe.

Literatur

Chomsky, N. (1957), *Syntactic Structures.* The Hague: Mouton.
Chomsky, N. (1981), *Lectures on Government and Binding. The Pisa Lectures.* Dordrecht: Foris.
Chomsky, N. (1986), *Barriers.* (Linguistic Inquiry Monograph 13). Cambridge, Mass.: MIT Press.
Chomsky, N. (2000), *New Horizons in the Study of Language and Mind.* Cambridge: Cambridge University Press.
Edelman, G. M., G. Tononi (2001) , *Consciousness. How Matter Becomes Imagination.* London: Penguin.

Widerspruchsfreiheit und Normenkonflikt

Eine Fallstudie zur Logik der Theoriebildung

András Kertész

1 Problemstellung

Eines der stabilsten Prinzipien der Analytischen Wissenschaftstheorie ist das Prinzip der Widerspruchsfreiheit.[1] Falls nämlich in einem System sowohl ein Satz als auch seine Negation ableitbar sind, entzieht sich das ganze System einer sinnvollen Deutung, weil

---

[1] Peter Finke ist zwar einer der konsequentesten Kritiker der Analytischen Wissenschaftstheorie – der nicht nur auf die Schwächen der letztgenannten mit Hilfe scharfsinniger Argumentationen hinweist, sondern auch hochoriginelle Ideen entwickelt, die eine alternative wissenschaftstheoretische Denkweise umreißen –, aber trotz dieser konsequenten und manchmal sogar radikalen Kritik ficht er nicht alles an, was die Analytische Wissenschaftstheorie vertritt. Es ist z. B. fraglich, ob er das Prinzip der Widerspruchsfreiheit genauso in Frage stellen würde wie manche andere Prinzipien der Analytischen Wissenschaftstheorie. Dieses Prinzip könnte somit exemplarisch auf eine Grenze zwischen dem hinweisen, was er *noch* akzeptieren kann, und dem, was für ihn *nicht mehr* als plausibel erscheint. Der vorliegende Beitrag ist diesem Grenzfall gewidmet und soll – auf eine indirekte Weise – Probleme anschneiden, die das von Peter Finke thematisierte „logische Netz" aufwirft. (Vgl. z. B. P. Finke: Das logische und das ökologische Netz. Gedanken zur Neuorientierung der Metalinguistik im Rahmen der *feedback theory of science*. In: A. Kertész (Hrsg.): *Metalinguistik im Wandel. Die kognitive Wende in Wissenschaftstheorie und Linguistik*. Frankfurt am Main etc.: Lang, 1997, 99-130.) Über die Besprechung des angedeuteten Themas hinaus enthält der vorliegende Beitrag mehrere teils implizite, teils explizite Hinweise auf Peter Finkes Gedankenwelt.

aus einem Widerspruch eine jede willkürliche These abgeleitet werden kann. Beispielsweise kennzeichnet Popper die wissenschaftliche Relevanz des Prinzips der Widerspruchsfreiheit wie folgt:

> „For it can easily be shown that if one were to accept contradictions, then one would have to give up any kind of scientific activity: **it would mean a complete breakdown of science**. This can be shown by proving that *if two contradictory statements are admitted, any statement whatever must be admitted; for from a couple of contradictory statements any statement whatever can be validly inferred.*"[2]

Auf der anderen Seite scheinen in der Kommunikation widersprüchliche Erscheinungen – die wir im weiteren unter dem Begriff '*semiotische Anomalien*'[3] zusammenfassen werden – über wichtige kommunikative, kognitive, pragmatische usw. Funktionen zu verfügen. Daher sind unter den hier angedeuteten Aspekten die folgenden Fragen zu beantworten:

(A) Was sind die wichtigsten strukturellen Eigenschaften und die Funktionen von 'semiotischen Anomalien'?

(B) Ist es möglich, ein Modell zu erarbeiten, das

   (a) widerspruchsfrei ist,

   (b) eine mögliche Lösung für Problem (A) andeutet,

   (c) ohne dabei die inkonsistente Grundstruktur von 'semiotischen Anomalien' zu verschleiern?

Um den Untersuchungsbereich einigermaßen einzugrenzen, bedienen wir uns der folgenden intuitiven Arbeitsdefinition, die lediglich dem Zweck eines groben Ausgangspunktes zur Identifikation der zu analysierenden Erscheinungen dient und keinesfalls Anspruch auf Präzision oder Allgemeingültigkeit erheben soll:

---

[2] K. Popper: *Conjectures and Refutations*. London: Routledge and Kegan Paul, 1962, 317; Kursive Hervorhebung im Original, fettgedruckte Hervorhebung hinzugefügt.

[3] Alle relevanten Begriffe werden in einem naiven, vorexplikativen Sinne verwendet. Um dies zu kennzeichnen, werden sie zwischen Apostrophe gesetzt.

'**Semiotische Anomalien**' sind Bestandteile der Kommunikation, deren logische Struktur, die sich in Form von Propositionen darstellen läßt, Widersprüche, Paradoxien oder Unbestimmtheiten enthält.

Aus dieser Formulierung läßt sich bereits erschließen, dass die Klasse der 'semiotischen Anomalien' sehr heterogen ist, indem sie u. a. gewisse Typen von Witzen, Metaphern, Wortspielen, Scherzgedichten, Ambiguitäten, Stilblüten usw. bis hin zu paralinguistischen Erscheinungen oder visuellen Spielereien umfaßt.[4]

Da der Umfang dieses Beitrages eine Darstellung der Literatur über die oben erwähnten und weiteren ähnlichen Elemente der menschlichen Kommunikation nicht ermöglicht, wollen wir das Ergebnis der Auswertung der Forschungslage in Form folgender Thesen zusammenfassen, die die allgemein akzeptierte Auffassung repräsentieren sollen:

(I) (a) 'Semiotische Anomalien' können mit den Mitteln der Logik *nicht* modelliert werden, weil sie kontradiktorisch sind.

(b) Das Wesen von 'semiotischen Anomalien' wurzelt in ihren *pragmatischen* Eigenschaften, wie zum Beispiel in den ästhetischen, sozialen, psychischen, kognitiven usw. Faktoren von Zeichenprozessen.

(c) Die wichtigste Funktion 'semiotischer Anomalien' ist ihre *Metafunktion*: Das bedeutet, dass sie die Kommunizierenden zwingen, ihre Denkweise, ihr System von kognitiven, ästhetischen, sozialen, kommunikativen Normen neu zu bewerten, neu zu strukturieren und zu reorganisieren.

(d) Die 'semiotischen Anomalien' üben ihre Metafunktion dadurch aus, dass sie das 'normale' menschliche Denken, die Regeln der Logik und der menschlichen Kommunikation, die allgemeingültigen gesellschaftlichen Werte und Normen *negieren*.

---

[4] Um zu zeigen, dass 'semiotische Anomalien' nicht auf die verbale Kommunikation beschränkt sind, werden die im folgenden zu behandelnden Typen auch mit visuellen Beispielen belegt.

Offensichtlich bilden diese Thesen eine konsistente 'Theorie', die im weiteren als 'Theorie I' bezeichnet werden soll. Wir werden jedoch versuchen, ihr eine andere, 'Theorie II' genannte Menge von Thesen gegenüberzustellen, die die Behauptungen (I)(b) und (I)(c) jeweils als (II)(b) und (II)(c) beibehält, (I)(a) und (I)(d) aber durch folgende Hypothesen ersetzt:

(II) (a) 'Semiotische Anomalien' *können* mit den Mitteln der Logik modelliert werden, obwohl sie Widersprüche, Paradoxien und Unbestimmtheiten enthalten.

(d) Sie üben ihre Metafunktion *nicht durch das Negieren* der Regeln der Logik, der Sprache und des 'normalen' menschlichen Denkens aus, sondern dadurch, dass sie diese Regeln aufgrund ihrer Beibehaltung und Neugestaltung auf einer qualitativ anderen Ebene 'aufheben'.

In der vorliegenden Arbeit werden wir ein logisches Modell entwerfen, das die Thesen von 'Theorie II' aufzustellen erlaubt, und dadurch eine mögliche Lösung für die Probleme (A) und (B) anbietet. Das hier vorzuschlagende Modell soll lediglich *eine* Komponente eines möglichen, umfassenderen semiotischen Rahmens darstellen, indem es keineswegs das 'Wesen' 'semiotischer Anomalien' zu erfassen trachtet, sondern nur eine notwendige, aber keine hinreichende Bedingung für ihre Behandlung schafft.

2 Zum logischen Status kommunikativ-pragmatischer Regeln

J. R. Searle unterscheidet zwischen *regulativen* und *konstitutiven* Regeln kommunikativen Verhaltens im folgenden Sinne:[5] Verhaltensweisen, die von regulativen Regeln bestimmt werden, sind grundsätzlich unabhängig davon, ob die jeweilige Regel befolgt wird oder nicht; konstitutive Regeln können hingegen nicht verletzt werden, ohne dass das jeweilige Verhalten verändert wird. Es

---

[5] J. R. Searle: *Speech Acts*, Cambridge: Cambridge University Press, 1969, S. 33 f.

ergibt sich die Frage, ob diese Züge der beiden Regeltypen sich auch in der Darstellung ihrer logischen Struktur niederschlagen.

Das Grundprinzip der *alethischen* Modallogik besagt, dass alles, was notwendigerweise wahr ist, auch tatsächlich wahr ist – mit anderen Worten, wenn ein Sachverhalt notwendigerweise wahr ist, dann ist er nicht nur in der aktuellen, sondern in jeder möglichen Situation wahr:

(1) $Np \to p$

wobei N für den Notwendigkeitsoperator 'es ist notwendig, dass', p für eine Proposition und '$\to$' für die materiale Implikation steht. Da es in diesem Falle keine Situation, oder – um uns von nun an einer anderen Terminologie zu bedienen – *mögliche Welt* gibt, in der p falsch wäre, kann in Systemen, die auf diesem Prinzip aufbauen, gegen Regeln *nicht verstoßen werden*. Deshalb lässt sich ein solches modallogisches System als die Logik der *unverletzbaren Gesetze* deuten.

Nimmt man aber statt dieses Prinzips ein schwächeres an, welches nur soviel behauptet, dass aus der Notwendigkeit eines Sachverhalts seine Möglichkeit folgt, so gelangt man zu dem *deontischen* Begriff der Norm (M steht für 'es ist möglich, dass'):[6]

(2) $Np \to Mp$

Allerdings werden in der auf diesem Prinzip beruhenden *deontischen Logik* die Analoga der alethischen Operatoren umgedeutet. Dem Notwendigkeitsoperator entspricht der Operator 'es ist geboten, dass' (symbolisiert durch O), und dem Möglichkeitsoperator die Modalität 'es ist erlaubt, dass' (symbolisiert durch P), wodurch wir das Prinzip $Op \to Pp$ erhalten. Infolge der Ungültigkeit des Prinzips $Op \to p$ können Normen verletzt werden: Ein Versprechen braucht nicht gehalten zu werden, einen Befehl kann man außer acht lassen, man kann gegen eine Regel verstoßen usw. Daraus ergibt sich die für uns wichtige Tatsache, dass in Normensystemen Gebote *miteinander in Konflikt geraten* können.

---

[6] Als Begründer der deontischen Logik gilt G. H. von Wright, der in seinem bahnbrechenden Aufsatz – Deontic Logic, in: *Mind* 60 (1951), S. 1-15 – die Grundprinzipien einer solchen Logik niederlegte. Ein klassischer Überblick über die Hauptprobleme der deontischen Logik findet sich in: R. Hilpinen (ed.): *Deontic Logic. Introductory and Systematic Readings*. Dordrecht: Reidel, 1971.

Es fragt sich nun, ob sich die beiden Typen von Regeln, die Searle im obigen Sinne einführte, mit Hilfe dieser beiden Logiken explizieren lassen.

Einerseits ist es klar, dass die regulativen Regeln auf normativer Grundlage beruhen, weil (i) sie verletzt werden können, ohne dabei das kommunikative Verhalten zu verändern, und (ii) sie – wie es auch Searle betont – als Sätze wie $Tu\ X$ oder $Tu\ X,\ wenn\ Y$ zu formulieren sind, also auch ihrer sprachlichen Form nach Verpflichtungen ausdrücken.

Andererseits scheinen die konstitutiven Regeln auf dem Begriff des Gesetzes zu basieren, da sie für das Verhalten, das sie bestimmen, in jeder möglichen Welt gelten. Aber – und auch darauf weist Searle hin – das Verletzen von konstitutiven Regeln zieht Sanktionen nach sich, und Sanktionen können ja nur in Normensystemen auftreten. Weiterhin können auch konstitutive Regeln als Aufforderungssätze formuliert werden. In gewissen Fällen sind sie also als Normen zu beschreiben, in anderen als Gesetze im Sinne der alethischen Modallogik. Es ergibt sich nun, dass die beiden Regeltypen diesen zwei Arten von logischen Systemen nicht eindeutig zugeordnet werden können, wodurch sich aufgrund ihrer logischen Eigenschaften eine andere Aufteilung anbietet. Immerhin ist aber die Relevanz der normativen Aspekte nicht zu leugnen, weil sie bei beiden Typen von Regeln vorhanden sind.

Neben Searle weist auch H. P. Grice eindeutig auf die normative Grundstruktur kommunikativer Regeln hin.[7] Die Konversationsmaximen sind – wie es bereits ihr Name nahelegt – eindeutig normativer Natur. Darüber hinaus aber führt Grice Erscheinungen wie zum Beispiel die Ironie, die Metapher, einige Ambiguitäten – also Strukturen, die in unserem Sinne als 'semiotische Anomalien' gelten – auf Verstöße gegen die Konversationsmaximen zurück.

Diese kurzen Beobachtungen verweisen eindeutig auf die normative Beschaffenheit von kommunkativen Regeln und somit auf die deontische Logik als einen möglichen Ausgangspunkt zu dem gesuchten Modell, wobei insbesondere Verstöße gegen Normen, das heißt, *Normenkonflikte*, Aufmerksamkeit verdienen.

---

[7] H. P. Grice: Logic and Conversation, in: P. Cole & J.L. Morgan (eds.): *Syntax and Semantics*, Vol. 3, New York/Toronto/London: Academic Press, 1975, S. 45-58.

3 Der auflösbare Konflikt

Der folgende Witz illustriert den ersten Typ von 'semiotischen Anomalien', den wir hier behandeln wollen:

> Richter (streng): Der Nächste, der die Verhandlung unterbricht, wird weggeschickt!
> Angeklagter: Hurraaa...!

Offensichtlich beruht die Pointe dieses Witzes auf 'Folgerungen'[8], die sich aus den beiden Äußerungen ergeben. Aus dem ersten Satz lässt sich Folgendes schließen:

A1 In dem Saal befinden sich Leute, die in der Lage sind, die Verhandlung zu unterbrechen.

A2 Der Angeklagte gehört nicht zu ihnen.

Die Folgerungen aus der Äußerung des Angeklagten lauten:

B1 Im Saal befinden sich Leute, die in der Lage sind, die Verhandlung zu unterbrechen.

B2 Der Angeklagte gehört zu ihnen.

Offensichtlich besteht zwischen A2 und B2 ein logischer Widerspruch. Bevor wir dieser Tatsache mit den Mitteln der deontischen Logik Rechnung zu tragen versuchen, muß kurz eine terminologische Präzisierung vorgenommen werden. In Anlehnung an R. C. Stalnaker werden wir unter der *aktuellen Interpretation* einer Äußerung eine Funktion verstehen, die mögliche Welten auf Propositionen abbildet.[9] Die Proposition, die sich aus einer solchen Abbildung ergibt, ist der *aktuelle Sinn* der Äußerung. So lassen

---

[8] Wir verwenden hier den Begriff der sprachlichen Folgerung in einem vorexplikativen Sinne, weil eine Präzisierung den Rahmen der vorliegenden Ausführungen sprengen würde. Vgl. aber auch die nachfolgende Diskussion. Wir können auch auf das Problem, ob es sich hier tatsächlich um Folgerungen handelt oder um eine Art pragmatischer Präsuppositionen, aus Platzgründen nicht eingehen.

[9] R. C. Stalnaker: Pragmatics, in: D. Franck & J. S. Petöfi (Hrsg.): *Präsuppositionen in Philosophie und Linguistik.* Frankfurt am Main: Athenäum, 1972, S. 389-408.

sich alle wesentlichen Elemente 'semiotischer Anomalien' als Propositionen behandeln.[10]
Nun bezeichne die Variable p den aktuellen Sinn der Äußerung des Richters, q B2 und $\neg q$ A2. Der Deutung des Witzes liegen dann, in einer gegebenen Kommunikationssituation, folgende deontische Verhältnisse unter den drei Propositionen zugrunde:

(C) Es ist (für den Sprecher und den Hörer) geboten, dass wenn p, dann q.

(D) Es ist (für den Sprecher und den Hörer) geboten, dass wenn p, dann $\neg q$.

Zu fragen wäre jetzt, wie diese deontischen Ausdrücke formalisiert werden können. Zunächst bieten sich zwei Möglichkeiten an:

(3) $O(p \to q)$

(4) $p \to Oq$

Der grundlegende Unterschied zwischen den beiden Formeln wurde von J. Hintikka expliziert.[11] Die Voraussetzung dafür bildet der Begriff der deontischen Alternative. Eine deontische Alternative w' der möglichen Welt w ist eine mögliche Welt, in der alles, was in w eine Norm ist, zur Wahrheit wird. In diesem Sinne ist eine deontische Alternative 'ideal' oder 'perfekt'. Dementsprechend läßt sich auch die deontische Alternativrelation interpretieren, die die einzelnen möglichen Welten miteinander verbindet. Diese Relation kann natürlich nicht reflexiv sein, denn das würde bedeuten, dass jede mögliche Welt ihre eigene perfekte Alternative ist, was nicht stimmen kann: Es ist durchaus nicht der Fall, dass alles, was in einer möglichen Welt geboten ist, dort auch verwirklicht wird. Dagegen ist es aber wichtig, dass jede mögliche Welt, in der Normen auftauchen, über mindestens eine deontische Alternative verfügt; weiterhin kann auch die Eigenschaft der Transitivität gefordert werden. Nun besteht der Unterschied zwischen den beiden Formeln in Folgendem:

---

[10] Stalnakers Vorschlag ist so allgemein, dass er sich auch auf die angeführten visuellen Beispiele beziehen läßt.
[11] J. Hintikka: Some Main Problems of Deontic Logic, in: R. Hilpinen (ed.): Deontic Logic, a.a.O., S. 59-104.

(3) besagt, dass, falls in einer möglichen Welt w, $O(p \to q)$ besteht, in einer jeden ihrer Alternativen, in der p wahr ist, auch q wahr ist. Wenn aber in w sowohl p wie $O(p \to q)$ bestehen, darf daraus nicht gefolgert werden, dass in w' q wahr ist. Hintikka nennt die Formel (3) deshalb eine *Prima-facie*-Obligation, weil sie aufgrund der Wahrheit von p in w nur scheinbar die Wahrheit von q in w' gebietet. In Formel (4) dagegen verpflichtet die Wahrheit von p in w aktuell zu der Wahrheit von q in w', weil aus dem Bestehen von p und $p \to Oq$ auf Oq zu schließen ist. Deshalb wird hier von einem *aktuellen Gebot* gesprochen.

Die Bedeutung dieser Unterscheidung besteht unter anderem darin, dass mit ihrer Hilfe *Normenkonflikte* beschrieben werden können. Von Normenkonflikten spricht man dann, wenn zwei - einander widerspechende - Normen gelten. Es gibt eigentlich zwei relevante Wege zur Auflösung eines Normenkonfliktes: Entweder eines der Gebote erweist sich von vornherein als stärker und setzt das andere außer Kraft, oder es tritt eine dritte Norm auf, die bestimmt, wie gehandelt werden soll.

Auf den ersten Blick scheint die Unterscheidung zwischen den zwei Formeln eine befriedigende Antwort auf die Frage nach der Darstellung der beiden deontischen Ausdrücke (C) und (D) zu liefern. Demnach beruht nämlich das Verhältnis zwischen p und $\neg q$ auf einer Prima-facie-Obligation, weil die Wahrheit von p nicht zur Annahme von $\neg q$ in der Welt des Angeklagten verpflichtet; das Gebot kommt nur in ihrer deontischen Alternative, das heißt in der Welt des Richters zustande. Die Pointe des Witzes lässt sich also darauf zurückführen, dass ein Prima-facie-Gebot von einem stärkeren außer Geltung gesetzt wurde, wonach aus p auf q zu schließen ist.

Doch es ergeben sich einige kritische Bemerkungen zu dieser Analyse, die das Verhältnis zwischen einem aktuellen und einem Prima-facie-Gebot betreffen. Wie lässt sich denn entscheiden, ob man in einem gegebenen Fall dieses oder jenes Gebot vorfindet? Aus dem Dargelegten scheint zu folgen, dass ein Prima-facie-Gebot gewissermaßen primär gegenüber einem aktuellen Gebot ist; denn dieses tritt erst dann auf, wenn es keine stärkere Norm gibt, die das Gebot, aufgrund von p, q zu aktualisieren, geltungslos machen würde. Folglich muß sich das Prima-facie-Gebot, wenn keine stärkere Verpflichtung auftritt, in ein aktuelles umwandeln; im entgegengesetzten Fall handelt es sich weiterhin um eine Prima-facie-Norm. Diesem Verhältnis zwischen den beiden Formeln kann aber im Rahmen der Hintikka-Semantik nicht Rechnung getragen werden: Die beiden Obligationen sind dort voneinander streng getrennt.

In Anlehnung an J. van Eck läßt sich aber nachweisen, dass man zu einem tieferen Verständnis dieses Verhältnisses gelangt, wenn sowohl das Auftreten der Gebote als auch ihre Erfüllung zeitlich relativiert werden.[12] In einem solchen System finden sich Ausdrücke unter anderem vom Typ $O_y p_y$, wo y ein Zeitargument ist, das Operatoren und Propositionen zugeordnet wird. Die Unterscheidung zwischen aktuellem und Prima-facie-Gebot geschieht auf eine ganz andere Weise als bei Hintikka, denn sie baut nicht auf dem Begriff der deontischen Folgerung auf, sondern wurzelt in dem Verhältnis der Zeitargumente zueinander. Ausdrücke wie zum Beispiel $O_y q_{y'}$, wo $y \prec y'$, bezeichnen Prima-facie-Gebote: Denn sie sind dadurch gekennzeichnet, dass der Zeitpunkt des Auftretens der Verpflichtung früher ist als der der Proposition, die verwirklicht werden soll, und somit besteht in diesem Intervall die Möglichkeit für das Auftreten eines entgegengesetzten Gebotes. Bei einem aktuellen Gebot dagegen stimmen die Zeitargumente des Operators und der Proposition überein: Dann ist nämlich 'keine Zeit' für das Dazwischentreten einer neuen Norm. Ein Prima-facie-Gebot wandelt sich dann in ein aktuelles um, wenn von dem Zeitpunkt des Auftretens des Gebots an nichts dazwischen kommt. Da in diesem Fall mit dem Vergehen der Zeit aus y allmählich y' wird, geht $O_y q_{y'}$ in das aktuelle Gebot $O_{y'} q_{y'}$ über. Wenn 'etwas dazwischen kommt', bleibt die Geltung des Gebots auf den Zeitpunkt y beschränkt. Wenn der Zeitpunkt der Proposition erreicht wird, übt bereits eine andere Norm ihre Wirkung aus, und demgemäß hat man es hier weiterhin mit einem Prima-facie-Gebot zu tun.

Aufgrund dieser Erwägungen ist der Witz der folgenden einfachen Analyse zugänglich. Durch die Äußerung des Richters ergibt sich das Gebot $O_y \neg q_{y'}$. Zu einem späteren Zeitpunkt ruft die Äußerung des Angeklagten das Prima-facie-Gebot $O_{y''} q_{y''}$ hervor, das jenes außer Kraft setzt. Da aber keine neue Norm auftritt, die

---

[12] J. Van Eck: *A System of Temporally Relative Modal and Deontic Predicate Logic and Its Philosophical Applications*. Dissertation. Groningen, 1981.

diese Verpflichtung entwerten würde, geht das Prima-facie-Gebot, die Äußerung des Richters der Folgerung des Angeklagten gemäß zu interpretieren, in ein aktuelles über. Demgemäß läßt sich die Regel, die die Auflösung des Konfliktes in diesem Fall bestimmt, folgendermaßen formulieren:[13]

(5) $O_y p_{y''}$ & $N_{y'}(p_{y''} \to \neg q_{y'''})$ & $O_{y'} q_{y'''} \to O_{y'} q_{y'''}$

Diese Regel besagt, dass aus zwei Geboten, die einander widersprechen, das spätere Gebot das frühere außer Kraft setzt.

Ein visuelles Beispiel für den auflösbaren Konflikt stellt Abbildung 1 dar, die das Motto von Peter Finkes Buch *Konstruktiver Funktionalismus* illustriert.[14]

4 Der unauflösbare Konflikt

Das folgende Gedicht von P. P. Althaus liefert ein typisches Beispiel für die nächste Klasse 'semiotischer Anomalien':[15]

> Dr. Enzian betreibt zuzeiten einen magischen Humor:
> Mittags setzt er seinen Freunden einen Floh ins Ohr,
> abends zieht er ihnen dann bei einem Glase
> listig lächelnd Würmer aus der Nase.

Zwei idiomatische Ausdrücke – „jemandem einen Floh ins Ohr setzen" und „jemandem Würmer aus der Nase ziehen" – bilden das semantische Gerüst des Versleins. Im Falle beider Wendungen heben sich die idiomatischen und die wörtlichen Bedeutungen voneinander ganz klar ab. In dem Gedicht selbst ist es aber überhaupt

---

[13] Vgl. ebenda.
[14] P. Finke: *Konstruktiver Funktionalismus. Die wissenschaftstheoretische Basis einer empirischen Theorie der Literatur.* Braunschweig/Wiesbaden: Vieweg, 1982. Als Motto wird folgende Wittgenstein-Paraphrase angeführt: „Ich treffe eine Frau, die ich jahrelang nicht gesehen habe; ich sehe sie deutlich, erkenne sie aber nicht. Plötzlich erkenne ich sie, sehe in ihrem veränderten Gesicht ihr früheres. Ich glaube, ich würde sie jetzt anders porträtieren, wenn ich malen könnte." Nach Wittgenstein, *Philosophische Untersuchungen* II xi.
[15] P.P. Althaus: *In der Traumstadt. Dr. Enzian. Gedichte.* München: dtv, 1969, S. 72.

András Kertész

Abbildung 1: „Begegnung mit einer Wissenschaft"(Original von W. E. Hill)

nicht leicht zu entscheiden, welche der beiden Bedeutungen intendiert ist, und deshalb läßt sich keine der folgenden Alternativen ohne weiteres ausschließen:[16]

(E) Dr. Enzian erzählt seinen Freunden Dinge, die ihnen dann keine Ruhe mehr lassen.

(F) Dr. Enzian setzt ins Gehörorgan seiner Freunde flügellose, bis 3 mm lange, seitlich abgeplattete Insekten mit kräftigen Sprungbeinen und stechend-saugenden Mundwerkzeugen, die als zeitweilige Außenparasiten blutsaugend auf Vögeln und Säugetieren leben.

Und, in analoger Weise:

(G) Dr. Enzian entlockt seinen Freunden Geheimnisse.

(H) Dr. Enzian befreit die Geruchsorgane seiner Freunde von den Angehörigen einer Klasse wirbelloser Tiere, die meistens gestreckt sind und keine Glieder haben.

Da die Unauflösbarkeit des Gegensatzes zwischen den zwei möglichen Deutungen der Ausdrücke infolge des Fehlens desambiguierender Elemente im Kontext (genauer gesagt handelt es sich hier um das Vorhandensein solcher ausgesprochen ambiguierender Mittel wie zum Beispiel der Parallelität der beiden Wendungen) eine konstitutive Eigenschaft des Textes darstellt, ist der Empfänger verpflichtet, die Ausdrücke sowohl nach ihrer idiomatischen als auch nach ihrer wortwörtlichen Bedeutung zu verstehen. Demnach gelten beispielsweise Op und Oq gleichzeitig, wobei p für (E) und q für (F) steht, ferner $N(p \rightarrow \neg q)$ gilt. Das ist aber ein klarer logischer Widerspruch in allen Systemen der deontischen Logik, die bis jetzt bekannt sind: Das gleichzeitige Bestehen zweier einander widersprechender bedingungsloser Verpflichtungen läßt sich nicht einmal aufgrund der Ausführungen des vorangehenden Abschnitts dulden. Deshalb müssen wir, um diese Art von 'semiotischen Anomalien' erfassen zu können, unseren logischen Apparat dahingehend erweitern, dass er Normenkonflikte des Typs $O_y p_y$ & $O_y \neg p_y$ gestattet.

---

[16] Die Definitionen der jeweiligen Bedeutungen stammen aus: G. Wahrig: *Deutsches Wörterbuch*, (o.O.) Mosaik Verlag, 1981.

Als Ausgangspunkt wählen wir die 'Logik der Inkonsistenz'[17] von N. Rescher und R. Brandom,[18] deren wichtigste Eigenschaften sich wie folgt zusammenfassen lassen.

Auf der Menge der möglichen Welten werden zwei Operationen definiert, die *Schematisation* (symbolisiert durch '⌒') und die *Superposition* ('⌣'). Die Superposition bedeutet die disjunktive Verknüpfung von möglichen Welten, wobei erlaubt ist, das Prinzip der Widerspruchsfreiheit so zu verletzen, dass eine Proposition p und auch ihre Negation $\neg p$ wahr sind. In den durch Schematisation erzeugten Welten kann das Prinzip vom ausgeschlossenen Dritten aufgehoben werden, wodurch Welten entstehen, in denen weder eine bestimmte Proposition p noch ihre Negation $\neg p$ den Wert 'wahr' erhalten.

Da in den Systemen der klassischen Logik Widersprüche deshalb nicht geduldet werden, weil aus dem Auftreten eines einzigen Widerspruchs – jedenfalls im Prinzip – eine jede Proposition logisch folgt, wodurch das System chaotisch und uninterpretierbar wird, läuft das zentrale Problem der 'Logik der Inkonsistenz' darauf hinaus, wie – trotz des Erlaubtseins widersprüchlicher Aussagen – die Interpretierbarkeit des Systems aufrechterhalten werden kann. Die Lösung beruht zunächst auf der Voraussetzung, dass in einer durch Superposition konstruierten Welt zwar einander widersprechende Propositionen erscheinen dürfen, aber der Selbstwiderspruch auf jeden Fall auszuschließen ist. Dies soll durch eine Modifikation der klassischen Regel vom gültigen logischen Schließen erreicht werden, die soviel besagt, dass man aus wahren Prämissen aufgrund gültiger Schlußregeln wahre Konklusionen erhält.

---

[17] Die Meinungen der Logiker über die Frage, ob es überhaupt einen Sinn habe, 'inkonsistente' Logiken zu erarbeiten, gehen auseinander. Strenggenommen ist eine solche Logik natürlich ein fragwürdiges Unternehmen, denn Konsistenz gehört zu den definierenden Eigenschaften von 'Logik'. Aber unabhängig von der Stellungnahme hinsichtlich dieses logischen Problems ist die Frage im Falle unseres empirischen Modells leicht entscheidbar. Da die aktuellen Interpretationen gewisser semiotischer Strukturen kontradiktorische Formeln ergeben, bleibt dem Semiotiker nichts anderes übrig, als zu versuchen, logische Systeme zu erarbeiten, in denen Widersprüche geduldet werden können.

[18] N. Rescher & R. Brandom: *The Logic of Inconsistency*, Oxford: Blackwell, 1980.

Diese Modifikation beschränkt sich auf die semantische Interpretation dieser Regel, woraus folgendes resultiert:

Aus *konjunktiv* wahren Prämissen ergeben sich mit Hilfe von gültigen Schlußregeln wahre Konklusionen.

So können Formeln, die ein widersprüchliches Paar von Propositionen enthalten, nicht als Prämissen dienen, und demzufolge lässt sich das Schließen auf einen Selbstwiderspruch vermeiden. Mit anderen Worten soll das soviel bedeuten, dass in einer durch Superposition konstruierten Welt $w = w_1 \smile w_2$ sowohl p als auch $\neg p$ wahr sein können, ohne dabei auch in w_1 bzw. in w_2 gleichzeitig gültig zu sein. Diese Lösung lässt also das deduktive Prinzip

(6) $p, q \vdash p \,\&\, q$

unberührt, allein das semantische Prinzip

(7) $t(p), t(q) \Rightarrow t(p \,\&\, q)$

wird verworfen.[19] Das Ausschlaggebende besteht demnach darin, dass die Logik grundsätzlich klassisch bleibt, während die Semantik die schwächste Form der Inkonsistenz gestattet, ohne dass dabei ein Selbstwiderspruch oder ein logisches Chaos entsteht.

Van Ecks System lässt sich nun aufgrund dieses Verfahrens leicht in der Weise modifizieren, dass ein die Inkonsistenz tolerierendes temporal relatives System entsteht, in dem sowohl alethische als auch deontische Modalitäten vorkommen. In diesem System können Formeln wie die gewünschte

(8) $O_y p_y \,\&\, O_y \neg p_y$

ohne Schwierigkeiten vorkommen.

Damit ist aber der wichtigste Punkt noch nicht ganz erreicht. Denn aus semiotischer Sicht ergeben sich entscheidende Konsequenzen aus dem qualitativen Unterschied zwischen zwei Arten von Konflikten: Während die im vorangehenden Abschnitt behandelten Beispiele '*systeminterne*' Konflikte darstellen, taucht in dem vorliegenden Fall eine '*systemexterne*' Kollision von Normen auf. Dies geht ganz klar aus dem Grundgedanken unseres Apparates hervor.

---

[19] Lies $t(p)$ wie 'die Proposition p ist wahr'.

Falls nämlich $O_y p_y$ in w_1 und $O_y \neg p_y$ in w_2 gilt und $w_1 \smile w_2 = w$, dann ist es zwar in w wahr, dass $O_y p_y$ und $O_y \neg p_y$, aber $O_y p_y$ ist in w_2 und $O_y \neg p_y$ in w_1 ungültig.

Diese Tatsache ist insofern nicht ohne jede Relevanz, als 'semiotische Anomalien', obwohl sie in einem gewissen *globalen* Bezugssystem zweifellos als widersprüchlich erscheinen, ihre Existenz sehr oft der Interferenz von verschiedenen semiotischen Teilsystemen verdanken, wobei die einander widersprechenden Propositionen unterschiedlichen Quellen entspringen.

Wichtig ist nun, dass unser Modell den Unterschied zwischen 'systemexternen' und 'systeminternen' Widersprüchen ganz klar andeutet, wodurch 'regressive Anomalien' auf rein logischer Grundlage identifiziert werden können. 'Regressive Anomalien' sind u. a. Mißverständnisse. Ein Mißverständnis wäre es zum Beispiel, wenn man in der durch Superposition errichteten Welt w das bedingungslose Gebot $O_y \neg p_y$ auf w_1 beziehen würde.[20] Natürlich bilden Mißverständnisse wichtige Elemente von Semiosen, und deshalb ist es erwünscht, ihnen in semiotischen Modellen Rechnung zu tragen. Eine wichtige Leistung des vorliegenden Ansatzes besteht demnach darin, dass er wenigstens teilweise erklärt, warum gewisse 'Anomalien' hemmend und destruktiv auf die Kommunikation wirken, andere hingegen nicht.

Abbildungen 2 und 3 stellen zwei visuelle Beispiele für den unauflösbaren Konflikt dar.[21]

5 Die Unbestimmtheit

Eine Stilblüte:

> Der Lehrer zu den Schülern: „Ihr habt hier nur ein einziges Recht, nämlich das, zu schweigen, und auch das kann ich euch nehmen."

---

[20] Aber nicht jeder 'systeminterne' Konflikt ist 'regressiv', wie im vorangehenden Abschnitt nachgewiesen wurde.

[21] Natürlich ist es kein Zufall, dass Abbildung 2 aus einem Buch entnommen wurde, in dem sich Achill und die Schildkröte über Fallen und Tücken der menschlichen Erkenntnis unterhalten. Vgl. D. R. Hofstadter: *Gödel, Escher, Bach: An Eternal Golden Braid*. London: Penguin Books, 1983.

Abbildung 2: René Magritte, *La Trahison des Images*

Abbildung 3: Patrick Hughes, *Cloakroom Ticket*

Sollte der Lehrer seine Absicht ausführen, so wäre den Schülern keine der möglichen Alternativen – das heißt weder das Sprechen noch das Schweigen – erlaubt. Erwartungsgemäß ist diese Situation aufgrund der Schematisierungsoperation ohne weiteres beschreibbar. Während in dieser Stilblüte die Unbestimmtheit nicht aufgelöst werden kann, ist die Situation im Falle des folgenden Rätsels ganz anders:

> Ich bin weder drinnen, noch draußen. Wo bin ich?
> (Auf der Schwelle)

Die Regel lautet:

(9) $(\neg O_y p_y \& \neg O_y \neg p_y) \rightarrow O_{y'} q_{y'}$

In die Klasse der unauflösbaren Unbestimmtheiten gehören auch die sogenannten 'Widersprüche des Nichts'.[22] Hier sei als Beispiel ein Gedicht von Christian Morgenstern angeführt:[23]

Der Lattenzaun

> Es war einmal ein Lattenzaun,
> mit Zwischenraum, hindurchzuschaun.
>
> Ein Architekt, der dieses sah,
> stand eines Abends plötzlich da –
>
> und nahm den Zwischenraum heraus
> und baute draus ein großes Haus.
>
> Der Zaun indessen stand ganz dumm,
> mit Latten ohne was herum.
>
> Ein Anblick gräßlich und gemein.
> Drum zog ihn der Senat auch ein.
>
> Der Architekt jedoch entfloh
> nach Afri- od- Ameriko.

Abbildung 4 ist eine visuelle Illustration für den 'Widerspruch des Nichts'.

---

[22] Vgl. z. B. P. Hughes/G. Brecht: *Vicious Circles and Infinity. An Anthology of Paradoxes*. London: Penguin Books, 1979.
[23] Ch. Morgenstern: *Alle Galgenlieder*, Leipzig: Insel, 1938, S. 59.

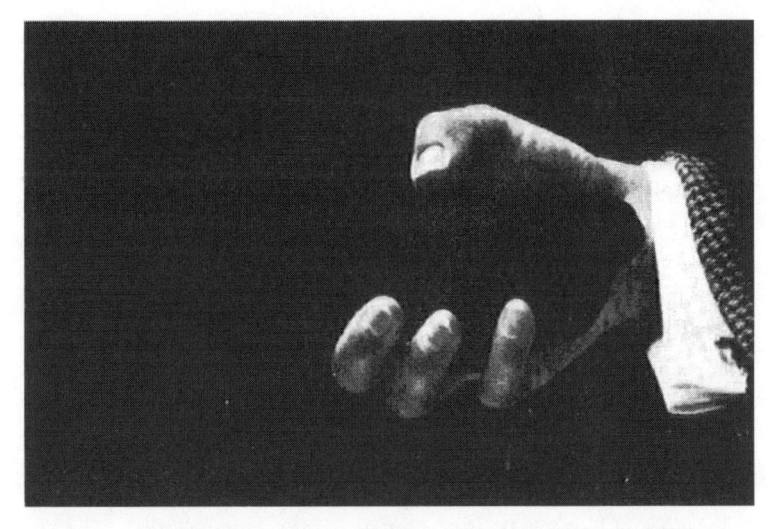

Abbildung 4: „Widerspruch des Nichts" (*L'objet* von Marcel Mariën)

6 Paradoxien

Unter einer Paradoxie versteht man gewöhnlich zwei Propositionen, von denen die eine genau dann wahr ist, wenn die andere falsch ist. In formalen Sprachen kann man Paradoxien mit Hilfe verschiedener Kunstgriffe vermeiden, so z. B. durch die Unterscheidung zwischen Objekt- und Metasprache oder durch Russells Typentheorie. Wenn wir es jedoch nicht darauf abgesehen haben, mathematische Kalküle aufzubauen, sondern Zeichensysteme zu untersuchen, und unter diesen auch solche, die der menschlichen Kommunikation dienen, wäre die Elimination von Paradoxien eine Pseudolösung. 'Paradoxe' Texte, Handlungen, Bilder usw. sind organische Elemente der menschlichen Kommunikation.[24] Unsere Aufgabe besteht demnach nicht darin, sie aus semiotischen Modellen zu verbannen, sondern sie in einer systematischen Weise darzustellen.

---

[24] Vgl. R. Posner: Semiotische Paradoxien in der Sprachverwendung. Am Beispiel von Sternes 'Tristram Shandy', in: *Sprache im technischen Zeitalter* 57 (1976), S. 25-45.

Als paradigmatisches Beispiel nehmen wir das bekannte Paradoxon des Lügners, das sehr oft als ein rätselähnlicher Text geäußert wird und sich dadurch sogar in die Reihe der 'einfachen Formen' fügt:[25]

> Epimenides ist ein Kreter. Er sagt: „Alle Kreter lügen."
> Lügt Epimenides oder lügt er nicht?

p sei die Abkürzung des aktuellen Sinns von 'Alle Kreter lügen'. Um den Text zu interpretieren, müssen der Hörer und der Sprecher sich verpflichtet fühlen, eine Antwort zu geben, wonach p genau dann wahr ist, wenn es falsch ist. In unserem Modell ist der Ausdruck

(10) $O_y p_y$ gdw. $O_y \neg p_y$

konsistent ableitbar. Wenn nämlich $w = w_1 \smile w_2$, dann ist in w sowohl $O_y p_y$ als auch $O_y \neg p_y$ gültig, angenommen, dass $O_y p_y$ in w_1 und $O_y \neg p_y$ in w_2 besteht. Das bedeutet soviel, dass in einer jeden durch Superposition erzeugten deontischen Alternative der Welt w, p genau dann wahr ist, wenn es falsch ist. Und diese Situation zerstört ja die Konsistenz unseres Systems nicht, denn (p gdw. $\neg p$) kann nicht abgeleitet werden.

Zwar lassen sich alle anderen wohlbekannten Paradoxien in dieser Weise behandeln, aus semiotischer Perspektive sind jedoch die semantischen Paradoxien diejenigen, denen man am häufigsten begegnet und die deshalb weiterer Betrachtung wert sind. Der junge Peter – um ein triviales Beispiel zu nennen –, der gelernt hat, niemanden zu beleidigen, sagt zu der hässlichen und dummen Katja: „Es ist sehr angenehm, mit dir zu spazieren", wobei er durch Mimik, Intonation, Gesten verlauten lässt, dass seiner momentanen Gesinnung eher das Gegenteil des Gesagten entsprechen würde. Somit ist seine Behauptung genau dann wahr, wenn sie falsch ist. Auch hier handelt es sich um eine 'systemexterne' Paradoxie, weil die miteinander in Konflikt stehenden Propositionen sich an verschiedene Kodes knüpfen. Aber dieser Konflikt ist auflösbar: Mit großer Wahrscheinlichkeit wird Katja, aufgrund des Normensystems, das ihre kommunikativen Handlungen steuert, die Negation

---

[25] Vgl. A. Jolles: *Einfache Formen*. Tübingen: Niemeyer, 1974.

des geäußerten Satzes als wahr annehmen, indem sie beispielsweise aufgrund der paralinguistischen Elemente eine Art der Implikatur erkennt – ihr Verständnis lässt sich dann in einer Griceschen Weise rekonstruieren. Die Regel besagt folgendes:

(11) $(O_y p_y \; gdw. \; O_y \neg p_y) \rightarrow O_y \neg p_y$

Sollte aber Katja in einer anderen Gesellschaft, nach anderen kommunikativen Konventionen aufgezogen worden sein, wodurch ihr Verhalten von einem anderen normativen Code bestimmt wird (wenn sie zum Beispiel eine Bulgarin ist, für die das Kopfschütteln Bejahung oder positive Bestätigung des Gesagten bedeutet), muss man die Regel anders formulieren.

Abbildung 5 ist ein visuelles Beispiel für ein semantisches Paradoxon.[26]

---

[26] Natürlich ist es kein Zufall, dass die Abbildung einen *Garten* darstellt.

Abbildung 5: René Magritte, *La Condition Humaine*

7 Schlußbemerkungen

Im skizzierten System der deontischen Logik führen Normenkonflikte nicht unbedingt zum Widerspruch im aristotelischen Sinne; deontische Systeme, die solche gestatten, sind nicht notwendigerweise inkonsistent. Da unser System die klassische zweiwertige Logik umfasst, ist es der Hinzufügung der deontischen Operatoren, ihrer spezifischen Logik und der Einführung von durch Superposition und Schematisation konstruierten möglichen Welten zu verdanken, dass die logische Struktur einiger Typen von 'semiotischen Anomalien' mit Hilfe eines logisch konsistenten Modells dargestellt werden konnte. Daraus ergibt sich die wichtige Konsequenz, dass 'semiotische Anomalien' ihre grundlegende Funktion *nicht durch das Leugnen der Regeln der Logik und des 'normalen' menschlichen Verstandes ausüben*, sondern dadurch, dass sie diese Regeln durch ihre Bewahrung und Neubewertung auf einer qualitativ anderen Ebene 'aufheben'. Demzufolge wird das Modell der geschilderten Zweiseitigkeit der 'semiotischen Anomalien' insofern gerecht, als es ihre Interpretierbarkeit aus ihrer Konsistenz auf der Ebene der logischen Struktur erklärt, ihre Inkongruenz hingegen damit bestätigt, dass sie auf der Ebene der Normen auf Konflikten beruhen. *Somit haben wir den Thesen (II)(a) und (II)(d) Rechnung getragen.*

Die dynamischen Eigenschaften von Normensystemen – und somit auch deontischer Logiken – gehen daraus hervor, dass gegen Verpflichtungen verstoßen wird, Obligationen einander widersprechen können, ein Gebot das andere außer Kraft setzt, wodurch neue Normen auftreten usw. Normenkonflikte sind es also, die die Selbststrukturierungsvorgänge in solchen Systemen bewirken. Da der logische Kern von 'semiotischen Anomalien' als verschiedene Typen von Normenkonflikten beschrieben werden konnte, ergibt sich, dass Widersprüche, Unbestimmtheiten, Paradoxien in der Kommunikation keineswegs destruktive Elemente von Zeichenprozessen darstellen, sondern ganz im Gegenteil: Ihnen werden, infolge ihres Status' als Bestandteile eines dynamischen Systems, in dem sie im Fokus der selbstregulierenden Vorgänge stehen, geradezu 'progressive' Qualitäten zugewiesen.

Es soll weiterhin hervorgehoben werden, dass die deontische Logik grundsätzlich pragmatisch geprägt ist, weil jedes Normensystem, im Gegensatz zur alethischen oder nicht-modalen Logik, nur in einer bestimmten sozialen Umgebung fungieren kann. Das heißt, dass die Existenz derjenigen Personen vorausgesetzt werden muss, die sich eines Normensystems bedienen, und dies weist in dem vorliegenden semiotischen Rahmen eindeutig auf das Dasein des Morrisschen Interpretators hin. Obwohl es sich also im Falle unseres Modells um ein 'geschlossenes' System handelt, während Zeichensysteme durch ihre 'Offenheit' gekennzeichnet sind, scheint seine potentielle pragmatische Natur das Modell in die Richtung der pragmatischen Faktoren von 'Anomalien' zu öffnen, die sich an die logischen Strukturbeschreibungen knüpfen lassen. Trotz ihrer Oberflächlichkeit scheinen diese Hinweise die Erarbeitung einer logischen Basis zu rechtfertigen, die die Integration der genannten pragmatischen Konstituenten 'semiotischer Anomalien' in ein flexibles, aber formal präzises System ermöglicht. Die Frage jedoch, wie dieses anspruchsvolle Unternehmen im einzelnen zu erfolgen hat, bleibe dahingestellt.[27]

---

[27] In den vorliegenden Beitrag habe ich eine stark veränderte und erweiterte Fassung von 'Dr. Enzian, die Semiotik und der Normenkonflikt'. *Germanistisches Jahrbuch 1986*, Budapest, 192-211, eingearbeitet. Er entstand mit Unterstützung des Projekts OTKA T 034662.

Unterwegs zu einer ökologischen Definition der Sprache*

Adam Makkai

Ein paar Bemerkungen über Definitionen

Es ist fraglich, ob man überhaupt versuchen sollte zu „definieren", was Sprache ist.

Die meisten Sprachdefinitionen, die bisher vorgeschlagen worden sind, haben aus einer ganzen Anzahl von Gründen ihren Zweck nicht erfüllt. Bloch und Trager zum Beispiel schrieben (1948/49): „Eine Sprache ist eine beliebige Menge mit der Stimme produzierter Geräusche, mittels derer die Angehörigen einer Sprechergemeinschaft interagieren." Solch eine Sichtweise war nach dem zweiten Weltkrieg bis zu einem gewissen Grade nützlich, als amerikanische Linguisten den Forschungsauftrag erhielten, den Globus linguistisch zu kartieren: sie mussten „exotische" Orte aufsuchten, wo des Lesens und Schreibens unkundige Menschen lebten. Mit anderen Worten: Eine solche „Definition" sollte sie ermutigen, das zu praktizieren, was man eine „Entdeckungsprozedur" nennt. Heute allerdings, im Jahre 2002, ist eine ganze Reihe gravierender Mängel einer solchen Definition überdeutlich.

Erstens ist nicht jede Sprache eine „Lautsprache". Für Menschen ohne Gehör gibt es z. B. spezielle Zeichensprachen, oder es

---

* Aus dem Amerikanischen übersetzt vom Autor und von Nilgün Yüce (Originaltitel: *Towards an Ecological Definition of Language*).

gibt Brailles System für Blinde. Ein großer Teil heutiger Sprachverwendung hat mit der menschlichen Stimme und dem Sprechen schlechterdings gar nichts zu tun, sondern es sind Formen, die nur geschrieben werden: E-Mail-Botschaften beispielsweise können zwar auch Töne übermitteln, bedienen sich aber in erster Linie des Mediums der Schrift. Sprache ist, unerachtet der erratischen und oft widersprüchlichen Theorien Noam Chomskys, zu einem beträchtlichen Teil „regelgeleitet". Der Autor dieser Überlegungen wurde in Ungarn geboren und ist dort aufgewachsen; ich bin dabei zu einem bilingualen Sprecher des Ungarischen und des Deutschen geworden. Mit 21 Jahren kam ich in die Vereinigten Staaten und lernte Englisch, das heute meine hauptsächliche akademisch-intellektuelle Sprache ist. Zu welcher der drei Sprechergemeinschaften gehöre ich nun? Gehöre ich vielleicht allen dreien gleichzeitig an? Aber in welchem Ausmaß? Was ist mit den mehreren Millionen türkischen „Gastarbeitern" in Deutschland? Da gibt es zwangsläufig türkische Eltern, die Kinder haben, deren Deutsch besser als ihr Türkisch ist. Und gleichwohl können sie noch verstehen, worüber sich ihre Eltern unterhalten. Besitzt eine solche Person eine „begrenzte Mitgliedschaft" in der türkischen Sprechergemeinschaft? Und was ist mit den so genannten „toten Sprachen", etwa Latein, Altgriechisch oder Sanskrit, die man im Gymnasium lernen musste? Sind diejenigen, die sie beherrschen, „stumme Mitglieder" der „Sprechergemeinschaft der toten Sprachen"? Wie vielen Sprechergemeinschaften kann eigentlich eine mehrsprachige Person angehören?

Nach mehreren Treffen mit Peter Finke, Alwin Fill und den vielen herausragenden Kollegen, die sich im Umfeld der Universität Graz mit ökologischer Linguistik befassen, bin ich zu der Überzeugung gelangt, dass eine zufrieden stellende Sprachdefinition letztlich in eine ausführliche Beschreibung der menschlichen Lebenswirklichkeit in ihrer ganzen Komplexität und Vielschichtigkeit mündet. Nachfolgend präsentiere ich versuchsweise einen Beginn dieses Weges; er ist das Resultat vieler Jahre, in denen ich über das Thema an der University of Illinois in Chicago gelehrt habe, und in all den Jahren habe ich seinen Verlauf immer wieder verändert. Ich denke nicht, dass dies nun seine abschließende Gestalt ist. Es gibt nichts, das jemals perfekt oder vollständig zu Ende geführt wäre; entsprechend höre ich auf unkonventionelle Weise auf.

Vielleicht sollten wir uns an die Navajo-Indianer halten, die in den USA in der Nähe von Albuquerque (NM) leben. In jede Decke, die sie anfertigen, weben sie ganz bewusst eine unfertige Stelle ein, denn ihr Glaube sagt ihnen, dass nur der „Große Geist" perfekt sei. Menschen sollen den Großen Geist nicht dadurch beleidigen, dass sie vorgeben, sie hätten irgendetwas „vollendet". Ich glaube auf meine Weise an den „Großen Geist", den ich wie im Evangelium des Johannes mit dem LOGOS gleichsetze. Das Universum hat eine LOGOS-Struktur, und es ist diese LOGOS-Struktur des Universums, die letztlich Ursache für die Mathematik, die Logik, die Semiotik, Goethes Urpflanze oder die fast 5000 Sprachen einschließlich ihrer Dialekte, ist. Gar nicht von dem zu reden, worauf der deutsche Biologe Ernst Haeckel hat schon im späten 19. Jahrhundert hingewiesen hat: dass ein Embryo im Mutterleib ontogenetisch die Phylogenese rekapituliert, oder davon, dass – wie man uns erklärt – Galaxien in ihrer Mitte ein Schwarzes Loch besitzen, das sie zusammen hält.

In diesem Geist habe ich mich auf den Weg zu einer Definition (oder zunächst Beschreibung) der Sprache gemacht und dabei eine Anzahl von wichtigen Sprachmerkmalen aufgesammelt. Ich widme mein Zwischenergebnis Peter Finke, einem interdisziplinären Wissenschaftler par excellence.

Ein möglicher Beginn des Weges

Eine natürliche Sprache ist ein System von teilweise unabhängigen und teilweise voneinander abhängigen Subsystemen, welche eine in beide Richtungen führende Brücke zwischen einerseits menschlicher Wahrnehmung und verschiedenen Codes, und andererseits solchen Codes und menschlicher Wahrnehmung darstellen. Mit Hilfe solcher auf natürliche Weise entstandenen Systeme kommunizieren Menschen verschiedenster Rasse und Ausbildung, verschiedenen Alters und Geschlechts und unterschiedlicher physisch-mentaler Konstitution, von „durchschnittlich-normalen" bis hin zu jenen mit verschiedenen Behinderungen (visuell, auditiv, sprachlich etc.) in nicht-artifiziellen, realen, komplexen irdischen Gesellschaften, welche mittels Geschichte, Geografie, Ökonomie und Sozialanthropologie beschrieben werden können, miteinander in Form von Dialogen, Multilogen oder Monologen. Dialoge und Multiloge entstehen, wenn zumindest ein Zuhörer (oder Gesprächspartner) anwesend ist. Monologe (verbales Denken, Gebet, Meditation und stilles Erfinden von Prosa oder Dichtung) entstehen, wenn Zuhörer bzw. Rezipienten nur virtuell anwesend sind.

Wenn ein Sprecher, Autor, elektronischer Kommunikator, Vermittler von Zeichen oder Verwender von Braille eine Nachricht sendet, so befindet sich jene Person im Modus des Enkodierens; Enkodieren bedeutet senden. Die Person oder die Personen, welche solche Nachrichten empfangen, befinden sich im Modus des Dekodierens; Dekodieren bedeutet empfangen. Zwischen einem Sender-Enkodierer und einem Empfänger-Dekodierer muss sich ein Kanal befinden, über den die Nachricht übertragen wird. Auf dem Planeten Erde mit seiner uns bekannten Evolution stellt die Atmosphäre den natürlichen Kanal für menschliche Kommunikation dar, und der primäre Code ist die Phonologie.

Da sich die Leute, welche Informationen via Sprache senden, auch selbst hören können – auch wenn wir uns auf Grund der Resonanz innerhalb des Kopfes anders wahrnehmen als andere uns hören – sind wir dazu imstande, unsere Gedanken während unseres Statements zu verändern, anzuhalten und wieder neu zu beginnen. Dies nennt man Selbst-Edieren. Da sowohl der Sprecher-Sender als auch der Zuhörer-Empfänger selbst-edieren können, können sie einander höflich oder aggressiv unterbrechen, was von der entsprechenden Situation und ihrer gegenseitigen Beziehung abhängt. Deshalb sind Leute niemals nur Sender oder Empfänger, sondern gleichzeitig beides, Transsender/Empfänger.

Sprache kann als Meta-Sprache der Wissenschaft, wie etwa der Mathematik, der Physik, der Chemie, der Biologie etc. dienen, aber die Aufwertung von Sprachderivationen wie Meta-Sprachen (z. B. Mathematik oder Set-Theorie) zum Zweck ihrer Funktion als adäquate Meta-Sprache für die Sprache selbst mündet in Verzerrung. Sprache ist ein sehr mächtiges System und kann als solches schlecht definiert, verschwommen und gefügig für formale Manipulation nur via Dekontextualisierung und Entfernung vom gesprochenen Medium bleiben, in welchem Intonation und andere phonologische Eigenschaften wirklicher menschlicher Sprache ständig mit sowohl denotativer als auch konnotativer Semantik verwoben sind.

Die Anzahl der natürlichen Sprachen auf der Welt wird auf +/− 5000 geschätzt. Sie treten in regionalen, gesellschaftsbestimmten und historischen Dialekten auf. Dialekte bestehen ihrerseits aus personalen Idiolekten individueller Sprecher.

Während natürliche Sprachen das Ergebnis prähistorischer unbewusster Evolution darstellen, wurden synthetische Sprachen (Esperanto, Volapük etc.) erst im 19. Jahrhundert im Zuge gezielter menschlicher Konstruktionsüberlegungen entwickelt (Zamenhoff schuf Esperanto). Formale oder reguläre Sprachen wiederum sind Produkte des 20. Jahrhunderts, welche im Zuge der Entdeckung der symbolischen Logik kreiert wurden und die in die vielen von der Computerindustrie verwendeten Programmiersprachen mündete. Daher sind BASIC, FORTRAN, SNOBOL, PASCAL, COBOL etc. strikt reguläre Sprachen, welche keinerlei Ambiguität zulassen. Im Gegensatz dazu sind natürliche Sprachen dadurch charakterisiert, dass ein Konzept eine Mehrzahl von Ausdrucksmöglichkeiten haben kann (bekannt als Diversifikation, welche in Synonymie mündet), und dass eine gewisse Anzahl verschiedener Konzepte durch ein und denselben Ausdruck verwirklicht werden kann (bekannt als Neutralisierung, welche in Homonymie mündet).

In Folge dessen stehen den Anwendern natürlicher Sprachen Wortspiele, Witze, Doppeldeutigkeiten, Allusionen, versteckte Hinweise, Suggestionen und anderes zur Verfügung, und sie haben die Möglichkeit, die Bedeutung eines ganzen Satzes mittels ihrer Intonation zu verändern. Reguläre Sprachen müssen einer strikten eins-zu-eins-Entsprechung zwischen Bedeutung und Ausdruck gehorchen. Ein reguläres Sprachprogramm kann daher mit höchster Wahrscheinlichkeit weder Kurzgeschichten, noch Romane oder Gedichte erschaffen. Während also die Übersetzung eines Artikels über die Erzeugung von Chlorhydratsäure aus Küchensalz und Schwefelsäure aus dem Englischen ins Russische (und umgekehrt) möglich ist auf Grund der extrem restriktiven und spezifischen Domäne des Diskurses anorganischer Chemie, ist die Übersetzung literarischer Werke mit Hilfe des Computers zur Zeit nicht möglich.

Natürliche Sprachen sind höchst kontextsensitiv und überhaupt nicht auf bestimmte Gesprächsdomänen eingeschränkt; wir besitzen die Fähigkeit, das Thema zu wechseln, sogar mitten im Gespräch. Diese menschliche Fähigkeit beruht auf der assoziativen Natur des menschlichen Gedächtnisses.

Das Konzept, welches wir in einem Wort oder in einer Wortgruppe enkodieren, wird als Bezeichnetes oder Signifikat bezeichnet (nach Ferdinand de Saussures französischer Bezeichnung *signifié*; er hat diesen Terminus geprägt), wobei das Wort oder die Wortgruppe, welches diesen Inhalt zum Ausdruck bringt, als Zeichen oder Signifikant bezeichnet wird (*signifiant* nach Saussure). Es ist gemeinhin anerkannt, dass die Beziehung zwischen Zeichen und Bezeichnetem arbiträr ist. Die Zufälligkeit der Beziehung zwischen Signifikant und Signifikat bedeutet jedoch nicht, dass der durchschnittliche Muttersprachler irgendeiner natürlichen Sprache die Bedeutungen von Wörtern absichtlich verändert – durchschnittliche Muttersprachler sehen ihre Wörter und deren Bedeutungen als Selbstverständlichkeit an und sind erstaunt, wenn man sie fragt, warum H_2O im Englischen *water* heißt, im Russischen *vodá*, im Spanischen *agua*, im Ungarischen *víz* und im Französischen *eau*. Im Gegensatz dazu erwartet man von Computerprogrammen die Zuweisung unerwarteter Bedeutungen und Funktionen auf ausgewählte Tastenanschläge. Das Kommando „speichern" in Word-Perfect 5.1, einem DOS-basierten Programm, beginnt mit den Tastenanschlägen „Umschalt-F7", welchen verschiedene Antworten auf Fragen folgen, die das Menü offeriert, während dies in Word 97, welches auf Windows basiert, durch einen Mausklick erfolgt. Dadurch soll gezeigt werden, dass die Beziehung zwischen Signifikant und Signifikat immer arbiträrer wird, indem sich die Menschheit ins Informationszeitalter auf einer High-Tech-Grundlage weiterentwickelt hat.

Vorläufiger Abschluß mit Fragen

Die Zufälligkeit der Beziehung zwischen Zeichen und Bezeichnetem kann man am besten sehen, wenn man dem Deutschen eine Fremdsprache ohne Kognate (Wörter einer gemeinsamen historisch-genetischen Abstammung) gegenüber stellt. Ein kurzes Beispiel:

1. *saya* 2. *akan* 3. *minum* 4. *susu* 5. *bukan* 6. *tuan* 7. *sudah* 8. *kawin* 9. *belum* 10. *penyu* 11. *kerbau* 12. *di-dalam* 13. *ini* 14. *rumah* 15. *tempat* 16. *buang* 17. *ada* 18. *tidak* 19. *utan* 20. *orang* 21. *api* 22. *dimana* 23. *kereta* 24. *selamat* 25. *duduk* 26. *tinggal*

27. *jalan* 28. *datang* 29. *makan* 30. *nasi* 31. *ayer* 32. *laut* 33. *kita* 34. *kami* 35. *lihat* 36. *terang* 37. *kurang* 38. *kasih* 39. *terima* 40. *untuk* 41. *daripada*

Man kann nun zum Beispiel fragen:

- Aus welcher Sprache stammen diese 41 Wörter? Wecken sie irgendwelche Erinnerungen?

- Kann man, indem man einige dieser Wörter miteinander kombiniert, irgendeine der folgenden Aussagen bzw. Fragen zum Ausdruck bringen?

  (a) Wo befindet sich die Toilette?

  (b) Sind Sie verheiratet?

  (c) Ich möchte keine Milch trinken.

  (d) In diesem Raum gibt es keine Wasserleitung.

  (e) Herzlich willkommen. Setzen Sie sich, bitte.

  (f) Auf Wiedersehen! (zu jemandem, der zurück bleibt; Sie entfernen sich)

  (g) Auf Wiedersehen! (zu jemandem, der sich entfernt; Sie bleiben zurück)

  (h) Wie viele Sterne stehen am Himmel?

  (i) Haben Sie schon gegessen?

  (j) Das weiss ich nicht.

  (k) Ja, ich bin verheiratet.

  (l) Nein, ich bin nicht verheiratet.

Ohne ein Wörterbuch dieser besonderen Sprache und ohne eine kleine Grammatik würde es wahrscheinlich eine Ewigkeit dauern, bis diese Sätze gebildet wären, denn wir müssten de facto zu Sprachforschern werden. Es ist genau so wahrscheinlich, dass diese Liste einige deutsche Sätze beinhaltet, die nicht mit Hilfe der vorgegebenen 41 Wörter gebildet werden können. Was müsste man tun, um die Bedeutung jedes dieser Wörter in Erfahrung zu bringen? Und was müsste man tun, um die oben vorgeschlagenen zwölf Sätze bilden zu können?

Vor allem aber: *Hört Wissenschaft wirklich mit Antworten auf oder nicht vielmehr mit Fragen?*

Giftkrieg, Schweiß und Blumen

Metapher und Metonymie in umweltrelevanten Texten

Alwin Fill

Einleitung

Metapher und Metonymie haben in letzter Zeit eine deutliche Aufwertung erfahren. In Arbeiten von Lakoff/Johnson (1980), Goatly (1996/2001, 1997), Cameron/Low (hgg. 1999) und anderen wird der Metapher eine lebensprägende und weltanschauungskonstituierende Kraft zugeschrieben. Die Metapher hat auch eine ökologische Interpretation erfahren, bei der der Aspekt der Wechselwirkung in den Vordergrund rückt: Der Vergleich, auf dem die Metapher beruht, wirkt nicht nur vom Bildspender zum Bildträger, sondern auch in umgekehrter Richtung: Wenn etwa ein Mensch mit einem Löwen verglichen wird, so wird nicht nur Löwenhaftes auf den Menschen, sondern auch Menschliches auf den Löwen übertragen (Black 1962, Goatly 1996/2001:206, Zelinsky-Wibbelt 1998:305 f.). Auch auf die Bedeutung von Metaphern und Metonymien in umweltrelevanten Texten wurde von einigen Autoren bereits hingewiesen. So zeigt Mühlhäusler (1999), wie durch die Kraft der Metapher in Werbetexten Produkte „naturalisiert" werden: dies geschieht u. a. durch die Bildmetapher, mit der etwa eine Fabrik zu einer unberührten Berglandschaft wird (und umgekehrt, siehe Mühlhäusler 1999:174). Dass Metaphern als Strategie in grüner Werbung eingesetzt und in Zeitungstexten über Umweltkatastrophen und -krisen verwendet werden, ist ebenfalls bereits an Hand von Beispielen dargestellt worden (Fill 1999, Döring 2002). In dieser Studie soll zunächst kurz die Rolle der Metapher bei der Entwicklung einer ökologischen Linguistik beleuchtet werden. Dann wird der erklärenden, beschönigenden oder manipulatorischen Kraft von metaphorischen Deutungen der Natur und der Naturzerstörung nachgegangen: Mit jeder dieser Deutungen wird die Benützung der Natur mit bestimmten kulturell bedingten Lebensformen verglichen, wodurch sich eine Verbindung zwischen der „symbolischen Form" Sprache und der Naturzerstörung ergibt. In einem eigenen Abschnitt wird der Denkstrukturen schaffenden Wirkung von Metaphern in der Sprache der Landwirtschaft, der Jagd und in „grüner" Werbung nachgegangen; der Beitrag schließt mit einer Erörterung der öko-metaphorischen Verwendung des Wortes „grün".

1 Ökologie als Metapher

„Ecolinguistics began with a metaphor", schrieb ich 1998 in einem Artikel über die Entwicklung der Ökolinguistik (Fill 1998:3). Damit wurde auf Einar Haugen Bezug genommen, der in seinem berühmten Vortrag „The Ecology of Language" (publiziert 1972) einen Vergleich zwischen Organismen in ihrer biologischen Umwelt und Sprachen in ihrer gesellschaftlichen und psychischen „Umwelt" zog. Haugen selbst stellt die metaphorische Qualität dieses Ansatzes heraus, wobei er allgemein zur Verwendung von Metaphern in der Sprachwissenschaft Stellung nimmt. Kritisch beleuchtet er die Metapher „Sprache ist Leben":

> „Today the biological model is not popular among linguists. It was clearly a metaphor only, which brought out certain analogues between languages and biological organisms, but could not be pushed too far. Any conclusions drawn about language from this model were patently false: a language does not breathe; it has no life of its own apart from those who use it; and it has none of the tangible qualitites of such organisms." (1972:326)

Ebenso kritisch beurteilt Haugen Metaphern wie „Sprache ist Werkzeug" oder „Sprache ist wie ein Computer" und „Sprache ist Struktur" (ibid.). Dennoch anerkennt er den „heuristischen Wert" von Metaphern; er verwendet die Ökologiemetapher vor allem, um das Dynamische der Beziehungen zwischen Sprachen zum Ausdruck zu bringen („ecology suggests a dynamic rather than a static science, something beyond the descriptive that one might even call therapeutic", S. 329). So hat die Ökologie-Metapher schon für Haugen den Sinn, die Parallele von den gefährdeten Tier- und Pflanzenarten zu den kleinen und gefährdeten Sprachen zu ziehen, eine Verbindung, die dann bei Denison (1982) und anderen Soziolinguisten besonders deutlich wird. Denisons oft zitierter Vergleich des vom Aussterben bedrohten Pottwals mit dem Gälischen – beide sind schützenswerte Produkte der Evolution – ist konkreter Ausdruck dieser Metaphorik (für weitere Beispiele siehe Fill 1998 und die Aufsätze in dem Kapitel „Ecology as Metaphor" in Fill/Mühlhäusler hgg. 2001).

Zu Modellvorstellungen in der Linguistik hat auch Finke (1983) kritisch Stellung genommen, insbesondere zu den (Schach)spielmodellen von Saussure und Wittgenstein. Dennoch betont er die Möglichkeit der Fruchtbarkeit von „Modellen", wenn er schreibt:

> „Im abstrakten Sinne muß das Modell den Charakter einer produktiven metaphorischen Strukturanalogie besitzen, seine Konkretisationen in anschaulichen Modellen müssen die wirklich wichtigen Analogiestrukturen in reicherer Fülle aufweisen als die bekannten Sprachmodelle. Im Verlauf der Theoretisierung wird der metaphorische Charakter der Analogie des Modells zum Verschwinden gebracht, indem die Analogiestrukturen genützt und somit für die Linguistik fruchtbar gemacht werden." (1983:46)

Ein solches Modell ist das des Ökosystems, wie es von Tansley (1935) in die Biologie eingeführt wurde. Die „theoretische Fruchtbarkeit des Ökosystemmodells" (Finke 1983:53) für die Sprachwissenschaft zeigt sich z. B. in der Möglichkeit, den Aspekt der „Bedeutung der Sprachumgebungen für Verständnis und Gebrauch von Sprachen" (ibid.) einzubringen, aber auch die Analogie der Vielfalt und der Komplexität ins Spiel zu bringen und vor allem die Dynamik und Kreativität der Natur auf die der Sprache zu übertragen: „Wer keine Toleranz sprachlichen Innovationen gegnüber aufbringt (auf welcher Strukturebene auch immer), richtet de facto Sprachzustandsreservate ein, deren Grenzen von Verbotstafeln umstellt sind." (Finke 1983:69)

Die Übertragung der Ökologie auf die Sprache wurde allerdings auch kritisiert. So schreibt Jung über die Unterschiedlichkeit der Metaphorisierungen in der ökologischen Linguistik:

> „Die Übertragung der Ökologiemetaphorik in der ökologischen Sprachkritik ist beispielsweise völlig anderer Art als in der Sprachenökologie. Während in letzterem Fall einzelne Sprachen oder „Sprache-Welt-Systeme" einer Spezies entsprechen, wird in der ökologischen Sprachkritik eine Einzelsprache einem gesamten Ökosystem gleichgesetzt, dessen sprachliche Einheiten (Wörter, grammatische Erscheinungen etc.) dann die Spezies sind." (1996:152)

Während der Vergleich zwischen der Sprachenvielfalt und jener der Tier- und Pflanzenarten im Allgemeinen funktioniert, ist der Analogieschluss von der Ökologie zu Phänomenen in Einzelsprachen nach Jung weniger überzeugend. Insbesondere kritisiert Jung „suggestive Metaphern" wie etwa „Eutrophierung" und „Umkippen" einer Sprache, oder „Rote Liste vom Aussterben bedrohter Formen", bei deren Verwendung es schwer fällt, sich von einer konservativen Sprachkritik abzugrenzen (Jung 1996:153).

Dennoch bleibt die „Fruchtbarkeit" (!) ökologischer Metaphern unbestritten. Es würde jedoch zu weit führen, die metaphorische Kraft des Modells eines „Sprache-Welt-Systems" (von Finke bereits 1974 dargestellt), die *missing link* Hypothese (Finke 1996), die Idee der kulturellen Ökosysteme (Finke 1993) und der „Nachhaltigkeit der Sprache" (Finke 2002) im einzelnen darzustellen. Auch die Verwendung der Modelle in den Arbeiten von Trampe (z. B. 1990 und 1996) kann hier nicht genauer diskutiert werden. (Trampe [1990:75] zeigt etwa weitere Anwendungsmöglichkeiten der Modelle durch „Hypothesen über Interaktionsmuster, spezifische Eigenschaften, z. B. Homöostase, Sukzessionsprinzipien" oder Begriffe wie „Sprachbiotop", „sprachliche Nische" etc. Er sieht die Verwendung ökologischer Begriffe und Modelle allerdings weniger als Metapher denn als „Versuch der Verwendung einer gemeinsamen Sprache zur Beschreibung materieller, energetischer und informationeller Prozesse" [1996:66]).

Der folgende Satz über den Nutzen der Übertragung ökologischer Begriffe und Prinzipien auf die Sprache wird allgemeine Zustimmung finden:

> „If one can demonstrate that the evolutionary and the ecological point of view on language can lead to a new understanding of some very central issues like the concept of language itself, the concept and form of grammar, linguistic change, the nature of linguistic creativity, or linguistic diversity, then and only then the exertion of ecolinguistics is worthwhile. And I think one can." (Finke 2001:88)

2 Metaphern im Diskurs über die Umwelt

In ihrem Buch *Greenspeak: A Study of Environmental Discourse* gehen Harré/Brockmeier/Mühlhäusler (1999) in einem eigenen Kapitel (ch. 5: „The Power of Metaphor") der Frage nach, inwieweit die Debatte und der „Diskurs" über Fragen der „Umwelt" (das Wort ist vielleicht selbst eine Metapher) von Metaphern dominiert werden, die zu unterschiedlichen Ansichten über Umweltprobleme führen, was wiederum unterschiedliche Handlungsweisen zur Folge hat (S. 108). Unter den Metaphern, deren zu Handlung führende Kraft erörtert wird, sind die folgenden:

> Natur als von Gott gegebenes Buch
> Natur als menschlicher Körper
> Natur als Maschine (Uhr, Dampfmaschine, Computer...)
> Natur als Feind
> Die Vergewaltigung der Natur

Die Erde als Raumschiff
Die Erde als Rettungsboot
Die Erde als Teppich
Die Erde als Superorganismus –
„Gaia" (nach Lovelock 1988)

„Not unexpectedly, these metaphors do not add up to a coherent whole", kommentieren Harré et al. (1999:116 f.). Während manche der Metaphern eine Sichtweise vom Menschen als Teil der Natur begünstigen, zeigen andere eine Kluft zwischen Mensch und Natur. Die Widersprüche zwischen den Metaphern führen daher zu Konflikten zwischen Vorgangsweisen zur Lösung von Umweltproblemen. So führen die Raumschiff- und die Rettungsbootmetaphern zu einer „Umweltpolitik" und einem „Umweltmanagement", in dem Gesetze die Handhabung der Ressourcen und die Beseitigung der Abfälle regeln, während die Gaia-Metapher jedes „Management" als sinnlos hinstellt. Die Metapher „Natur als Feind" wiederum wurde von Umweltschützern dazu benützt, die „Verteidigung" der Ernte gegen „Schädlinge" als *Giftkrieg* oder *Einsatz der chemischen Keule* zu bezeichnen.

Nach Harré et al. (1999:96 f.) führt das Aufzeigen der verschiedenen Metaphern im Umweltdiskurs weniger zur Lösung von „Umwelt"-problemen als vielmehr zu einer Erklärung, warum im Diskurs über Umwelt so viele Missverständnisse auftauchen und so oft aneinander vorbeigeredet und -gehandelt wird!

2.1 Der Metaphernbereich Naturverwendung – Wirtschaft

Zwei gegensätzliche Metaphernbereiche, die im Diskurs über die Umwelt ganz konträre Wirkungen haben, werden von Beth Schultz und Tzeporah Berman in ursprünglich 1992 bzw. 1994 publizierten Arbeiten vorgestellt (Nachdruck beide 2001). Schultz zeigt, dass oft über die Verwendung der Natur durch den Menschen wie über ein Wirtschaftsunternehmen gesprochen wird, wodurch die ausbeuterische Tätigkeit als gutes Wirtschaften hingestellt und damit legitimiert wird. Luft, Wasser, Boden und Wald werden „resources" genannt, die Zerstörung einer Landschaft „development", die Entfernung der Ur-Vegetation „clearing" und „improving land". Man könnte hier Beispiele wie „forest management" und „game management" für das Töten von Bäumen und Wildtieren hinzufügen (cf. Mühlhäusler 1998:186), sowie die Beispiele aus der modernen Landwirtschaft, die weiter unten besprochen werden. Beschönigend ist diese Metaphorik etwa wenn für die Abholzung des Urwaldes das Wort „harvesting" (*Abernten*) verwendet wird:

> „[harvest] is used by analogy with farming or gardening to convey the idea that logging is the taking of the annual production of a 'crop', even when the 'crop' is hundreds of years old. Just as important, the word 'harvest' has a righteous overtone of moral entitlement to something on the basis of past effort, of labour justly rewarded." (Schultz 2001:111)

Das Wort *timber harvesting* hat nach Schultz nicht nur in Texten der Holzindustrie, sondern sogar in Texten von Umweltgruppen das alte *logging* und das (ebenfalls euphemistische) *wood products* verdrängt.

Ebenso beschönigend ist die Metapher *greenhouse effect* (*Treibhauseffekt*), weil sie (zumindest im Englischen) angenehme Assoziationen mit buntem pflanzlichem Leben erweckt:

> „For many people the word 'greenhouse' has pleasant connotations of lovingly tended plants, or high-quality flowers, fruit and vegetables. To apply the expression to the disastrous climatic changes predicted for this effect is like calling war a 'game' or genocide 'ethnic cleansing'." (Schultz 2001:112)

Schultz sieht die Verbindung zwischen Sprache und der Naturzerstörung darin, dass die Gesellschaft in der Vergangenheit zugelassen hat, dass über Natur und ihre Ausbeutung in der Sprache der kommerziellen Verwendung und Verwaltung gesprochen wird. Schultz plädiert dafür, diese Beziehung zwischen Sprache und Ausbeutung der Natur im Schulunterricht zu behandeln: „The issue should be brought to the attention of teachers, who can raise it in their classes and encourage the use of non-exploitative language" (Schultz 2001:113).

2.2 Der Metaphernbereich Natur – Frau

Eine ganz andere Sicht des Gebrauchs der Natur durch den Menschen vermitteln die Metaphern, die Tzeporah Berman in ihrem Aufsatz „The Rape of Mother Nature? Women in the language of environmental discourse" (1994/2001) bespricht. Sie erzählt dazu das folgende Erlebnis:

> „While observing logging operations on Vancouver Island, I witnessed a logger approach a massive ancient Sitka spruce which reached a majestic height of around two hundred feet. 'He's a big one', he noted gazing in awe at the tree. The crew proceeded with their work and within minutes the tree was crashing down to the ground. Before it hit the ground I distinctly heard the same man say, 'she's coming down fast.'" (Berman 2001:262)

„At what point did that spruce become a woman?" fragt Berman, und sie beobachtet aus ökofeministischer Sicht, wie die Ausbeutung der Natur mit der Beherrschung und Vergewaltigung der Frau gleichgesetzt wird. Der 'majestätische' Baum wird zunächst als Mann gesehen, mutiert aber vom Mann zur Frau, wenn er gefällt wird: „The transformation to female gender occurred when the men had dominated the tree. It no longer had power. Its roots had been severed, its majesty conquered, it lay prostrate on the ground, ready to be 'stripped' and 'used'." (ibid.).

Metaphern wie „the virgin forest", „the rape of the land", „the penetration of the wilderness" sind weitere Redensarten, mit denen (nach Berman) die Naturzerstörung der (sexuellen) Unterjochung der Frau gleichgesetzt wird. Die Analogie geht noch weiter: So wie die Frau häufig als verführerisch und dadurch mitschuldig an ihrem (sexuellen) Mißbrauch dargestellt wird, so wird auch die Natur als verführerisch beschrieben und werden Wälder als „überreif" und „erntefähig" dargestellt, womit der Gedanke der „Schuld des Opfers" von der Frau auf die Natur übertragen wird (cf. ibid., S. 266). „The use of the rape metaphor also assumes that in some instances Nature, as a woman, might willingly cooperate with men" (ibid.). So wird nach Ansicht Bermans durch diese Metapher die Beherrschung der Natur durch den Menschen sogar legitimiert.

Um die Ideologie der Unterdrückung zu brechen, verlangt Mary Daly mit Umdrehung der Metaphorik in Richtung Mann die „Kastration" der Sprache, die ihrer „phallozentristischen" Wertsysteme beraubt werden soll (cf. Berman 2001:267). Nach Meinung der Ökofeministinnen sollen sowohl die Anthropozentrik als auch die Androzentrik der Sprache nicht nur bewusstgemacht, sondern beseitigt werden, damit beiden Ausbeutungssystemen die Unterstützung durch die Sprache entzogen wird.

3 Fachsprachenmetaphern

Eine ganz spezielle Metaphorik wird in den Fachsprachen jener verwendet, die sich aus Berufs- oder Freizeitgründen besonders intensiv mit der Natur beschäftigen. Trampe gibt in seiner Liste „aus dem Wörterbuch der industriellen Landwirtschaft" (1991/2001) Beispiele für die Versachlichung landwirtschaflicher Vorgänge, die mit entsprechenden Vorgängen in der Industrie gleichgesetzt werden: Wörter wie *Tierproduktionsanlage, Fleischproduzent, Nutzungsdauer von Tieren, Veredelungsbetriebe, Empfängermaterial, Pferdematerial* übertragen industrielle Begriffe und Prozesse auf die Landwirtschaft, ein Vorgang, durch den alles Leid, das den Tieren zugefügt wird, als „produktionsbedingt" dargestellt und damit zum Verschwinden gebracht wird.

Eine ähnliche Funktion hat die Metaphorik, die in der Jagdsprache verwendet wird. Ihr Wesen ist ebenfalls die Versachlichung des Tieres, dessen Körperteile dingliche Benennungen erfahren. Aus Augen werden *Lichter*, aus Ohren *Löffel*, aus Mündern *Äser*, aus Beinen *Läufe*, der Schwanz wird zur *Rute*, zum *Wedel* oder zur *Blume*, weiße Stellen am Körper zum *Spiegel*, und aus Blut wird *Schweiß*. Tote Tiere werden zur *Strecke*, sie werden *ausgeweidet*, *zerwirkt* oder *ausgenommen* und ihre abgeschnittenen Köpfe zu *Trophäen* verarbeitet.

Die Jagdsprache war schon früh so ausdifferenziert, dass bereits 1538 ein Buch (von Johann Helias Meichßner) über die Sprache des „Weidwerks" erschien, das etwa 170 Jagdwörter enthielt (eine Geschichte dieser Glossare und eine neuere Zusammenstellung des Jagdwortschatzes bietet Willkomm 1990). Die verdinglichende Metaphorik der Jagdsprache hat ohne Zweifel den Zweck, die Distanz zwischen Jäger und gejagtem/erlegtem Wild zu vergrößern und dadurch die „Verwendung" des Tieres als „Sportgerät" und seine Zurschaustellung als „Trophäe" zu erleichtern: Der Abstand vom Jäger zum Ding ist größer als vom Jäger zum Mit-Lebewesen – eine sprachliche Distanzierung, die allerdings von den Jägern selbst als Ausdruck der Achtung interpretiert wird, die sie dem Wildtier zollen!

4 Metaphern und Metonymien in grüner Werbung

Mit anderer Zielsetzung wird die Kraft der Metapher – oder genauer der Metonymie – in jener Werbung eingesetzt, die sich an „umweltbewusste" Verbraucher wendet und eine Verbindung zwischen dem beworbenen Produkt und der „Natur" schaffen will. Meist werden Tiere oder Pflanzen (etwa Bäume und Blumen) entweder als Blickfang oder als Symbole für Natur und „saubere Umwelt" verwendet. Ein solches Symbol ist zum Beispiel der Delphin, der in einer Werbung für Griechenland zu sehen ist und mit folgendem Text (auf das Wasser an den Badestränden bezogen) zu Wort kommt: „Voted clearest waters by thousands of dolphins."

Beliebt ist das Tier als Symbol für unzerstörte Umwelt besonders in der Werbung für Fluglinien, wo offensichtlich eine Anschlussmöglichkeit zu Natürlichkeit und unverbrauchter Landschaft besonders erwünscht ist. So wirbt die Fluglinie „Ethiopian Airlines" mit einem Rhinozeros, das ursprüngliches Afrika symbolisieren soll, aber auch für „Wildheit" steht, wie der angeschlossene Text suggeriert: „Discover what he's so wild about!" Andere Fluglinien werben mit Leopard (South African Airlines, nach Mühlhäusler 1999), Adler (American Airlines) und Schwalbe (Air France). Im zuletzt erwähnten Beispiel (nach Mühlhäusler 1999:173 f.) ist nicht nur der direkte Vergleich zwischen Flugzeug und Schwalbe interessant, der durch eine Zeichnung zum Ausdruck kommt, sondern auch die „indirekten Metaphern" im Begleittext: „A FLOCK OF FLIGHTS. A PRIDE OF STAFF. NO HERDS". Die Kollektivbezeichnungen *flock, pride* und *herds* sind im Englischen kollokationell mit *birds, lions* und *cattle* verbunden und suggerieren damit „Schwärme, große Zahl", „Stärke" und „keine Massenabfertigung". In meiner Sammlung „grüner" Werbung finden sich auch die folgenden Beispiele für Tiere, die in Bild und Text sowohl für Natürlichkeit stehen, als auch speziellen Vergleichen mit dem beworbenen Produkt dienen (vgl. Fill 1999):

- eine Firma für chemische Produkte wirbt mit einem Maikäfer und rühmt sich, wie der Käfer Abfall als Rohmaterial zu verwenden („like this beetle, we use waste as raw material");

- eine Giraffe wirbt für einen Staubsauger, wobei sich der Vergleich auf den langen Hals stützt;

- ein Känguruh wirbt mit seinem Beutel für ein Aufbewahrungssystem („the storing systems of nature are unrivalled, but we come close to them").

Es braucht nicht eigens betont zu werden, dass die besprochenen Werbebeispiele nur oberflächlich „grün" und nicht wirklich „ökologisch" sind; die „grüne" Metapher dient lediglich dazu, Aufmerksamkeit zu erregen und das Produkt „grünzuwaschen" – um die englische Wortbildung „greenwashing" zu übernehmen.

5 „Grün" als Metonymie und Metapher

Zum Schluss seien noch einige Bemerkungen zur metonymischen und metaphorischen Verwendung des Adjektivs „grün" gestattet, das heute oft – so auch in diesem Beitrag – im Sinne von „ökologisch interessiert" oder „umweltbewußt" verwendet wird. Die metonymische Verwendung des Wortes für „die Landwirtschaft betreffend" (etwa in der Bezeichnung „Der Grüne Bericht" [ab 1956;

seit 1971 „Agrarbericht"!]) wurde Anfang der 1970er Jahre von der (eher) metaphorischen „an Naturschutz interessiert" überlagert, wobei die vielen Berichte zum „Europäischen Jahr des Naturschutzes" 1970 eine Rolle gespielt haben mögen. Wendungen wie „Grüne Aktion Zukunft" (H. Gruhl) und „Grüne Listen" sind für die zweite Hälfte der 1970er Jahre belegt, die Gründung einer politischen Partei „Die Grünen" erfolgte in Deutschland im Jahr 1980.

Im Englischen ist die Verwendung von *green* für „relating to or supporting environmentalism" zum ersten Mal für das Jahr 1972 belegt; nach Ayto (1999:478) wurde sie sogar als Lehnsemantik aus dem Deutschen übernommen. Andreas Fischer zeigt in seinem Aufsatz „The greening of *greening*" (2000) wie sehr diese Bedeutung, insbesondere beim Verbum *to green, greening*, alle anderen überlagert hat. Erst seit 1985 im Sinne von „to render (a person) sensitive to ecological issues; hence, to make (something) less harmful to the environment" belegt, hat das Verbum *to green* heute bereits in der Mehrzahl der Fälle eine „umweltschützerische" Bedeutung: von 72 Beispielen im *British National Corpus* haben 48 einen ökologischen oder ökopolitischen Sinn, z. B. in Formulierungen wie „the greening of British politics", „Mrs Thatcher's greening" oder „the greening of Europe", sodaß Fischer über *green* (als Adjektiv und Verb) schreibt: „the new 'ecological' senses dominate all others, and they have led to a revitalisation, a veritable prospering (or greening?) of *green* and *greening*" (2000:81).

6 Schluss

In diesem Beitrag habe ich versucht zu zeigen, wie das neu erwachte Interesse an der Metapher als sprachlichem Phänomen zu einer Revitalisierung der Diskussion über die meinungsbildende und zu Handlungen führende Kraft der Sprache – besonders im Bereich Mensch (und) Natur – beigetragen hat. Abschließend soll der oben erwähnte Vorschlag von Beth Schultz aufgegriffen werden, die Metaphorik der umweltrelevanten Sprache zum Thema des Schulunterrichts zu machen. Dazu könnten die in diesem Beitrag besprochenen Metaphern herangezogen werden. Sie zeigen verschiedene

Sichtweisen der Natur, beweisen aber auch, welche Rolle die Sprache beim Schaffen von Denkmustern (die dann zu Handlungsweisen führen) spielt. Ein Behandeln dieser Thematik im Schulunterricht könnte nicht nur das Sprachbewußtsein der Schülerinnen und Schüler schärfen, sondern auch zu erhöhter „ökologischer Kompetenz" (W. Trampe) beitragen, was letztendlich dem Verhältnis Mensch – Natur zugute kommen wird.

Literatur

Ayto, John (1999). *Twentieth Century Words.* Oxford: OUP
Berman, Tzeporah (1994). „The Rape of Mother Nature? Women in the Language of Environmental Discourse,", *Trumpeter* 11/4, 173-178 (auch in Fill/Mühlhäusler hgg. 2001, 258-269; Zitate nach diesem Abdruck)
Black, Max (1962). *Models and Metaphors.* Ithaca, NY: Cornell UP.
Cameron, Lynne/Graham Low (hgg. 1999). *Researching and Applying Metaphor.* Cambridge: CUP
Denison, Norman (1982). „A Linguistic Ecology for Europe?" *Folia Linguistica* 16/1-4, 5-16 (auch in Fill/Mühlhäusler hgg. 2001, S. 75-83)
Döring, Martin (2002). „'*Vereint hinterm Deich!*' Die metaphorische Konstruktion der Wiedervereinigung in der deutschen Presseberichterstattung zur *Oderflut* 1997", in: A. Fill/H. Penz/W. Trampe (hgg. 2002), *Colourful Green Ideas.* Bern: Peter Lang
Fill, Alwin (hg. 1996). *Sprachökologie und Ökolinguistik* Tübingen: Stauffenburg
Fill, Alwin (1998). „Ecolinguistics: State of the Art 1998", *Arbeiten aus Anglistik und Amerikanistik* 23/1, 3-16 (auch in Fill/Mühlhäusler hgg. 2001, S. 43-53)
Fill, Alwin (1999). „'Concentrated Persil Supports Trees!' Linguistic Strategies in Green Advertising", in: *Crossing Borders. Interdisciplinary Intercultural Interaction,* (hgg. B. Kettemann/G. Marko), Tübingen: Gunter Narr, S. 213-220
Fill, Alwin/Peter Mühlhäusler (hgg. 2001). *The Ecolinguistics Reader. Language, Ecology and Environment.* London, New York: Continuum
Fill, Alwin/Hermine Penz/Wilhelm Trampe (hgg. 2002). *Colourful Green Ideas.* Bern: Peter Lang
Finke, Peter (1974). *Theoretische Probleme der Kasusgrammatik.* Kronberg/Ts.
Finke, Peter (1983). „Politizität. Zum Verhältnis von theoretischer Härte und praktischer Relevanz in der Sprachwissenschaft", in: *Sprache im politischen Kontext,* (hg. P. Finke), Tübingen: Niemeyer, S. 15-75
Finke, Peter (1993). „Naturerfahrung. Bedingungen der Reparatur unserer natürlichen und kulturellen Ökosysteme", *Berichte des naturwissenschaftlichen Vereins Bielefeld und Umgegend* 34, 67-84

Finke, Peter (1996). „Sprache als *missing link* zwischen natürlichen und kulturellen Ökosystemen. Überlegungen zur Weiterentwicklung der Sprachökologie", in: Fill (hg. 1996), Tübingen: Stauffenburg, S. 27-48

Finke, Peter (2001). „Identity and Manifoldness: New Perspectives in Science, Language and Politics", in: Fill/Mühlhäusler (hgg. 2001), S. 84-90 (erstpubliziert auf CD-ROM *Memory, History and Critique*, Utrecht 1998)

Finke, Peter (2002). „Die Nachhaltigkeit der Sprache. Fünf ineinander verschachtelte Puppen der linguistischen Ökonomie", in: Fill/Penz/Trampe (hgg. 2002), *Colourful Green Ideas*. Bern: Peter Lang

Fischer, Andreas (2000). „The greening of *greening*", in: *Words: Structure, Meaning, Function*. A Festschrift for Dieter Kastovsky, (hgg. C. Dalton-Puffer/N. Ritt). Berlin, New York: Mouton de Gruyter, S. 75-86

Goatly, Andrew (1996). „Green Grammar and Grammatical Metaphor, or Language and the Myth of Power, or Metaphors We Die By", *Journal of Pragmatics* 25, 537-560 (auch in Fill/Mühlhäusler hgg. 2001, S. 203-225; Zitate nach diesem Abdruck)

Goatly, Andrew (1997). *The Language of Metaphors*. London: Routledge

Harré, Rom/Jens Brockmeier/Peter Mühlhäusler (1999). *Greenspeak. A Study of Environmental Discourse*. Thousand Oaks etc.: Sage

Haugen, Einar (1972). *The Ecology of Language*. Hg. Anwar S. Dil. Stanford U.P.

Jung, Matthias (1996). „Ökologische Sprachkritik", in: Fill (hg. 1996), S. 149-173

Lakoff, George/Mark Johnson (1980). *Metaphors We Live By*. Chicago: The University of Chicago Press

Lovelock, J.E. (1988). *The Ages of Gaia. A Biography of our Living Earth*. Oxford: OUP

Mühlhäusler, Peter (1998). „Some recent developments in Whorfian linguistics with special reference to environmental language", in: *Sprache in Raum und Zeit (in memoriam Johannes Bechert)*, Bd. 2 (hgg. W. Boeder/C. Schroeder/K. H. Wagner/W. Wildgen), Tübingen: Gunter Narr, S. 183-188

Mühlhäusler, Peter (1999). „Metaphor and Metonymy in Environmental Advertising", *Arbeiten aus Anglistik und Amerikanistik* 24/2, 167-180

Schultz, Beth (1992). „Language and the Natural Environment", Vortragsmanuskript (publiziert in Fill/Mühlhäusler hgg. 2001, S. 109-114; Zitate nach diesem Abdruck)

Tansley, A.G. (1935). „The Use and Abuse of Vegetational Concepts and Terms", *Ecology* 16, 284-307

Trampe, Wilhelm (1990). *Ökologische Linguistik. Grundlagen einer ökologischen Wissenschafts- und Sprachtheorie*. Opladen: Westdeutscher Verlag

Trampe, Wilhelm (1991). „Sprache und ökologische Krise: aus dem Wörterbuch der industriellen Landwirtschaft", in: *Neue Fragen der Linguistik*. Akten des 25. Linguistischen Kolloquiums, Paderborn 1990, Bd. 2, (hgg. E. Feldbusch/R. Pogarell/C. Weiss), Tübingen: Niemeyer, S. 143-149 (englische Version in Fill/Mühlhäusler hgg. 2001, S. 232-240)

Trampe, Wilhelm (1996). „Ökosysteme und Sprache-Welt-Systeme", in: Fill (hg. 1996), S. 59-75

Willkomm, Hans-Dieter (1990). *Die Weidmannssprache. Begriffe, Wendungen und Bedeutungswandel des weidmännischen Sprachguts*. Berlin: Deutscher Landwirtschaftsverlag

Zelinsky-Wibbelt, Cornelia (1998). „Metaphors as meaningful choices in scientific discourse", in: *Making Meaningful Choices in English*, (hg. R. Schulze), Tübingen: Gunter Narr, S. 295-325

Der letzte Teil des Weges: Kultur, die einzige Chance

◇
Der
natürliche
Weg hat uns auf
den kulturellen Weg
geführt. Aber nur, wenn
wir die Vielfalt der damit verbundenen Wechselwirkungen beachten,
können wir hoffen, die Problemzusammenhänge zu lösen, die
wir auf der bisherigen
kulturellen Stre-
cke erzeugt
haben.
◇

Wendezeit für den Staat

Eva Lang

Es besteht kein Zweifel. Wir haben eine Krise der staatlichen Politik. Sie zeigt sich in einem Spektrum recht unterschiedlicher Facetten. Resignierend wird die Ohnmacht der Politik angesichts des Globalisierungsprozesses beklagt, die ökologischen Krisenszenarien sind bekannt, und trotz aller technischer Fortschritte und Wachstumsanstrengungen ist es nicht gelungen, die Armut in den Entwicklungsländern zu lindern; im Gegenteil, die Schere zwischen Armut und Reichtum öffnet sich zunehmend und zusätzlich auch noch in der industrialisierten Welt. Im nationalen Rahmen beschäftigen uns darüber hinaus die andauernde Arbeitslosenproblematik, die Finanzkrisen in den Budgets der öffentlichen Haushalte und der Sozialen Sicherungssysteme, Skandale über verschwendete Steuergelder und Subventionsbetrug. Die staatlichen Aufgabenprogramme und Regelwerke sind unüberschaubar und undurchschaubar, Bürokratien entscheiden und handeln zwar formal richtig, für die Bürger aber uneinsichtig.

Insgesamt kumulieren diese Einzelwahrnehmungen zu einem Ohnmachtsempfinden der Bürger gegenüber der Politik und ihrem Staat zur Staats-, Demokratie- und Politikverdrossenheit. Gleichzeitig spiegeln diese Krisenphänomene den umfassenden Zustand der (Wirtschafts-)Wissenschaft und der Gesellschaft wider. Es zeigt sich, dass die dringendsten Probleme unserer Zeit weder isoliert zu verstehen sind, noch sich mit den fragmentierenden Methoden der aus dem kartesianisch – Newtonschen Weltbild entwickelten Denkmodelle unserer tradierten Wissenschaft lösen lassen. Capra folgend, handelt es sich eben um systemische Probleme, „das heißt, sie sind alle miteinander verbunden und wechselseitig voneinander abhängig. Wir werden sie erst lösen können, wenn wir ganzheitlich zu denken und zu handeln vermögen".[1] Welches Staatsmodell und Politikverständnis resultiert aus ganzheitlichem Denken und Handeln? Wo liegen die Unterschiede in Bezug auf das herrschende Muster? Wie begründet sich die These, dass die herrschenden Denk-, Handlungs- und Organisationsmuster diese Krisenphänomene mitverursacht haben? Lassen sich in der realen politischen Entwicklung Anzeichen erkennen, dass ein Wandlungsprozess im Staat begonnen hat? Mit diesen Fragen befassen sich die nachfolgenden Ausführungen.

1 Zur Begründung der ganzheitlichen Perspektive

Die Untersuchung gründet auf die ganzheitliche Perspektive mit dem speziellen Fokus der ökonomischen Problemsicht. Daraus resultiert ein grundlegendes Problem. Mit der ganzheitlichen Perspektive wird die übliche Arbeitsteilung unter den Wissenschaften in Frage gestellt. Die disziplinären Fachgrenzen sind aufgelöst; aus den Mauern werden Hecken, wie Peter Finke es ausdrückt.

Hieraus begründen sich einige Schwierigkeiten in der wissenschaftlichen Arbeit, auf die in einer Vorbemerkung zu den Schwierigkeiten einer ganzheitlichen Sicht kurz eingegangen werden soll. Wenn disziplinäre Fachgrenzen überschritten werden, führt dies erstens dazu, dass die relevante Literatur ins prinzipiell Unübersehbare wächst. Zweitens stehen wir dem Problem der Überforderung der WissenschaftlerInnen in Bezug auf die Wahrnehmung der Ausdifferenzierungen und Spezialisierungen in den unterschiedlichen Fachdisziplinen gegenüber. Wenn es schon heute in den einzelnen Fachdisziplinen kaum möglich ist, „die Literatur zu beherrschen", so ist sie in der ganzheitlichen Perspektive nicht einmal übersehbar, geschweige denn beherrschbar.[2]

---

[1] Capra, Fritjof: Synthese. Neue Bausteine für das Weltbild von morgen, Bern und München 1998, S. 245
[2] Die Verfasserin erhebt aus diesem Grunde nicht den Anspruch, die Literatur erschöpfend zu kennen, geschweige denn vollständig berücksichtigt zu haben.

Aus all diesen Schwierigkeiten könnte der Schluss gezogen werden, sich möglichst wenig von dem vertrauten Rahmen zu entfernen. Aber dies genau ist nicht der Weg, der hier beschritten werden soll. Vielmehr geht es darum, aus der ganzheitlichen Perspektive neue/andere Wege der staatlichen Gesellschaftsgestaltung des ökonomischen Systems zu entfalten. Selbstverständlich reicht eine solche Thematik in die Politik-, Verwaltungs- und Gesellschaftswissenschaften, aber auch in die Ökologie hinein. Aber damit ist sie gleichwohl weder in die Disziplin der Politikwissenschaft noch in andere Disziplinen einzustufen.

Die ganzheitliche Sicht macht es notwendig, eine gewisse Unschärfe zuzulassen. Es geht mir speziell darum, Konturen in ihrer Formgebung zu erkennen, nachzuzeichnen und zu begreifen.

Der „preanalytic cognitiv act"[3], d. h. die preanalytic vision der Untersuchung ist eine bestimmte Vorstellung von Mensch, Gesellschaft und Natur sowie deren Beziehungen zueinander und untereinander.[4] Die Vorstellung betrifft die Existenz eines Beziehungsgeflechts zwischen Mensch, Gesellschaft und Natur, welches ebenfalls nicht selbst für sich steht, sondern in einen umfassenden Orientierungsrahmen eingebettet ist, das Ganze der Wirklichkeit.

Ohne das Ganze der Wirklichkeit zu kennen, lassen sich gleichwohl Aussagen darüber treffen, dass bestimmte Konzeptionen des Beziehungsgeflechts von Mensch, Gesellschaft und Natur unvereinbar sind. Es ist erstens nicht möglich, sich die Gesellschaft als selbständiges reales Gebilde unabhängig von den Menschen und deren Existenz vorzustellen. Zweitens kann man sich den Menschen auch nicht so vorstellen, als sei er in seiner Existenz unabhängig von der Gesellschaft, als sei die Gesellschaft eine Summe der prinzipiell unabhängig voneinander existierenden Individuen. Weiterhin lässt sich drittens weder der Mensch noch die Gesellschaft als

---

[3] Schumpeter, Alois: History of Economic Analysis, London 1954, S. 41 und Daly, Herman E.: Beyond Growth, Boston 1996, S. 46

[4] Siehe hierzu Finke, Peter: Wirtschaft – ein kulturelles Ökosystem. Über Evolution, Dummheit und Reformen, in: Vereinigung für Ökologische Ökonomie (Hrsg.) Arbeiten in einer nachhaltig wirtschaftenden Gesellschaft, Heidelberg 1997, S. 31 ff und Busch-Lüty, Christiane: Nachhaltige Entwicklung als Leitmodell einer ökologischen Ökonomie, in: Peter Fritz, Joseph Huber und Hans Wolfgang Huber (Hrsg.): Nachhaltigkeit in naturwissenschaftlicher und sozialwissenschaftlicher Perspektive, Stuttgart 1995, S. 115 ff.

unabhängig von der Natur denken. Denn der Mensch und die Gesellschaft sind Teil der Natur und seine bzw. ihre Existenz hängt von den Teilhabemöglichkeiten in der Natur ab. Vorstellbar ist allerdings die Existenz der Natur ohne den Menschen und ohne eine menschliche Gesellschaft. Hieraus folgt weiterhin, dass weder die Gesellschaft noch der Einzelne in ihr als selbständiges Gebilde unabhängig von der Natur gedacht werden kann, jedoch umgekehrt eine Natur ohne Menschen und ohne die menschliche Gesellschaft als Konzeption möglich wäre.[5] Allein eine solche Konzeption ist nicht erwünscht. Insofern geht die Analyse von der normativen Vorentscheidung aus, dass die Konzeption einer Natur ohne den Menschen bzw. die menschliche Gesellschaft zu verhindern ist.

In das Beziehungsgeflecht von Mensch, Natur und Gesellschaft eingewoben ist die Wirtschaft und der Staat. Bei beiden handelt es sich um kulturelle, d. h. von Menschen gestaltete Systeme.[6] Beide Systeme lassen sich wiederum nicht unabhängig von den Menschen, der Gesellschaft und der Natur als selbständige Gebilde vorstellen.

Es ist nicht üblich, den Staat als kulturelles System zu sehen. Eine andere „übliche" Ansicht lässt sich aber auch nicht finden. Denn die Diskussion um den Staat leidet unter einer eigentümlichen Unbestimmtheit des Gegenstandes. „Der Staat erscheint als Sache, Subjekt, kollektiver Akteur oder lebendiger Organismus, als Anstalt, Apparat, Wirkungszusammenhang oder juristische Person, als Institution, Bedingungsgefüge, soziales System, politischer Verband oder bloße Fiktion oder Konstruktion. Konsens besteht dahingehend, dass dem Staat eine zentrale Rolle bei der politischen Ordnung der kontinentaleuropäischen Gesellschaften zukommt. Darüber hinaus werden die Spezifika des Staates in der Regel nur unzureichend untersucht, insbesondere die Unterscheidung von Staat und politischem System bzw. politisch-administrativem System reicht eher in den Bereich semantischen Ermessens. Die Frage „Was kann und soll Politik?" wird von der Frage „Was kann

---

[5] Treffend formuliert dies Hans-Peter Dürr: „Die Natur kann ohne uns leben, aber wir nicht ohne die Natur" (siehe Dürr, Hans-Peter: Die Natur kann ohne uns leben, aber wir nicht ohne sie, Sonderdruck hrsg. von Global Callenges Network e.V. 1992).

[6] Die Verfasserin folgt hier dem Ansatz von Peter Finke, der die Wirtschaft als kulturelles Ökosystem bezeichnet. Siehe hierzu Finke, Peter: Wirtschaft als kulturelles Ökosystem, a.a.O., S. 31 ff.

und soll der Staat?" nicht hinreichend unterschieden.[7] So hilfreich eine exakte Präzisierung dessen ist, was unter Staat zu verstehen sein mag, wird sie doch immer unzureichend und abhängig von der spezifischen Fragestellung bleiben. Insofern belassen wir den Begriff des Staates zunächst in Form eines bewusst unscharfen Bildes vom Staat, wie es sich in der gesellschaftlichen Verstellungswelt abzeichnet:

- Der Staat als Akteur, der bewusst auf die gesellschaftliche Gestaltung des ökonomischen Systems einwirkt (Träger der Wirtschafts- und Finanzpolitik),

- der Staat als einer der Akteure im ökonomischen System (z. B. Arbeitgeber, Nachfrager von Gütern und Leistungen, Produzent öffentlicher Güter, Akteur am Geld- und Kreditmarkt, Akteur in Bezug auf die Nutzung der natürlichen Ressourcen),

- der Staat als hoheitliche Institution, durch die Möglichkeitsräume für ökonomisches und gesellschaftliches Handeln abgesteckt werden, und schließlich

- das Bild des Staates in seiner Erscheinungsform der demokratischen Entscheidungsprozesse sowie deren bürokratischen Umsetzung, Durchführung und Organisation.

Soweit wir von Politik sprechen, meinen wir die Politik des Staates. Wohl wissend, dass auch Politik von vielfältigen anderen Akteuren betrieben wird und gleichfalls eine Politik der Politik, nämlich die Einwirkung auf die politischen Entscheidungen des Staates et vice versa existiert.

Dass unsere Denk- und Handlungsmuster, und insbesondere die wissenschaftlichen Denkmodelle, ganz wesentlich durch das jeweils herrschende Weltbild geprägt sind, ist in der Literatur umfassend dokumentiert. Besonders deutlich hat Capra die Einflüsse des Weltbildes Newtonscher Prägung auf die Wirtschaftswissenschaft herausgearbeitet. Gezeigt wird, dass auch in der Wirtschaftswissenschaft traditioneller Prägung das kartesianisch-newtonsche

---

[7] Eichmann, Rainer: Ordnung durch Beobachtung. Zur Funktion von Staat und Staatsaufgaben bei der Genese und Abstimmung politischer Prozesse, in: Dieter Grimm (Hrsg.): Staatsaufgaben, Baden-Baden 1994, S. 177 ff.

Denken dominiert. Dieses Weltbild hat die traditionelle, analytisch geprägte Ökonomie hervorgebracht. In der Übertragung des Weltbildes der Newtonschen Mechanik auf den Untersuchungsgegenstand der Ökonomie wird von der analytischen Voraussetzung ausgegangen, dass einzelne Komponenten eines komplexen sozialen Systems voneinander isoliert betrachtet werden können. So wurde die Natur analytisch von der Wirtschaft getrennt, die Subsistenzwirtschaft wurde von der Marktwirtschaft oder eben auch die sozialen Systeme Markt und Staat wurden in Spezialdisziplinen aufgeteilt.

Ganz anders sieht die Wirklichkeit nach den Erkenntnissen der modernen Naturwissenschaft, konkret der modernen Physik aus.[8] Hiernach besitzt die Wirklichkeit eine ganzheitliche – eben nicht zerlegbare – Struktur. Die Welt ist ein System, das aus einem hochkomplexen, unendlich vielfältigen Geflecht von Beziehungen in von neben- und ineinander, aber auch untereinander in Beziehung stehenden Subsystemen besteht. Alle diese Systeme sind wiederum Ganzheiten, deren spezifische Struktur sich aus den wechselseitigen Beziehungen und Abhängigkeiten ergeben. Systemeigenschaften werden zerstört, wenn ein System auseinandergenommen, wenn es physisch oder theoretisch in Einzelteile zerlegt wird.

Diese neue Sicht hat weitreichende Konsequenzen. Von einer Revolution des Weltbildes ist die Rede, es entstehen neue Forschungsfragen und -felder, herkömmliche Strukturierungen, Forschungsfragen, Wertungen und Methoden werden in Frage gestellt. In der nachfolgenden Analyse soll untersucht werden, ob sich aus der neuen, ganzheitlichen Sicht der Wirklichkeit nicht auch erhebliche Konsequenzen für die staatliche wirtschaftliche Aktivität ergeben, die letztlich zu neuen Einsichten über die Rolle des Staates, seiner Organisation und des Politikverständnisses führen könnten.

---

[8] Dürr, Hans-Peter: Das Netz des Physikers. Naturwissenschaftliche Erkenntnis in der Verantwortung, München 1988, S. 26 ff; Capra, Fritjof: Wendezeit, deutschsprachige Taschenbuchausgabe, Berlin 1999, S. 50 ff.

2 Der Einfluss des mechanistischen Weltbildes auf die Rolle des Staates

Das mechanistische Weltbild prägt die Gesellschafts-, Wirtschafts- und Technikentwicklung des Zwanzigsten Jahrhunderts. Es basiert auf einem Denkmodell, in dem die Welt als mechanistischer Apparat – zumeist im Bild eines Uhrwerkes – gesehen wird, der zergliedert werden kann, um dann in Einzelteilen, den Disziplinen, erkannt und erforscht zu werden.[9] Auch die Modellierungen der Rolle des Staates in der traditionellen Ökonomie sind ganz wesentlich vom mechanistischen Weltbild geprägt.

Geleitet von der Zerlegbarkeit des Ganzen in Teile wird in der traditionellen Ökonomik der Staat als additives System der Marktökonomie begriffen. Besonders deutlich wird dies, wenn wir die Spuren zur ökonomischen Begründung von Staatstätigkeit verfolgen.

Die Frage „Weshalb brauchen wir einen Staat?" kann philosophisch, historisch, soziologisch, rechtswissenschaftlich, politikwissenschaftlich oder eben aus ökonomischer Warte angegangen werden. Ganz im Sinne der Arbeitsteilung der Wissenschaften, basierend auf dem Weltbild Newtonscher Prägung, geht die traditionelle Wirtschaftswissenschaft der Frage nach den Begründungen der Staatstätigkeit aus ökonomischer Warte nach. Der Analyserahmen ist weit gespannt. Er umfasst

- die mikroökonomische Perspektive und hier einerseits die normative Theorie des Marktversagens und andererseits die neue politische Ökonomie, die versucht, Staatstätigkeit endogen zu erklären;

- die makroökonomische Perspektive mit den beiden bekannten Strömungen der neoklassischen und der keynesianischen Variante.

---

[9] Siehe hierzu beispielsweise ausführlich Capra, Fritjof: Wendezeit, a.a.O., S. 203 ff.

Ohne auf die zahlreichen Facetten innerhalb der verschiedenen Theorieströme eingehen zu können, wird nachfolgend versucht, die Konturen der Begründungen von Staatstätigkeit aus Perspektive der traditionellen Ökonomik herauszuarbeiten.

Verstärkt durch den Zusammenbruch der Systeme zentraler Planung besteht bei aller Vielfalt ökonomischer Auffassungen Einigkeit darüber, dass der Markt das Problem der Koordination der unterschiedlichen wirtschaftlichen Aktivitäten und Interessen der Akteure am besten regelt. Es gilt das Primat des Marktes, auch in der Finanzwissenschaft. Einigkeit besteht auch, dass der Markt nicht in jedem Falle Ergebnisse hervorbringt, die einzel- oder gesamtwirtschaftlich erwünscht, notwendig oder als wohlfahrtsmaximierend angesehen werden. Mit den Ursachen dafür, dass es solche Fälle gibt, befassen sich die Begründungen für Marktversagen.

Marktversagen liegt nach herrschender Auffassung vor, wenn Güter unbeschränkt vielen Individuen zur Verfügung stehen und niemand – eben auch derjenige, der keine Zahlungsbereitschaft signalisiert – vom Konsum ausgeschlossen werden kann. Diese sogenannten typisch öffentlichen Güter sind durch zwei Merkmale charakterisiert: Das Nichtausschlussprinzip und das Prinzip der Non-Rivalität. Beide Eigenschaften[10] führen dazu, dass eigentlich präferierte Güter prinzipiell nicht marktmäßig angeboten werden.[11] Es liegt der Fall des Marktversagens vor. Dies stellt die Begründungsbasis dafür dar, dass der Staat die „ökonomische" Aufgabe angetragen bekommt, für die Bereitstellung dieser Güter zu sorgen.

Schwieriger wird es mit Begründungen für Staatstätigkeit in Fällen, bei denen nur eine Eigenschaft, z. B. die Nichtausschliessbarkeit (sogenannte Gemeinschaftsgüter) gegeben ist oder die als Clubgüter, Allmende-Güter oder Mautgüter nur partiell öffentliche Gutseigenschaften aufweisen.[12] Noch problematischer sind Begründungen für Staatstätigkeit in den Bereichen, in denen der Markt prinzipiell funktioniert, bei denen aber – so die Begründun-

---

[10] Sind beide Eigenschaften erfüllt, so spricht man von reinen öffentlichen Gütern. Bei den sogenannten Gemeinschaftsgütern ist eine Rivalität im Konsum durchaus gegeben.
[11] Vgl. Ebert, Werner: Wirtschaftspolitik aus evolutorischer Perspektive. Ein konzeptioneller Beitrag unter Berücksichtigung kommunaler Aufgabenwahrnehmung, Hamburg 1998, S. 193 f.
[12] Siehe hierzu auch Lancaster, Kelvin: Moderne Mikroökonomie, 2. Auflage, Frankfurt u. a. 1983.

gen – aufgrund der Verletzung besonderer expliziter und impliziter Annahmen der Wohlfahrtstheorie die Ergebnisse der marktmäßigen Lösung als nicht wünschenswert erachtet werden.

Nicht nur in der wissenschaftlichen Forschung, sondern auch in der Praxis besonders deutlich wird die additive Vorstellungswelt, wenn ein neues Problem des Marktversagens, wie beispielsweise das Umweltproblem, auftritt. Zu den alten Aufgaben kommt eine neue Aufgabe hinzu. Neue Ressorts[13] werden eingerichtet mit Budget- und Verwaltungsapparat. Folge ist eine stetige Expansion der Staatsaufgaben, der Staatsausgaben und des staatlichen Verwaltungsapparats.[14]

Nicht nur in der Sicht des Staates als additives System der Marktökonomie[15] zeigt sich die mechanistische Vorstellungswelt. Sie hat zweitens dazu geführt, dass die Wirtschafts- und Finanzpolitik als zielgerichtetes (Globalsteuerung des Interventionsstaates) oder störendes (neoliberale Deregulierungs- und Privatisierungsdebatte) Einwirken von außen konzipiert und qualifiziert wurden und heute noch werden.[16] So basiert die Politik der Globalsteuerung der Wirtschaft auf den Charakteristika der analytischen Zerlegbarkeit, der Determiniertheit, Berechenbarkeit, Linearität und Reversibilität der Ursache-Wirkungszusammenhänge, damit der prinzipiellen Planbarkeit von Maßnahmen zur Erreichung von Zielen und damit der Gestaltbarkeit wirtschaftlicher Entwicklungsprozesse.

---

[13] Ebenso wird in den Hochschulen ein Bedarf an Lehrstühlen zur Umweltökonomie und umweltökonomischen Forschungsinstitutionen begründet.

[14] In der Finanzwissenschaft wird diese Expansion der Staatstätigkeit in Zusammenhang mit dem Wagnerschen Gesetz der wachsenden Ausdehnung der öffentlichen bzw. der Staatstätigkeiten aus dem Jahre 1864, der Erklärung von Herbert Timm über das absolute und das relative Wachstum der Staatsausgaben und dem „displacement effect" von Peacock und Wismann thematisiert oder auch relativiert. In all diesen Ansätzen geht es um makroökonomische Begründung, die Messung der Staatstätigkeit und die Erklärung ihrer Expansion.

[15] Siehe hierzu ausführlicher und mit weiteren Beispielen Lang, Eva: Wege zu einem zukunftsfähigen Staat, in: Klaus Grenzdörffer, Adelheid Biesecker und Wolfram Elsner(Hrsg.): Vielfalt und Interaktion sozioökonomischer Kulturen. Modernität oder Zukunftsfähigkeit, Herbolzheim 2000, S. 74 ff.

[16] Es würde den Rahmen der Thematik sprengen, hier ausführlich auf die neoliberale Position einzugehen. Die Debatten um das Staatsversagen, die Deregulierung und Privatisierung weisen auf das Primat der Marktökonomie und reduzieren das additive Staatssystem auf Kernaufgaben.

Drittens ist die Vorstellung über den Staat als Handlungsorgan eine sehr spezifische. Die Ökonomie spricht von Politik und meint dabei – zumeist vereinfachend – die Reduzierung der vielen in die politischen Entscheidungsprozesse eingebundenen Akteure auf eine Entscheidungsinstanz. Dabei hat sie das Bild des wohlwollenden Diktators vor Augen, der dem Gemeinwohl verpflichtet ist. Busch-Lüty spricht treffend vom Bild des Vaters Staat.[17] Dieser stellt ein aus dem Wirtschaftssystem herausragendes Wesen dar.[18] Er steht außerhalb und kann von dort nach seinen makroökonomischen Zielvorstellungen die Entwicklung der Wirtschaft steuern.

Viertens begründet die Denkwelt der analytischen Ökonomie, nach der das Ganze in Teile zerlegbar ist und eine Optimierung der Teilsysteme auch ein Optimum des Ganzen ergibt, eine Arbeitsteilung in der Politik, die Probleme aus dem Gesamtzusammenhang isoliert und eine singuläre Lösung für das jeweilige Problem sucht.[19] Diese singulären Problemlösungenbegründen dann oftmals

---

[17] Busch-Lüty, Christiane: Welche politische Kultur braucht nachhaltiges Wirtschaften? „Vater Staat" in der Umweltverträglichkeitsprüfung, in: Hans-Peter Dürr und Franz-Theo Gottwald (Hrsg.): Umweltverträgliches Wirtschaften. Denkanstöße und Strategien für eine ökologisch nachhaltige Zukunftsgestaltung, Münster 1995, S. 177.

[18] Vom homo oeconomicus unterscheidet sich dieses Wesen allein dadurch, dass es nicht sein Eigeninteresse verfolgt, sondern es ist „der interessensneutrale Sachwalter des Gemeinwohls". Den Gegenpol bildet die auf der Neoklassik basierende Neue politische Ökonomie, die das Individualinteresse der politischen Akteure und der Bürokraten in den Verwaltungen in den Vordergrund stellt. Sie alle sind nicht originär an der Verbesserung der öffentlichen Wohlfahrt interessiert, sondern an der Maximierung ihrer individuellen Zielsetzungen (Wählerstimmenmaximierung der Politiker oder Budgetmaximierung der Bürokraten).

[19] So wird beispielsweise auch am Projekt der ökologischen Steuerreform kritisiert, dass die über die Ökosteuer erzielten Einnahmen nicht der Umwelt zugute kämen, sondern zur Reduzierung der Beitragsbelastungen in der Rentenversicherung eingesetzt würden. Diese singuläre Problemsicht übersieht, dass es sich bei der sogenannten ökologischen Steuerreform um ein notwendiges Korrekturprogramm der allokativen Verzerrungen in den relativen Preisen der Produktionsfaktoren infolge des herrschenden Steuersystems handelt. Ein Steuersystem, das bis Anfang der 80er Jahre richtigerweise den damals knappen Produktionsfaktor Arbeit verteuerte und damit den arbeitsplatzsparenden technologischen Fortschritt beförderte. Aber die sich verändernden Problemlagen, nämlich die zunehmenden Notwendigkeiten des sparsameren Umgangs mit natürlichen Ressourcen und dem zunehmenden Überfluss an Arbeit, hat man im Steuersystem weder antizipiert noch nachvollzogen.

neue soziale, ökologischen oder auch ökonomische Probleme mit neuen Regierungszwängen.[20] Folgen sind wiederum: ein Wachstum der Staatsaufgaben und Regelwerke, der Staatsausgaben sowie der Bürokratisierung der Gesellschaft bis hin zur Überbürokratisierung und stößt schließlich an gesellschaftliche Akzeptanzgrenzen.

Die mechanistische Vorstellungswelt zeigt sich schließlich fünftens besonders ausgeprägt im Aufbau des Staatssystems selbst. Nicht von ungefähr sprechen wir vom Staatsapparat oder der Staatsmaschinerie. Hierauf wird nachfolgend ausführlich eingegangen.

3 Diskrepanzen zwischen Staat und den realen Entwicklungen in Wirtschaft und Gesellschaft

Diese auf der mechanistischen Denkwelt gründenden Modellierungen des politisch-administrativen Systems und der Gestaltung staatlicher Wirtschafts- und Finanzpolitik sind angesichts der realen Entwicklungen in Wirtschaft und Gesellschaft defizient.

Damit meine ich, dass sich die Diskrepanz zwischen den Konstruktionsmerkmalen des privaten, marktwirtschaftlich organisierten Sektors und denen des staatlich, bürokratisch organisierten Sektors in der Nachkriegsentwicklung zunehmend vergrößert hat.

In starker Vergröberung lässt sich der private Sektor, den ich hier vereinfachend als Wirtschaft und Gesellschaft bezeichnen möchte, als kulturelles komplexes System beschreiben, das innerhalb des vom Staat geregelten ordnungspolitischen Rahmens durch die Existenz und das Zusammenwirken von sich selbst steuernden Subsystemen dieses Teilsystems Wirtschaft und Gesellschaft funktioniert. Subsysteme wachsen und schrumpfen, werden aufgelöst,

---

[20] Die Struktur unseres Steuersystems ist das beste Beispiel: Durch die durch das Steuersystem verursachte relative Verteuerung des Produktionsfaktors Arbeit wird das Beschäftigungsproblem vom Staat verschärft, um dann in der offiziellen Politik mit Wachstumsanstrengungen und Investitionsförderungsmaßnahmen, die weitere arbeitssparende technische Fortschritte induzieren, bekämpft zu werden, wodurch realiter Arbeitslosigkeit in der Zukunft forciert wird.

neue entstehen. Kurz gesagt, Selbstorganisation und Strukturwandel sind systemimmanente Konstruktionsmerkmale marktwirtschaftlicher Systeme mit entsprechender Ausstrahlung auf, aber auch Rückwirkungen von gesellschaftlichen Veränderungsprozessen.

Diesem System steht der öffentliche Sektor gegenüber. Einem System, das auf dem Organisationsprinzip der mehr oder minder (je nach föderativer Ausprägung) ausgeprägten zentralen Planung basiert; konstruiert als mechanistisches Großsystem mit den Merkmalen der formierenden Einheitlichkeit, der dauerhaften Gültigkeit, der Regelhaftigkeit und formalen Unpersönlichkeit.

In einer sich ständig wandelnden Umwelt dieses Staatssystems ist es nur folgerichtig, dass zunehmende Diskrepanzen zwischen dem relativ starren Staatssystem und den sich wandelnden Umweltsystemen (Wirtschaft und Gesellschaft) auftreten. Genau dies ist zu beobachten. Denn dieser Staatsaufbau entsprach den ebenfalls hierarchisch gegliederten Massenproduktionssystemen des privaten Sektors zu Beginn des Industrialisierungsprozesses. Aber die formierende Einheitlichkeit der traditionellen Industriekultur ist inzwischen längst einer sich in neue Formen differenzierenden Vernetzung gewichen. Wir sprechen heute von der Netzwerkgesellschaft mit vielfältigen Unternehmensformen, mit vielfältigen Erwerbs- und Arbeitswelten und mit sehr heterogenen Lebensentwürfen.

Anstatt nach Antworten auf den gesellschaftlichen und wirtschaftlichen Wandel sowie die hieraus resultierenden neuen Problemlagen zu suchen, reagiert Politik wie ein Monteur, der die nicht mehr funktionstüchtige Maschine unermüdlich flickt, durch Anbauten erweitert und umbaut, ohne zu merken, dass er sich selbst wandeln muss, dass die Bedürfnisse, auf die hin die Maschine konstruiert wurde, den heutigen Anforderungen nicht mehr entsprechen.

So stellt sich die Frage, ob das ganzheitliche ökologische Weltbild neue Perspektiven für die Struktur politischen Handelns, die politische Administration und das Instrumentarium eröffnen kann und damit Auswege weist.

4 Neue Perspektiven für die Struktur politischen Handelns, die politische Administration und das Instrumentarium

Die ganzheitliche Perspektive gründet auf der Denkwelt der modernen Physik, verkürzt gesagt, auf eine ganzheitliche Systemsicht. Ganzheitlichkeit und ein auf dynamischen, offenen, indeterminierten, irreversiblen Prozessen beruhendes Problemverständnis sind die Grundlage der ganzheitlichen Perspektive, wie wir sie aus der ökologischen Ökonomie kennen.

Das Leitbild der Ökologischen Ökonomie ist die Nachhaltigkeit oder die nachhaltige Entwicklung. Dabei handelt es sich um eine regulative Idee, die nach Wegen zur intelligenten Einfügung des ökonomischen Systems in das umfassende Ökosystem sucht. Hieraus abgeleitet, geht es in der Wirtschafts- und Finanzpolitik um die intelligente Integration des politisch-administrativen Systems in das vernetze Gesamtsystem von Natur, Gesellschaft und Wirtschaft.

Wie soll dies gelingen? Eine Antwort finden wir in dem Beitrag von Peter Finke zum Thema „Wirtschaft – ein kulturelles Ökosystem. Über Evolution, Dummheit und Reformen".[21] Kulturelle Systeme, so seine Argumentation, „funktionieren nicht richtig, wenn wir uns über ihre ökosystemischen Organisationsformen hinwegsetzen. Unsere jetzige kulturelle Form der Wirtschaft zeigt dies. Die Erklärung hierfür ist, dass unsere kulturellen Ökosysteme zwar strukturelle Töchter ihrer natürlichen Mütter, aber nach wie vor doch Subsysteme dieser Muttersysteme geblieben sind.... Es ist die Nachhaltigkeit der evolutionär bewährten natürlichen Systeme, der wir die kulturelle verdanken, und es ist diese kulturelle Nachhaltigkeit, der wir bei der Organisation einer wirklich zukunftsfähigen Wirtschaft noch hinterherlaufen."[22] Und dies gilt auch oder – wie ich meine – noch mehr für einen wirklich zukunftsfähigen Staat. Denn hieraus folgt, dass die intelligente Integration eines kulturellen Subsystems, wie es das politisch-administrative System dar-

---

[21] Finke, Peter: Wirtschaft – ein kulturelles Ökosystem, a.a.O., S. 31 ff.
[22] Finke, Peter: Wirtschafts – ein kulturelles Ökosystem, a.a.O., S.34

stellt, nicht gegen die Eigengesetzlichkeiten des umfassenden Ökosystems gelingen kann.

Die Analyse der Funktionsbedingungen natürlicher Systeme hat gezeigt, dass alle Systeme Ganzheiten sind, deren spezifische Struktur sich aus wechselseitigen Beziehungen und Abhängigkeiten ihrer Teile ergeben. Systemeigenschaften werden zerstört, wenn ein System auseinandergenommen, wenn es physisch oder theoretisch in Einzelteile zerlegt wird.

Diese Erkenntnis der modernen Physik, nach der die Wirklichkeit eine ganzheitliche − nicht zerlegbare − Struktur besitzt, hat weitreichende Konsequenzen[23] auch in Hinblick auf die Sicht des politisch-administrativen Systems als integrativer Teil des Ganzen. Es geht um nichts anderes als die intelligente Einwirkung und Einfügung von Politik und Staatssektor in das vernetzte Gesamtsystem von Natur, Gesellschaft und Wirtschaft.

Die intelligente Integration des politisch-administrativen Systems kann niemals gegen die Eigengesetzlichkeiten der anderen komplexen Großsysteme geschehen, sondern nur in Einklang mit diesen. Dies gilt sowohl für die Beziehungen zwischen dem ökonomischen und dem ökologischen System, zwischen Gesellschaft und Wirtschaft, aber eben auch zwischen Staat und Wirtschaft, Staat und Gesellschaft und Staat und Natur.

Wenn wir den evolutionären Charakter des Ökosystems anerkennen und Gesellschaft und Wirtschaft als ko-evolutionäre Subsysteme begriffen werden, so folgt daraus, dass wir gut beraten sind, auch das politisch-administrative System bewusst als koevolutionäres System zu gestalten.

Orientierung für eine intelligente Integration entsprechend den Eigengesetzlichkeiten des Ökosystems geben die Funktionsbedingungen natürlicher Systeme. In natürlichen Systemen sind alle Stoffe und Lebewesen miteinander und ineinander in Kreisläufen und Fließgleichgewichten verknüpft. Die Systeme zeichnen sich

---

[23] Es beginnt bei der Infragestellung der herkömmlichen Wissenschaftseinteilung, geht über die erkenntnistheoretische Reintegration des gesamten ökonomischen Systems als Teilsystem des Gesellschaftssystems und des umfassenden Ökosystems bis hin zur Entwicklung neuer Leitbilder und Organisationsformen im einzelnen Betrieb und dort in den einzelnen Bereichen und Abteilungen. Arbeitsteilung, Spezialisierung und Expertentum werden als Determinanten für Fortschritt relativiert.

durch ungeheure Vielfalt aus, die in ständigem Wechsel begriffen ist. Kreislaufstruktur und Fließgleichgewicht führen dazu, dass sich Auf- und Abbau im System die Waage halten. Das System bewegt sich in einem dynamischen Gleichgewicht, das sich durch multiple, wechselseitig abhängige Veränderungen – Anpassung, Zerstörung und Evolution –, also durch ständigen Wandel auszeichnet. Die Vielfalt bewirkt eine hohe Risikoverteilung und damit auch Fehlerfreundlichkeit des Systems, eine gewisse Trägheit und damit auch Unempfindlichkeit gegenüber kurzfristigen Änderungen.

Folgt man dem Vorbild der Natur, so sollte der ordnungspolitische und organisatorische Rahmen des politisch-administrativen Systems bewusst so gestaltet sein, dass eine sich selbst steuernde Entwicklung und Veränderung möglich wird und vielfältige, dezentrale, verknüpfte aber unabhängige Problemlösungen angestrebt werden können. Schritte dazu sind erstens der Wandel von einem mono- zu einem polyzentrischen Politikverständnis und zweitens die Entwicklung von Rahmenbedingungen für das Denken, das Entscheiden und Handeln in Politik und Verwaltung, die Wandel und Vielfalt ermöglichen.

4.1 Polyzentrisches Politikverständnis

„Politik als Ausdruck für die Lösung 'gesellschaftlicher Probleme' ist nicht mehr auf den Staat beschränkt, sondern vollzieht sich heute auf diversen Akteursebenen und in verschiedenen Akteurskonstellationen. Der Staat verliert dabei nicht seine Bedeutung, sondern er nimmt veränderte Rollen ein... Eine solche Politik ist polyzentrisch, nimmt von vielen Orten und Akteuren ihren Ausgang, die nicht selten im institutionellen Wettbewerb Gesellschaftsentwicklung in Richtung Nachhaltigkeit vorantreiben."[24] Die Autoren der Studie „Institutionelle Reformen für eine Politik der Nachhaltigkeit" nennen vier institutionelle Basisstrategien für die gesellschaftliche Reorganisation:

---

[24] Schneidewind, Uwe u. a.: Institutionelle Reformen für eine Politik der Nachhaltigkeit: Vom Was zum Wie in der Nachhaltigkeitsdebatte, in: GAIA 6, Nr. 3, 1997, S. 183.

- Reflexivitätsstrategien, „um das Wissen um die Nebenfolgen beim Handeln von Akteuren in Politik, Wirtschaft und Gesellschaft zu erhöhen"[25], die Kurzfristorientierung politischer Prozesse zu verringern und um die Abhängigkeit des politisch-administrativen Systems von externer Sachkenntnis zu vermindern.[26]

- Selbstorganisations-/Partizipationsstrategien, um Handlungs- und Organisationspotentiale für vielfältige, lebensnahe und bedürfnisgerechte Problemlösungen zu finden sowie Eigenverantwortung, Eigeninitiative und Kreativität wirksam werden zu lassen.

- Ausgleichs-/Konfliktregelungsstrategien, um „der unterschiedlichen Organisationsfähigkeit gesellschaftlicher Interessen, der Kurzsichtigkeit des Wählerstimmenmarktes, der Abhängigkeit des politisch-administrativen Systems von externer Sachkenntnis"[27] begegnen zu können.

- Innovationsstrategien, um nicht nur die für eine nachhaltige Entwicklung notwendigen technisch-ökonomischen Innovationen, sondern gerade auch die genau so wichtigen sozialen und institutionellen Innovationen hervorzubringen.[28]

Die Umsetzung dieser Strategien für einen politischen Kulturwandel setzt jedoch voraus, dass das politisch-administrative System in seiner Binnenstruktur reorganisiert werden muss.

4.2 Rahmenbedingungen für das Entscheiden und Handeln in Politik und Verwaltung, dass Wandel und Vielfalt möglich wird

Eine Reorganisation der Binnenstruktur des politisch-administrativen Systems, die sich an den Funktionsbedingungen natürlicher

---

[25] Schneidewind, Uwe u. a.: Institutionelle Reformen, a.a.O., S. 187.
[26] Schneidewind, Uwe u. a.: Institutionelle Reformen, a.a.O., S. 187.
[27] Schneidewind, Uwe u. a.: Institutionelle Reformen, a.a.O., S. 190.
[28] Schneidewind, Uwe u. a.: Institutionelle Reformen, a.a.O., S. 191.

Systeme orientiert, kann nur im Sinne eines dynamischen Prozesses verstanden werden, niemals aber als Entwurf eines Konzepts, das in einen gewünschten Endzustand – etwa im Sinne einer optimalen Struktur oder Umfang des öffentlichen Sektors – mündet. Die Strukturreform sollte vielmehr darauf gerichtet sein, ein möglichst breites Potential für an den jeweiligen Zustand des Gesamtsystems angepasste Problemlösungen zu ermöglichen. Es geht darum, Wandlungsfähigkeit und Vielfalt auch in Bezug auf die Binnenaktivitäten des Staates herzustellen.

Der Weg der Umsetzung orientiert sich an den Prinzipien der Dezentralisierung und Subsidiarität, der Delegation und Verknüpfung von Aufgaben- und Ressourcenverantwortung sowie der verständigungsorientierten Kooperation und der Partizipation.

Dezentralisierung in der Struktur des öffentlichen Sektors bedeutet, diesen als System mit autonomen aber untereinander vernetzten Subsystemen zu strukturieren, die eigenständige Entwicklungen und Problemlösungen unter Berücksichtigung ihrer Systemumwelt vollziehen können. Ein föderativer Staatsaufbau mit ausgeprägt autonomer regionaler und lokaler Ebene ist demzufolge einer zentralstaatlichen Organisation vorzuziehen. Bei uns in Deutschland geht es darum, die föderativen Strukturen wieder zu stärken[29] durch eine klare Zuordnung der Aufgaben[30] und die Identität von Aufgaben- und Ressourcenverantwortung[31] herzustellen.

Dezentralisierung und Delegation erfordern eine Neuorientierung in der Arbeitsteilung und Zusammenarbeit von Politik und Verwaltung. Während Politik evaluiert und entscheidet, was (Leitlinien, Programme, Leistungen) und wozu (gewünschte Ergebnisse, gesellschaftliche Effekte) etwas gemacht wird, konzipiert und entscheidet die Verwaltung vorrangig, wie es gemacht wird. Diese Arbeitsteilung eröffnet zusätzliche Handlungsoptionen, aber auch größere Verantwortlichkeiten für die Verwaltung, die es in der Verwaltung so zu nutzen gilt, dass jeder einzelne Mitarbeiter im Rahmen des ihm zugeordneten Aufgaben- und Verantwortungsbereichs eigeninitiativ tätig werden kann.

---

[29] Z. B. durch Einführung größerer Steuerautonomie auf Länderebene.
[30] Z. B. durch Abschaffung des Instituts des Mischfinanzierungen.
[31] Z. B. durch Revitalisierung des Konnexitätsprinzips.

Die Erweiterung der Handlungsspielräume in Verwaltungen bedingen eine Änderung in der Aufbauorganisation staatlicher Organisationen, eine sogenannte Spartenorganisation. Organisationseinheiten werden nach Programmen mit der Untergliederung in Leistungsbereiche und einzelne Leistungen strukturiert. Die jeweiligen Organisationseinheiten sind als autonome, sich selbst steuernde Betriebseinheiten mit eigener Personal- und Ressourcenverantwortung ausgestattet. Diese Struktur schafft Transparenz in Bezug auf das Leistungsspektrum und die Zuständigkeiten[32] mit der Folge,

- dass jede Leistung im Zusammenhang ihres finanziellen und personellen Ressourcenverbrauchs und den dabei entstehenden Kosten erfasst wird

- dadurch überhaupt erst Kontrollmöglichkeiten eröffnet werden und

- eine Kommunikation zwischen dem verantwortlichen Anbieter der Leistung und den nachfragenden Bürgern bzw. Unternehmen ermöglicht wird.

Gleichzeitig bedarf es jedoch einer institutionellen Einbindung der Interaktionen zwischen Politik und Verwaltung und einer Verwaltungsführung, die auch für die Koordination und Kooperation zwischen den autonom handelnden Organisationseinheiten verantwortlich zeichnet. Flankierend erfordert die Strukturreform eine ergebnisorientierte Leistungserfassung[33], die Erweiterung der Kameralistik zu einem Kostenrechnungssystem[34] sowie die vollständige Revision der Personalwirtschaft, beginnend von den Einstellungskriterien für Mitarbeiter, über die Beförderungskriterien und Entlohnungssysteme sowie Mobilitätsbarrieren zwischen privatem und öffentlichem Sektor infolge unterschiedlicher Sicherungssysteme.

---

[32] Im Gegensatz dazu wird die herkömmliche Aufbauorganisation als System der organisierten Unverantwortlichkeit beschrieben.

[33] Siehe ausführlich hierzu Lang, Eva: Kommunale Finanzpolitik im Wandel – Eine Bestandsaufnahme, in: Eva Lang, William Brunton, Werner Ebert (Hrsg.): Kommunen vor neuen Herausforderungen. Festschrift für Werner Noll zum 65. Geburtstag, Berlin 1996, S. 35 ff.

[34] Siehe hierzu Lang, Eva: Kommunale Finanzpolitik im Wandel, a.a.O., S. 38 ff.

Die regulative Idee für einer derartige Strukturreform lässt sich vielleicht am besten so charakterisieren: Weg von der Staatsmaschinerie, hin zu einem ko-evolutionären System. Im einzelnen heißt dies:

- *Weg* vom 'command and controll'-Ansatz, vom obrigkeitsstaatlichen Denken, vom Modell des Vaters Staat *hin* zum Rahmensetzer, vorsichtigen Lenker, Organisator, Moderator und Förderer von Selbstorganisationsprozessen.

- *Weg* von der Fiktion, die Verwaltung könne und müsse wie eine Maschine funktionieren, in die politische Programme eingegeben und nach formalen Logiken umgesetzt werden[35] *hin* zu einer lebendigen Verwaltung, die kreativ, wandelbar und flexibel Suchprozesse für Lösungen in bezug auf die politisch gewünschten Ergebnisse initiiert.

- *Weg* von der Ausdehnung des Zentralstaates *hin* zur Dezentralisierung, der Stärkung der Autonomie im föderativen System.

- *Weg* vom System der organisierten Unverantwortlichkeit, *hin* zur klaren Zuständigkeiten zwischen den Ebenen der Gebietskörperschaften, und innerhalb der einzelnen Gebietskörperschaft zu einer Aufbauorganisation nach Sparten entsprechend den Problem- und Leistungserbringungsbereichen, einer Aufbauorganisation, in der Aufgaben, Ausgaben und Ressourcenverantwortung in einer Hand liegen.

- *Weg* von der bis ins Detail gehenden Regelung der Durchführung einer politischen Maßnahme, *hin* zur klaren Formulierung der politisch erwünschten Ergebnisse, deren Erreichung in einem offenen Suchprozess in Kooperation mit den ExpertInnen innerhalb und außerhalb der staatlichen Organisationen sowie den Betroffenen herausgefunden werden kann.

---

[35] Und damit wäre auch eine Entlastung der mit der Durchführung und Erstellung öffentlicher Leistungen betrauten MitarbeiterInnen von „weltfremden", „unsinnigen" oder gar kontraproduktiven Durchführungsrichtlinien seitens der Politik verbunden.

- *Weg* vom Führungsstil hierarchischer Befehlsstrukturen, *hin* zur kooperativen Führung.
- *Weg* von der Arbeit nach dem Verrichtungsprinzip, *hin* zur Eigenverantwortlichkeit und Eigeninitiative.

Dieser Umbau der Staatsmaschinerie zu einem lebendigen System, das Optionen für Selbstorganisationsprozesse eröffnet und das sich in Abhängigkeit von der Entwicklung in Gesellschaft, Wirtschaft und Natur wandeln sowie ausdifferenzieren kann und auf diese einwirkt, ist ein gewaltige Aufgabe.
Aber so gewaltig diese Aufgabe erscheint: Sie ist keine Utopie. Denn die Hypothese, in der Krise liegt die Chance, bestätigt sich. Auf kommunaler Ebene beginnend, ist inzwischen flächendeckend ein Reformprozess in Gang. Geboren zumeist aus der konkreten Finanzkrise, zunächst populär geworden als Modell des schlanken Staates oder der schlanken Verwaltung, inzwischen jedoch substanziell erweitert zum Modell des aktivierenden Staates[36], lässt sich bei aller Vielfalt der Reformprozesse doch eine gemeinsame Richtung der Wandlungsprozesse erkennen.

5 Signale einer beginnenden Wendezeit für den Staat

Die realen Wandlungsprozesse nehmen an ganz unterschiedlichen Stellen, von den verschiedensten Akteuren und in unterschiedlichen Formen ihren Ausgangspunkt, und sie sind auch nicht von Blockaden sowie Rückschlägen und gegensteuernden Akteuren geschützt. Gleichwohl gibt es Signale, die vorsichtig als Wandlungsprozess gewertet werden können.

Den Reformbewegungen gemeinsam ist die Suche nach neuen Steuerungsmechanismen mit der eindeutigen Zielrichtung zu einem dezentralen, konsensbetonenden Politik- und Verwaltungsmodell, das den Zentralstaat bzw. die zentrale Verwaltungsinstanz auf strategische Gestaltungsfunktionen konzentriert und Detailregelungen stärker auf dezentrale Akteure und die Nutzung ihrer spezifischen

---

[36] Siehe hierzu Veröffentlichungen des Bundesministeriums des Inneren, Stabstelle Moderner Staat – Moderne Verwaltung, seit 1999.

Kreativitätspotenziale verlagert, also individuell ausdifferenzierte Entscheidungen erlaubt und fördert.

Insbesondere die kommunale Ebene erweist sich als Wegbereiter eines neuen polyzentrischen Politikverständnisses. Vielfältige Formen der Selbstorganisation und Bürgerpartizipation werden praktiziert, so z. B. Stadt- und Verkehrsforen wie in Heidelberg und Freiburg, Spendenparlamente wie in Hamburg, unterschiedlichste Bürgerinitiativen oder die bekannten Lokalen-Agenda-Prozesse aber auch die inzwischen in fast allen Bundesländern für Kommunen eingeführten Möglichkeiten zu Bürgerentscheiden und Bürgerbegehren. Von Beyme spricht vom großen Trend des Übergangs von der zentralen Steuerung hin zur Hilfe zur Selbststeuerung.[37]

Nicht nur international (Holland, USA, Neuseeland, England)[38], sondern auch in Deutschland ist inzwischen bei nahezu allen größeren Städte ein Reformprozesse in Bezug auf die Binnenstruktur des politisch-administrativen Systems in Gang.[39] Das Angebot an in der Praxis bewährten Modellen ist vielfältig und reicht von den Vorschlägen der Theorie des New Public Management bis zum sich am Tilburger Modell orientierenden Entwurf der Kommunalen Gemeinschaftsstelle (KGSt).[40] Probleme in der Praxis bereiten eher fehlende Schlüsselakteure in der Verwaltung, die als „Umsetzungsmotor" die MitarbeiterInnen zur Offenheit für ein neues Denken, Handeln, die Übernahme von Eigenverantwortung und einen anderen Umgang miteinander motivieren. Probleme bereitet oftmals auch die Blockadehaltung der politischen Akteure, die einerseits in diesen dezentralen, kooperativen Steuerungsformen einen Machtverlust sehen, andererseits mit der weitaus schwierigeren neuen Aufgabe der Formulierung klarer Politikergebnisse überfordert sind.

---

[37] von Beyme, Klaus: Theorie der Politik im 20. Jahrhundert – Von der Moderne zur Postmoderne, Frankfurt am Main 1991.
[38] Siehe hierzu Kühnlein, Gertrud und Wohlfahrt, Norbert: Lean administration/lean government – ein neues Leitbild für öffentliche Verwaltungen?, in: Arbeit, Heft 1, 1994, S. 7.
[39] Nach den Ergebnissen einer Befragung praktizierten bzw. planten vor 1994 bereits 45 Städte in Deutschland die Einführung eines neuen Steuerungsmodells. Siehe Kühnlein, Gertrud und Wohlfahrt, Norbert: Lean administration/lean government, a.a.O., S. 11.
[40] Wege zum Dienstleistungsunternehmen Kommunalverwaltung, Fallstudie Tilburg, KGSt-Bericht Nr. 19, Köln 1992.

Trotz aller Probleme lassen sich diese keineswegs Vollständigkeit beanspruchenden Beispiele als Signale einer Veränderung im Politikverständnis und der Organisation staatlichen Handelns interpretieren. Auf Länderebene in unterschiedlichem Entwicklungsfortschritt und auf Bundesebene seit 1999[41] sind Reforminitiativen eingeleitet. Zu erkennen sind Ansätze der Lösungsvernetzung, der Dezentralisierung und Subsidiarität, zunehmender Selbstorganisation und Partizipation, der Lern- und Wandlungsfähigkeit als neue politische und verwaltungsrelevante Organisations- und Gestaltungsprinzipien. Sie eröffnen die Chance des Weges zu einem Wandlungsprozess, der die Funktionsbedingungen und Gesetzmäßigkeiten des umfassenden Ökosystems respektiert und demzufolge auch das politisch-administrative System als kulturelles System ko-evolutionär zu gestalten sucht. Aus den Begründungsansätzen des New Public Management oder dem Begriff „Konzern Stadt" erkennbar ist aber auch die große Gefahr, dass der Wandlungsprozess auch als weiterer Beitrag im Trend zu der Ökonomisierung aller Lebensbereiche begriffen werden kann. Es geht dann allein um die Effizienz des politisch-administrativen Systems im Sinne des noch dominierenden ökonomischen Paradigmas der Neoklassik. Dass die partielle Optimierung unter ökonomischen Effizienzgesichtspunkten Kontraproduktivitäten hervorruft, nicht zur Optimierung des Ganzen führt, haben die Unternehmen längst erkannt und die Managementliteratur hat die „weichen Faktoren", die Unternehmenskultur, entdeckt. Deshalb ist es wichtig zu verstehen, dass es in dem Wandlungsprozess eben um kulturelle Kreativität gehen muss. „Hierfür benötigen wir die Kräfte desjenigen, das Richard Norgaard „Ko-Evolution" nennt: einen Verbund der Reformaktivitäten in verschiedenen kulturellen Ökosystemen. Denn es geht hier um eine kulturelle Ko-Evolution. Der Rückkopplungsverbund von Ökologie, Ökonomie und Ökonomik ist nämlich eine Imitation des Ko-Evolutionsverbunds natürlicher Ökosysteme auf der Ebene kultureller Ökosysteme. Es ist daher ein Reformverbund. Politiker, Unternehmer und Gewerkschaften, die wichtige steuernde Kräfte einer marktwirtschaftlichen Ökonomie

---

[41] Bemerkenswert neu ist auch, dass Bürger ihre Reformideen unmittelbar an die Stabstelle Moderner Staat – Moderne Verwaltung im Bundesministerium des Innern adressieren können und zumindest eine Antwort, die wohlwollende Kenntnisnahme signalisiert, erhalten.

sind, müssen auf dem Felde praktischer Maßnahmen das Ihre tun, aber sie stehen auf verlorenem Posten, wenn sich der theoretischbegriffliche Apparat der Ökonomik nicht bewegt.[42] So möchte ich abschließend die These wagen, dass die Wendezeit für den Staat begonnen hat. Der Erfolg der Wandlungsprozesse hängt allerdings davon ab, ob sie von der gemeinsamen Einsicht getragen werden, dass es darum geht, „unsere kulturellen Systeme so zu entwickeln, dass wir durch sie die natürlichen Systeme intelligenter als bisher nachbauen oder imitieren können."[43]

Literatur

Beyme, Klaus von: Theorie der Politik im 20. Jahrhundert – Von der Moderne zur Postmoderne, Frankfurt am Main 1991

Bundesministerium des Inneren, Stabstelle Moderner Staat – Moderne Verwaltung, seit 1999

Busch-Lüty, Christiane: Nachhaltige Entwicklung als Leitmodell einer ökologischen Ökonomie, in: Peter Fritz, Joseph Huber und Hans Wolfgang Huber (Hrsg.): Nachhaltigkeit in naturwissenschaftlicher und sozialwissenschaftlicher Perspektive, Stuttgart 1995

Busch-Lüty, Christiane: Welche politische Kultur braucht nachhaltiges Wirtschaften? „Vater Staat" in der Umweltverträglichkeitsprüfung, in: Hans-Peter Dürr und Franz-Theo Gottwald (Hrsg.): Umweltverträgliches Wirtschaften. Denkanstöße und Strategien für eine ökologisch nachhaltige Zukunftsgestaltung, Münster 1995, S. 177-200

Capra, Fritjof: Synthese. Neue Bausteine für das Weltbild von morgen, Bern und München 1998

Capra, Fritjof: Wendezeit, deutschsprachige Taschenbuchausgabe, Berlin 1999

Daly, Herman E.: Beyond Growth, Boston 1996

Dürr, Hans-Peter: Das Netz des Physikers. Naturwissenschaftliche Erkenntnis in der Verantwortung, München 1988

Dürr, Hans-Peter: „Die Natur kann ohne uns leben, aber wir nicht ohne die Natur", Sonderdruck hrsg. von Global Callenges Network e.V. 1992

Ebert, Werner: Wirtschaftspolitik aus evolutorischer Perspektive. Ein konzeptioneller Beitrag unter Berücksichtigung kommunaler Aufgabenwahrnehmung, Hamburg 1998

Eichmann, Rainer: Ordnung durch Beobachtung. Zur Funktion von Staat und Staatsaufgaben bei der Genese und Abstimmung politischer Prozesse, in: Dieter Grimm (Hrsg.): Staatsaufgaben, Baden-Baden 1994, S. 177-197

---

[42] Finke, Peter: Wirtschaft – ein kulturelles Ökosystem, a.a.O., S. 39.
[43] Finke, Peter: Wirtschaft – ein kulturelles Ökosystem, a.a.O., S. 38

Finke, Peter: Wirtschaft – ein kulturelles Ökosystem. Über Evolution, Dummheit und Reformen, in: Vereinigung für Ökologische Ökonomie (Hrsg.) Arbeiten in einer nachhaltig wirtschaftenden Gesellschaft, Heidelberg 1997

Kühnlein, Gertrud und Wohlfahrt, Norbert: Lean administration/lean government – ein neues Leitbild für öffentliche Verwaltungen?, in: Arbeit, Heft 1, 1994, S. 5-20

Lancaster, Kelvin: Moderne Mikroökonomie, 2. Auflage, Frankfurt u. a. 1983

Lang, Eva: Kommunale Finanzpolitik im Wandel – Eine Bestandsaufnahme, in: Eva Lang, William Brunton, Werner Ebert (Hrsg.): Kommunen vor neuen Herausforderungen. Festschrift für Werner Noll zum 65. Geburtstag, Berlin 1996, S. 21-48

Lang, Eva: Wege zu einem zukunftsfähigen Staat, in: Klaus Grenzdörffer, Adelheid Biesecker und Wolfram Elsner(Hrsg.): Vielfalt und Interaktion sozioökonomischer Kulturen. Modernität oder Zukunftsfähigkeit, Herbolzheim 2000, S. 72-87

Schneidewind, Uwe u. a.: Institutionelle Reformen für eine Politik der Nachhaltigkeit: Vom Was zum Wie in der Nachhaltigkeitsdebatte, in: GAIA 6, Nr. 3, 1997, S. 182-196

Schumpeter, Alois: History of Economic Analysis, London 1954

Wege zum Dienstleistungsunternehmen Kommunalverwaltung, Fallstudie Tilburg, KGSt-Bericht Nr. 19 Köln 1992

Welchen Beitrag kann die Wirtschaftsdidaktik zur Umweltbildung leisten?

Peter Weinbrenner

Unsere Umwelt ist unteilbar und gehört allen, ob arm oder reich, ob den heutigen oder den zukünftigen Generationen. Der Mensch darf nicht Opfer seines eigenen Handelns werden. In Wirklichkeit ist es keine Krise der Umwelt, sondern eine Krise der Menschheit.

ANSELM KRATOCHWIL

0 Einführung

Aus langjähriger Zusammenarbeit mit Peter Finke weiß ich, dass er sich in besonderer Weise um einen Brückenschlag zu den Wirtschaftswissenschaften bemüht. Sieht er doch – wie viele Mitglieder der Vereinigung für Ökologische Ökonomie – die Wurzel der Umwelt- und Lebenskrise in der Art und Weise, wie wir wirtschaften, insbesondere aber darin, wie sich die Wirtschaftswissenschaften in ihrem Selbstverständnis konstituieren. Als Wirtschaftsdidaktiker stehe ich hierbei in einem doppelten Dilemma. Auf der einen Seite bin ich mit der Ökonomik als meiner Bezugsdisziplin untrennbar verbunden; auf der anderen Seite verstehe ich mich als Pädagoge und Umweltbildner, der Antworten auf die Frage geben muss, welchen Beitrag die Wirtschaftswissenschaften zur Umweltbildung zu leisten vermögen. Hierbei fällt auf, dass die Umweltproblematik von der Wirtschaftsdidaktik relativ spät aufgegriffen und als *säkulare Herausforderung* angenommen wurde. Das gilt natürlich für meine Bezugsdisziplin, die Ökonomik insgesamt, die die Umweltproblematik erst ignoriert, dann versucht hat, sie in ihr traditionelles Bezugssystem zu integrieren und erst in jüngster Zeit den mutigen Versuch gewagt hat, aus dem Korsett der klassischen Mainstream-Ökonomie auszubrechen und einen eigenen *paradigmatischen* Ansatz zu versuchen. Deswegen ist es außerordentlich verdienstvoll, wenn Seeber in seiner Habilitationsschrift „Demokratie im Spannungsfeld von Ökologie und Ökonomie" (Seeber 2001) zu dieser wichtigen Diskussion anregt und dazu einige Stichworte geliefert hat, die ich gerne aufgreifen und noch etwas weiter zuspitzen möchte.

Angesichts der Komplexität der Problematik werde ich mich auf folgende *Leitfragen* der Wirtschaftsdidaktik konzentrieren:

1. Von welchem *fachdidaktischen Selbstverständnis* gehen wir aus?

2. Wie verhalten wir uns im Paradigmenstreit zwischen *Umweltökonomie* und *Ökologischer Ökonomie*?

3. Was ist die Message der *neoklassischen Umweltökonomie*?

4. Was ist die Message der *ökologischen Ökonomie*?

1 Von welchem fachdidaktischen Selbstverständnis gehen wir aus?

In der Wirtschaftsdidaktik wird immer wieder die Frage aufgeworfen, ob die Fachdidaktik lediglich tradierte, als gesichert geltende fachwissenschaftliche Inhalte berücksichtigen oder sich am Stand der fachwissenschaftlichen Diskussion orientieren soll. Meine These ist jedoch, dass beide Varianten von einem *abbilddidaktischen* Verständnis der Ökonomie ausgehen, was ich jedoch gerade im Hinblick auf die ökonomische Umweltbildung als problematisch erachte (vgl. Abbildung 1).

Nach diesem Verständnis kann der Wirtschaftsdidaktiker *innerhalb* der Wirtschaftswissenschaften als seinem fachwissenschaftlichen Bezugssystem die relevanten Kategorien bestimmen und sie

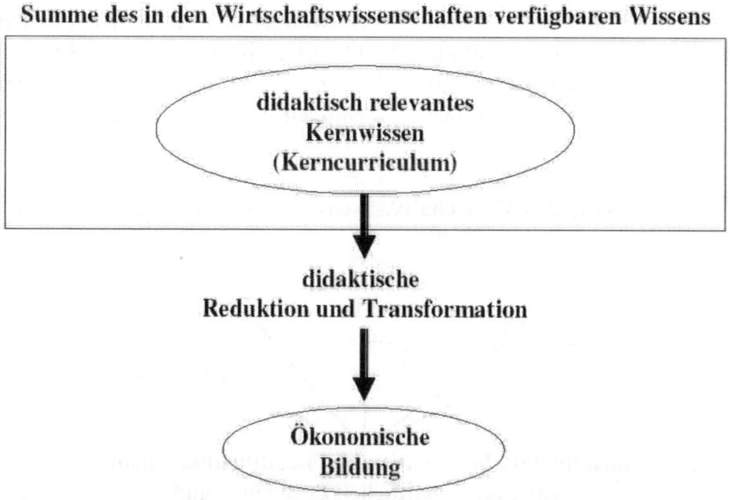

Wirtschaftsdidaktik und Umweltbildung

Summe des in den Wirtschaftswissenschaften verfügbaren Wissens

```
           ┌─────────────────────┐
           │ didaktisch relevantes│
           │     Kernwissen      │
           │   (Kerncurriculum)  │
           └─────────────────────┘
                      │
                      ▼
              didaktische
         Reduktion und Transformation
                      │
                      ▼
              ┌───────────────┐
              │  Ökonomische  │
              │    Bildung    │
              └───────────────┘
```

Abbildung 1: Fachdidaktik als Abbilddidaktik

in einem *Kerncurriculum* zusammenfassen und didaktisch aufbereiten (durch didaktische Reduktion und Transformation). Nach meinem Verständnis von Fachdidaktik steht der Didaktiker jedoch *außerhalb* seiner Bezugsdisziplin und organisiert von dort relativ autonom Theorien, Kategorien, Grundaussagen und Methoden. In dieser Funktion ist Fachdidaktik eine *Metatheorie*, die nicht Objektaussagen produziert (dies würde sie beispielsweise im Rahmen empirischer Fachunterrichtsforschung tun), sondern *Aussagen über Aussagen* im Lichte von allgemeinen Normen und Bildungszielen.

Wenn wir also nicht bloß Transmissionsriemen für die Reduktion und Transformation fachwissenschaftlicher Aussagen auf die Sprach- und Verständnisebene von Lernenden sein wollen, sondern einen ureigenen wissenschaftlichen Beitrag zu einer ökonomischen Bildung bzw. ökonomischen Umweltbildung leisten wollen, dann müssen wir uns außerhalb unserer Bezugsdisziplin positionieren und uns als Konstrukteur, Dramaturg und Arrangeur von Lehr- und Lernprozessen verstehen (Instrumentalisierung der Fachwissenschaft). Dann heißt die didaktische Frage nicht, ob wir traditionelle oder aktuelle Ökonomie vermitteln wollen, sondern welchen Beitrag bestimmte ökonomische Theorien, Kategorien und Methoden zur Bearbeitung *bildungsrelevanter Gesellschaftsprobleme* und Aufgabenstellungen zu leisten vermögen (vgl. Abbildung 2).

Summe des in den Wirtschaftswissenschaften verfügbaren Wissens

fachdidaktische Selektion und Legitimation anhand von gesellschaftlichen Problemen und didaktischen Relevanzkriterien

Ökonomische Bildung

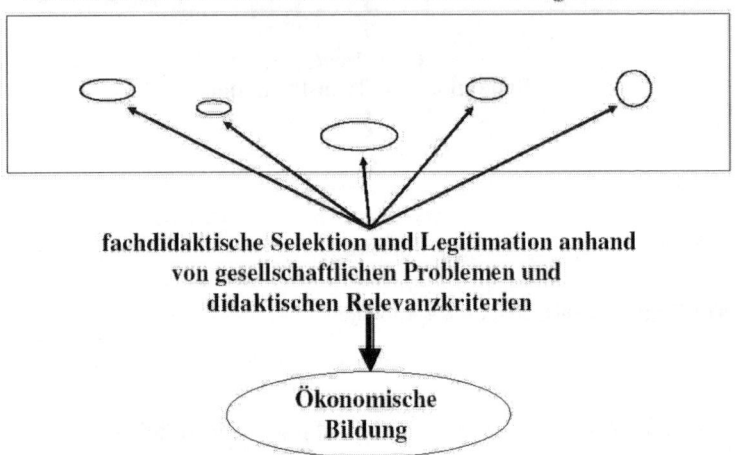

Abbildung 2: Fachdidaktik als metatheoretischer Auswahl- und Begründungszusammenhang

Dann darf der Fachdidaktiker souverän in die Kiste des in den Wirtschaftswissenschaften verfügbaren Wissens greifen und daraus ein eigenes Unterrichtsmenü zusammenstellen. Aber auch bei einem solchen Zugriff bleiben immer noch zwei ungelöste Probleme:

(1) In der Politikdidaktik feiert in diesem Jahr der sogenannte *„Beutelsbacher Konsens"* sein 25-jähriges Jubiläum.[1] Er besteht aus *drei grundlegenden Prinzipien*:

---

[1] Der Beutelsbacher Konsens wurde als Ergebnis einer Fachtagung der Landeszentrale für Politische Bildung Baden-Württemberg 1976 formuliert und hat seitdem uneingeschränkte Zustimmung in der Politikdidaktik gefunden. Vgl. Schiele 1977.

a) *Überwältigungsverbot*: Es ist nicht erlaubt, die Lernenden im Sinn erwünschter Meinungen zu überrumpeln und damit an der Gewinnung eines selbständigen Urteils zu hindern.

b) *Kontroversitätsgebot*: Was in Wissenschaft und Politik kontrovers ist, muss auch im Unterricht kontrovers erscheinen.

c) *Interessenorientierung*: Die Lernenden müssen in die Lage versetzt werden, eine (politische) Situation und ihre eigene Interessenlage zu analysieren sowie nach Mitteln und Wegen zu suchen, die vorgefundene Lage im Sinne ihrer Interessen zu beeinflussen.

Aber: *Gelten diese Prinzipien nicht uneingeschränkt auch für die Ökonomische Bildung?*

Wenn ja – und ich sehe kein Argument, das prinzipiell dagegen spricht –, dann dürfen auch die Wirtschaftsdidaktiker sich nicht nur auf *ein* Paradigma der Ökonomie stützen und andere Sichtweisen, Wertvorstellungen und Optionen unterschlagen. Wenn wir also einen echten Paradigmenstreit in den Wirtschaftswissenschaften haben – und wir haben in der Tat mehrere paradigmatische Kontroversen (z. B. zwischen Monetaristen und Fiskalisten, Angebots- und Nachfragetheoretikern, Neoklassikern und Neo-Keynesianern) –, dann dürfen diese nicht didaktisch vorweg entschieden, sondern müssen den Lernenden zur eigenen Urteilsbildung vermittelt werden. Denn – so die allgemeine Begründung – warum sollten Didaktiker schlauer sein als die versammelte Zunft der Fachwissenschaftler und der geballte Sachverstand der Wirtschaftspolitiker in den einschlägigen Institutionen (Parteien, Verbänden, Gewerkschaften usw.)?

(2) Das zweite Problem bezieht sich auf den auch in unseren Kreisen so locker formulierten Anspruch auf „*Interdisziplinarität*" oder gar „*Transdisziplinarität*".[2] Beide Begriffe bein-

---

[2] So heißt es z. B. bei Kaiser/Brettschneider: „Bei der Analyse von Erscheinungsformen, Ursachen und Lösungsmöglichkeiten der Umweltproblematik gilt es, grundsätzlich die interdisziplinären Bezüge des Ökologieproblems (z. B. biologisch, chemisch, physikalisch, ökonomisch, technisch, sozial, politisch, kulturell, historisch) zu berücksichtigen." Internet: http://home.t-online.de/home/052044848-0001/a-kb95.htm

halten das Eingeständnis, dass die Ökonomie als Monodisziplin in keiner Weise ausreicht, um die Komplexität der Umweltproblematik auch nur annähernd zu erfassen, dass vielmehr jeder monodisziplinäre Ansatz sehr schnell an wissenschaftsimmanente Grenzen stößt und daher durch Blicke über den Zaun erweitert und vertieft werden muss.

Wenn nach meinem fachdidaktischen Selbstverständnis der Fachdidaktiker als Metatheoretiker bereits *außerhalb* seiner Bezugsdisziplin steht, dann fällt es ihm – im Gegensatz zum Fachwissenschaftler, der die Tendenz hat, sein Paradigma zu verteidigen und alle neu auftauchenden Probleme darin zu integrieren – sehr viel leichter, fremd zu gehen und in anderen Wissenschaftsreservoirs nach Antworten auf die von ihm aus seiner Problemdefinition abgeleiteten Fragestellungen zu suchen. Solche Ausbruchsversuche sind auch innerhalb der Wirtschaftsdidaktik sehr beliebt. *Interdisziplinarität* heißt nach meinem Verständnis eine *Forschungsrichtung, die die Grenzen der eigenen Disziplin erweitert und Fragestellungen von Nachbardisziplinen integriert* (vgl. Abbildung 3).

Transdisziplinarität hingegen ist ein sehr viel ehrgeizigeres, aber dafür didaktisch um so interessanteres Unterfangen. Damit wird ein *Forschungsansatz* bezeichnet, *der von konkreten lebensweltlichen Problemen der Gesellschaft ausgeht und für diese Probleme wissenschaftliche Antworten sucht* – ganz gleich, woher sie auch kommen mögen (vgl. Abbildung 4).

Es ist eine Forschungstradition, die an der Universität Bielefeld seit ihrer Gründung durch Helmut Schelsky gepflegt wird und bereits in der Gründungsakte verankert wurde. In unserem Zentrum für interdisziplinäre Forschung (ZiF) treffen sich Jahr für Jahr *Forscher aus aller Welt und aus allen Disziplinen zu gemeinsamen Fachtagungen und Projekten*, die von vornherein *fachübergreifend* und *problemorientiert* ausgeschrieben werden.[3]

Im Grunde läuft der inzwischen überall propagierte *„fächerübergreifende Unterricht"* auf Transdisziplinarität hinaus, solange ein Unterricht intendiert wird, der von schülernahen

---

[3] Im Jahre 2001 gab es z. B. Fachtagungen zu Themen wie „Migration und kultureller Pluralismus", „Public understanding of science" (ein Forschungskomplex, der genuin *didaktische* Fragestellungen umfasst) oder „Welt und Wissen".

Wirtschaftsdidaktik und Umweltbildung

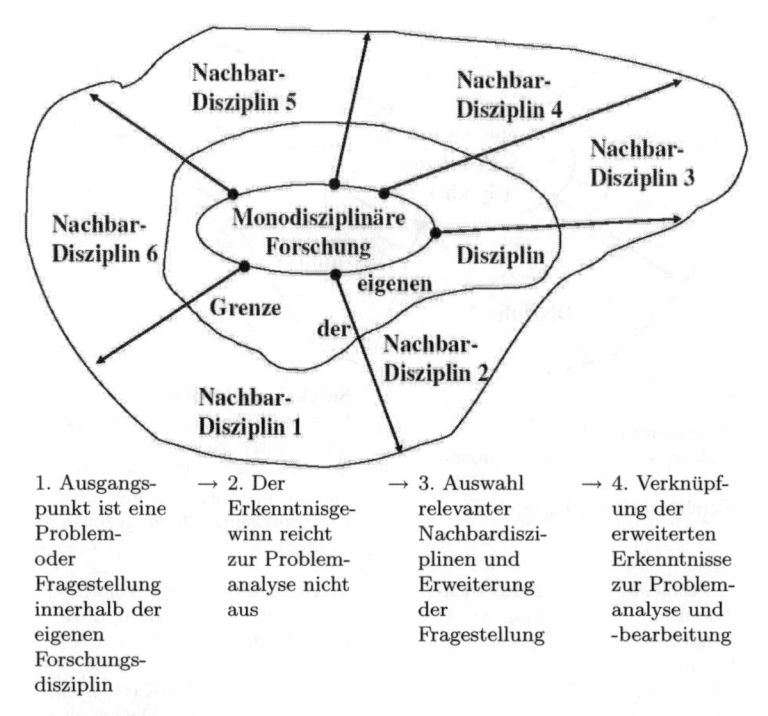

[Diagram showing concentric shapes with labels: Nachbar-Disziplin 1 through 6 surrounding a central ellipse labeled "Monodisziplinäre Forschung" with "Grenze der eigenen Disziplin" and arrows pointing outward to the neighboring disciplines.]

| 1. Ausgangspunkt ist eine Problem- oder Fragestellung innerhalb der eigenen Forschungsdisziplin | → 2. Der Erkenntnisgewinn reicht zur Problemanalyse nicht aus | → 3. Auswahl relevanter Nachbardisziplinen und Erweiterung der Fragestellung | → 4. Verknüpfung der erweiterten Erkenntnisse zur Problemanalyse und -bearbeitung |

Abbildung 3: Interdisziplinarität

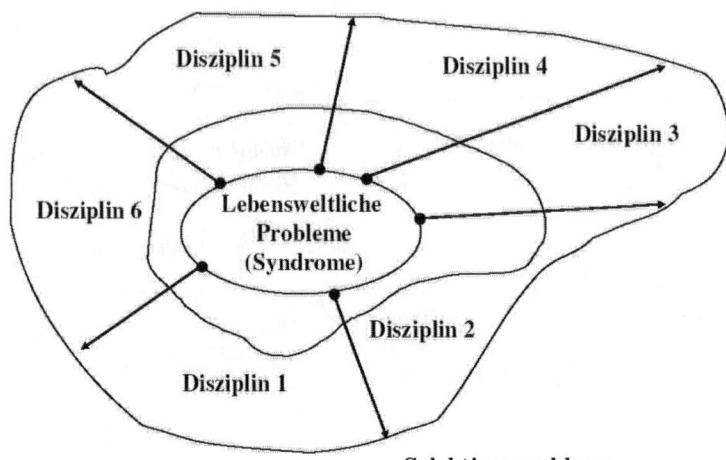

```
                    Disziplin 5        Disziplin 4

                                              Disziplin 3

    Disziplin 6    Lebensweltliche
                     Probleme
                     (Syndrome)

                              Disziplin 2

                    Disziplin 1
```

Relevanzproblem: Welche Disziplin kann überhaupt einen Beitrag zur Problembearbeitung leisten?		Selektionsproblem: Welche Theorien, Modelle und Kategorien sollen aus der jeweiligen Disziplin für die Problembearbeitung und Problemlösung herangezogen werden?	
1. Problemdefinition u. Syndrombeschreibung als Organisationsprinzip von „Zukunftswissen"	→ 2. Entwicklung von Fragestellungen	→ 3. Auswahl relevanter Disziplinen	→ 4. Entscheidung über Theorien/ Modelle/ Kategorien, Methoden

Abbildung 4: Transdisziplinarität

lebensweltlichen Problemen ausgeht, die im Unterricht analysiert und auf ihre Handlungsrelevanz für ein selbstbestimmtes sowie sozial und ökologisch verantwortliches Leben geprüft werden. Die Schüler und Schülerinnen sollen Probleme als Syndrome ihres lebensweltlichen Umfeldes erkennen (Syndromansatz), erkenntnisleitende Fragen formulieren und im Zusammenspiel der Unterrichtsfächer und ihrer Bezugsdisziplinen nach relevanten Antworten, d. h. empirisch und theoretisch fundiertem Wissen, suchen. Die Umweltbildung ist eine *Querschnittsaufgabe*, zu der jedes Unterrichtsfach und jede Bezugsdisziplin einen solchen Beitrag zu leisten vermag.[4] Schaut man sich im Lichte dieser umfangreichen und intensiven Bemühungen vieler Fächer und Disziplinen, curriculare Grundlagen einer umfassenden Umweltbildung bereit zu stellen, um, dann muss bescheidener Weise eingeräumt werden, dass der Beitrag der Wirtschaftswissenschaften zu einem solchen Unterfangen (noch) relativ klein ist.

Günther Seeber hat nun in seiner Habilitationsschrift (Seeber 2001) den verdienstvollen Versuch unternommen, das *Bildungspotenzial* der Wirtschaftswissenschaften im Hinblick auf ihren Beitrag zur Umweltbildung zu erschließen und als Ergebnis einen Katalog von *Kategorien* vorgestellt, der gleichsam als Baumaterial oder auch Gerüst eines Curriculums zur ökonomischen Umweltbildung dienen soll. Die von ihm aufgewiesene Potenzialität ist aber im Ergebnis so groß und umfangreich, dass sie keinesfalls vollständig und systematisch im Rahmen ökonomischer oder sozialwissenschaftlicher Bildung aufgearbeitet werden kann.[5]

Leider ist sein *bildungstheoretischer* Teil am Schluss relativ kurz geraten, so dass die hieraus zu gewinnenden *Selektions- und Legitimationsprinzipien*, die erst einen sicheren und theoretisch fundierten Zugriff auf die Fachwissenschaften ermöglichen, nicht mehr hinreichend entwickelt und begründet wurden. Es bedarf daher noch zahlreicher didaktischer Operationen (didaktische Reduktion und Transformation, Strukturierung und Sequenzierung, Formulierung von Qualifikationen und Lernzielen bis hin zu Methoden-

---

[4] Das haben Reinhold E. Lob und Jörg Calließ durch ihr 3-bändiges Handbuch „Praxis der Umwelt- und Friedenserziehung", Düsseldorf: Schwann-Bagel 1987-1988, eindrucksvoll bewiesen.

[5] Dem stehen schon die restriktiven Rahmenbedingungen der Schule (Fächer, Stundentafeln, Lehrpläne) entgegen.

und Medienentscheidungen), bis hieraus ein praktikables Curriculum entwickelt werden kann. Insofern bleibt auch Seebers Ansatz weitgehend dem *Wissenschaftsprinzip* verpflichtet, was er ja auch ausdrücklich in seinem Eingangsstatement eingeräumt hat, und vernachlässigt die für solche Auswahlentscheidungen *vorrangigen* Prinzipien der *Problemorientierung* und *Situationsorientierung*. Die meisten Didaktiker machen sich wenig Gedanken über eine Systematik oder Hierarchisierung von didaktischen Prinzipien als Relevanzkriterien für Auswahlentscheidungen. Ich sehe mindestens drei Filter, die ein Kategorienpool durchlaufen muss, bis die wenigen Kategorien herausgefiltert werden, die für ein bestimmtes Unterrichtsprojekt – gleich ob Lehrgang oder Vorhaben – herangezogen werden können: (1) Die Schülerrelevanz, (2) die gesellschaftlich-politische Relevanz und (3) die Wissenschaftsrelevanz (vgl. Abbildung 5).

Eine Stoffkategorie, der jedwede Relevanz für die Situation, Interessen- und Lebenslage von Schülern abgeht, kann schwerlich vermittelt werden und wird – wenn trotzdem – schnell als „totes Wissen" ins Nirwana des Vergessens absinken.

Didaktische Relevanzkriterien der Sozialwissenschaften

1. Schülerrelevanz
Hat das Thema etwas mit der jetzigen und/oder zukünftigen *Lebenswelt* der Lernenden zu tun?

2. Gesellschaftsrelevanz
Spielt das Thema in der öffentlichen *politischen* Diskussion eine wichtige Rolle?

3. Wissenschaftsrelevanz
Gibt es zu dem Thema eine intensive *wissenschaftliche* Diskussion?

Abbildung 5: Didaktische Relevanzkriterien

Eine Kategorie, der jedwede Aktualität und öffentliches Interesse abgeht, wird ebenfalls schwer zu vermitteln sein, wenn der Unterricht nicht auf die öffentliche Diskussion in den Massenmedien, insbesondere in Zeitung und Fernsehen, oder auf die politischen Auseinandersetzungen zwischen Regierung und Opposition oder in den Parteien Bezug nehmen kann.

Deshalb auch hier ein kurzer Blick in die politische Didaktik, die die Relevanzfrage schon seit langer Zeit dadurch gelöst hat, dass sie das *Prinzip der Problemorientierung* in den Mittelpunkt ihrer curricularen Ausformung gestellt hat. Probleme liegen nicht einfach auf der Straße wie Äpfel oder totgefahrene Igel, sondern entstehen in den Köpfen der Menschen. Damit kommt ein *konstruktivistisches* Element in die Debatte. Probleme werden individuell konstruiert, nämlich dadurch, dass Individuen mit bestimmten Situationen und Ereignissen nicht fertig werden. Situationen sind in aller Regel *problemhaltig*, d. h. sie stellen uns vor Entscheidungen, die in der Regel mit *Unsicherheit* und *Risiko* behaftet sind. Wir wissen nicht, was wir tun sollen, wie wir uns verhalten sollen, kurz – wie wir mit der Situation fertig werden sollen. Wir empfinden ein Unbehagen darüber, dass die Dinge nicht so sind und verlaufen, wie wir uns dies vorgestellt haben. Das heißt, wir haben Erwartungen, die in der Situation nicht erfüllt, sondern enttäuscht werden.

Problembewältigung heißt dann Entscheidungen zu treffen, zu handeln oder ein Handeln auch zu unterlassen, um die Situation zu verändern, damit unsere subjektive Befindlichkeit wieder im Einklang mit den objektiven Gegebenheiten, in denen wir leben müssen, steht. *Problem- und Situationsorientierung haben insofern immer Handlungsrelevanz.* Auf den Punkt gebracht: Pragmatismus, Problemorientierung und Konstruktivismus korrespondieren miteinander und können zusammen eine neue Perspektive didaktischer Forschung und Lehre begründen, die auch die Wirtschaftsdidaktik aus ihrem Aschenputtel-Dasein erlösen könnte.[6]

Geht man also – und dies wäre meine fachdidaktische Position – nicht vom Wissenschaftsprinzip als dominantes Relevanzkriterium aus, sondern vom *Problem- und Situationsprinzip*, dann muss man nicht der Logik und Systematik einer Fachdisziplin oder ei-

---

[6] Wir sollten uns einmal ehrlich mit der Frage auseinander setzen, warum sowohl an den Universitäten als auch in den Schulen wirtschaftliche Bildung als trocken, langweilig, realitätsfremd und abstrakt angesehen wird, so dass sowohl Studenten als auch Schüler eine Strategie verfolgen, durch die das Lernen ökonomischer Sachverhalte minimiert wird.

nes bestimmten Paradigmas folgen, sondern eben der *Logik und Systematik der Problembearbeitung* (vgl. Abbildung 6).

Logik der Problembearbeitung

1. Erscheinungsformen
Wer ist betroffen? Mit welchen Daten und Fakten kann das Problem beschrieben werden?

2. Folgen
Welches sind die individuellen und gesellschaftlichen Auswirkungen des Problems? Welche Gefahren und Folgeprobleme drohen, falls das Problem nicht gelöst wird?

3. Ursachen
Welche theoretischen Erklärungsansätze (Paradigmen, Theorien, Kategorien, Methoden) können zur Analyse der Urschen herangezogen werden? Wie ist es zu dem Problem gekommen? (Problemgenese) Gibt es wissenschaftliche Kontroversen?

4. Lösungen
Welche wissnschaftlichen und politischen Lösungsansätze stehen zur Verfügung? Welche Akteure sind an der Problemlösung beteiligt? Gibt es Gewinner und Verlierer der jeweiligen Lösung?

Abbildung 6: Logik der Problembearbeitung

2 Wie verhalten wir uns im Paradigmenstreit zwischen Umweltökonomie und Ökologischer Ökonomie?

Paradigmen beschreiben das Grundverhältnis des Menschen zur Welt. In sie gehen Vorstellungen über den Menschen (Menschenbild), über die Gesellschaft (Gesellschaftstheorie), den Staat, die Natur bis hin zu transzendentalen Fragen nach dem Sinn des Lebens ein. Sie spiegeln die Art und Weise wider, wie Menschen ihr Verhältnis zur sozialen und natürlichen Umwelt definieren. Paradigmen, die sich einmal im Sinne von Thomas S. Kuhn (1973) als „Normal-Wissenschaft" etabliert haben, sind relativ zählebig. Das heißt die „scientific community" ist bestrebt, alle auftretenden Anomalien in das bewährte und allseits anerkannte Paradigma zu integrieren. Genau dies ist der Vorgang, den wir in den Wirtschaftswissenschaften im Hinblick auf die Umweltproblematik erleben. Im Hinblick auf das duale Grundmuster der Input- und Output-Beziehungen des Menschen zur Umwelt hat die neoklassische Umweltökonomie eine *Ressourcenökonomie* und eine *Externalitätenökonomie* entwickelt (vgl. Abbildung 7).

Die *Ressourcenökonomie* betrachtet die natürliche Umwelt als Lieferant von *Inputs* für die Ökonomie, wobei durchaus zwischen erneuerbaren Ressourcen (Tier- und Pflanzenarten) und nichterneuerbaren Ressourcen (Rohstoffe im engeren Sinne) unterschieden wird.

Die *Externalitätenökonomie* befasst sich mit der Nutzung der Umwelt als „Deponie" für die Abfallprodukte, also den *Outputs* des ökonomischen Systems und den hierdurch verursachten externen Effekten.

Nun kann ich hier nicht die zahlreichen Kritikpunkte an diesem traditionellen Verständnis der Mensch-Umwelt-Beziehungen aufzählen, sondern will mich auf wenige zentrale Defizite konzentrieren. Ich nenne vier (vgl. Söllner 1997, S. 24).

(1) **Naürliche Grenzen werden ignoriert.** Weder können alle Rohstoffe substituiert werden noch kann der Ressourcen sparende technische Fortschritt langfristig eine völlige

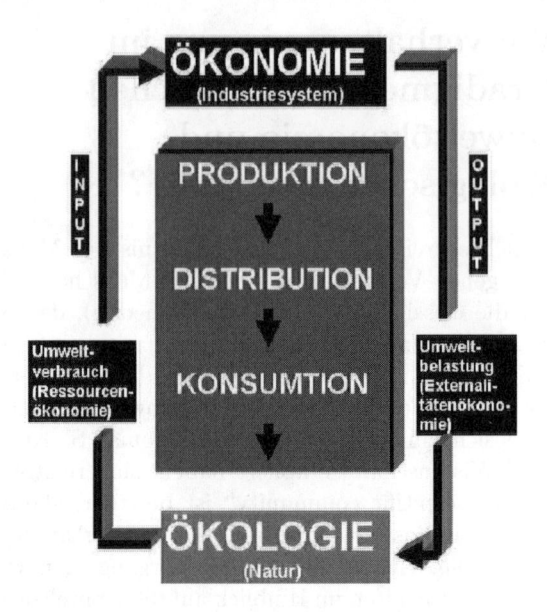

Abbildung 7: Das Verhältnis von Ökonomie und Ökologie

Erschöpfung nicht regenerierbarer Ressourcen verhindern – auch wenn Optimisten wie Schmidt-Bleek vom Wuppertal-Institut mit dem Faktor 10 rechnen (zu dieser *Effizienzrevolution* vgl. Schmidt-Bleek 1998).

(2) **Wichtige Interdependenzen werden nicht beachtet.** Es werden bei den Emissionen immer *vereinzelte* Schadstoffe und bei der Ressourcenökonomie immer nur *einzelne* Ressourcen analysiert. Dabei wird übersehen, dass es sehr vielfältige Interaktionen zwischen einzelnen Schadstoffen gibt und dass im Falle erneuerbarer Ressourcen ein komplexes Beziehungsgeflecht zwischen den verschiedenen Tier- und Pflanzenarten besteht. „Zudem erscheint die Trennung zwischen Ressourcen- und Externalitätenökonomie unangemessen, da alle Ressourcen-Inputs früher oder später zu Reststoff-Outputs führen müssen, also ein Zusammenhang zwischen Rohstoffverbrauch und Schadstoffausstoß besteht" (Söllner 1997, S. 24.)

(3) **Die wichtige Rolle der Zeit wird vernachlässigt.** Den neoklassischen Modellen fehlt der Charakter der realen historischen Zeit. Außerdem wird die Zeit deterministisch betrachtet, d. h. es gibt keine echte Unsicherheit.[7] Und – was am problematischsten ist – es wird stets von *Reversibilität* ausgegangen (Inkrementalismus). In Zeiten von Atomtechnik, Gentechnik und Biotechnologie kann aber das Prinzip von trial and error nicht mehr uneingeschränkt gelten. Wir beobachten immer mehr *Irreversibilitäten*, die die Überlebensfähigkeit der Gattung Mensch insgesamt gefährden. Die Folgen von Tschernobyl müssen wir noch 10.000 Jahre ertragen. Zehntausende von Arten sind noch nicht entdeckt und doch bereits ausgestorben, d. h. wir erleiden einen unwiderbringlichen Verlust an biologischer Vielfalt (Biodiversität). In die freie Wildbahn entlassene, genetisch manipulierte Pflanzen mutieren dort unkontrolliert weiter und sind nicht mehr rückholbar.

(4) **Das Problem der intergenerationellen Gerechtigkeit wird nicht gelöst.** Es ist völlig ungeklärt, auf welchem Wohlstandsniveau zukünftige Generationen leben können, ohne die Umweltstabilität zu gefährden. Durch die Abdiskontierung von Nutzen und Kosten über die betrachtete Periode werden zukünftige Generationen eindeutig schlechter gestellt. „Bei der Diskontrate von z. B. 5% fließen Kosten bzw. Nutzen, die 100 Jahre später auftreten, mit einem Gegenwartswert von weniger als einem Hundertdreißigstel ihres

---

[7] „Die Gefährdungen, die sich aus der heutigen Entwicklung von Wissenschaft, Technik und Konsum ergeben, sind dadurch bestimmt, dass sie sich zum Teil erst zeitversetzt auswirken. Man kann dies als intergenerationelle Verschiebung bezeichnen. Die Ursachen der heute erkennbaren Schädigungen von Waldgebieten liegen Jahre zurück; auch andere Umweltschäden kommen erst mit zeitlicher Verzögerung zum Vorschein. Die durch menschliches Handeln verursachten Klimaverschiebungen treten erst nach drei oder vier Jahrzehnten ein. Gefahrenprognosen, die sich auf eine entferntere Zukunft beziehen, sind jedoch nur schwer dazu geeignet, eine Umorientierung im Denken und Handeln einzuleiten. Denn die meisten Menschen sind eher bereit, auf gegenwärtige Gefahren zu reagieren, als ihr Handeln an künftigen Gefahren zu orientieren. Doch ein derartiges reaktives Handlungsmuster ist offenkundig unzureichend; es stellt sich vielmehr die Frage, ob die Menschheit die Fähigkeit zu antizipierendem Handeln entwickeln kann" (Huber 1998, S. 29).

Zukunftswertes bei den heutigen Entscheidungen mit ein" (Söllner 1997, S. 24). Außerdem erfolgt durch die Diskontierung eine Bevormundung zukünftiger Generationen, die der in der Neoklassik so hoch gehaltenen „Präferenzsouveränität" diametral widerspricht. Es wird das Glück einer abstrakten Menschheit maximiert, eine geradezu absurde Fiktion und ein Verstoß gegen die heilige Kuh des methodologischen und normativen Individualismus – wie ein Kritiker bissig vermerkt (vgl. Hackl 2000, S. 178 mit Bezug auf Hampicke 1999).

Diese methodologischen Unzulänglichkeiten und der steigende Problemdruck durch eine – zumindest im globalen Maßstab – sich weiter verschärfende Umweltverschlechterung (Regenwaldvernichtung, Ozonloch, Treibhauseffekt usw.) haben schließlich dazu geführt, dass – ganz im Sinne der Kuhn'schen Theorie – das alte Paradigma nicht mehr tragfähig ist und insofern eine „wissenschaftliche Revolution" ansteht. Die sich aus der Kritik an der neoklassichen Umweltökonomie entwickelnde „*Ökologische Ökonomie*" versteht sich also bewusst als *Anti-Paradigma* und eröffnet damit eine neue Sicht der Dinge. Dass es sich tatsächlich um ein Anti-Paradigma handelt, zeigt eine – zugegebenermaßen holzschnittartige – Gegenüberstellung der tragenden Prinzipien beider Paradigmen (vgl. Tabelle).[8]

Neoklassische Umweltökonomie	Ökologische Ökonomie
Monodisziplinäre Orientierung	Inter- bzw. transdisziplinäre Orientierung
Wertfrei	Normativ
Ontologisches Werturteil: Harmonie- und Gleichgewichtsvorstellung	Ontologisches Werturteil: Konflikt- und Problemvorstellung
Mechanische, gleichgewichtsorientierte Systemvorstellung	Indeterminierte, eher chaotische Systemvorstellung
anthropozentrisches Weltbild	eher ökozentrisches Weltbild

---

[8] Bei dieser Synopse stütze ich mich auf Costanza u. a. 2001, Hackl 2000, Daly 1999, Bartel 1997, Söllner 1997, Bartmann 1996

Neoklassische Umweltökonomie	Ökologische Ökonomie
Raum- und zeitunabhängige Strukturen und Prozesse	Singularität historischer Strukturen und Prozesse
Determinismus	Zukunftsoffenheit
logischer Zeitbegriff	historischer Zeitbegriff
Optimalzustand ist antizipierbar	Zukunft ist nicht antizipierbar
Ungewissheit wird mit Hilfe von Wahrscheinlichkeitskalkülen zum kalkulierbaren Risiko reduziert	Akzeptanz von Ungewißheit und unkalkulierbarer Unsicherheit
Individuelle Nutzenmaximierung und gesellschaftliche Wohlfahrt stehen im Mittelpunkt	Umweltqualität und Biodiversität stehen im Mittelpunkt
Das Ökosystem wird den menschlichen Präferenzen untergeordnet	Das Ökosystem wird als begrenzender und endlicher Rahmen ökonomischen Handelns anerkannt
Umwelt ist Produktions- und Konsumfaktor	Umwelt ist ein Subsystem des planetarischen Gesamtsystems
Nutzenmaximierung als Prämisse ökonomischen Handelns	*Entropie* als Prämisse ökonomischen Handelns
Der Algorithmus des Marktes löst das Problem der Knappheit natürlicher Ressourcen (first-best)	Suche nach dem 'best next move' der Politik (second-best)
Reversibilität	Irreversibilität
Ökonomisch-technisches Rationalität (harte Rationalität)	Politisch-gesellschaftliche Rationalität (weiche bzw. kommunikative Rationalität)

Neoklassische Umweltökonomie	Ökologische Ökonomie
Fachsystematik und theoretische Stringenz als Wissenschaftsziele	Problemlösungskompetenz und politische Handlungsrelevanz als Wissenschaftsziele
Deduktiv-modelltheoretisch	Induktiv-fallanalytisch
Die Grenzen der Belastbarkeit des Ökosystems gelten als ökonomischer Handlungsrahmen	Die Stabilität des Ökosystems gelten als ökonomischer Handlungsrahmen (Vorsichtsprinzip)
Wirtschaftswachstum ist die Voraussetzung für wirksamen Umweltschutz	Wirtschaftswachstum ist die Ursache für die Gefährdung der natürlichen Lebensgrundlagen

Wie verhält sich nun der Wirtschaftsdidaktiker in diesem Paradigmenstreit?

Diese Frage kann nicht *innerökonomisch* beantwortet werden, sondern bedarf einer *bildungstheoretischen* Vorentscheidung über Qualifikationen und Lernziele. Salopp gefragt: *Welche „Message" wollen wir eigentlich rüberbringen?*

Hier regiert wieder das klassische Zweck-Mittel-Verhältnis zwischen Bildungskategorien und Stoffkategorien:

- Verfolgen wir ein *technisches* Erkenntnisinteresse und will man Allokationsmechanismen und Kosten-Nutzen-Kalküle bezüglich der Umweltqualität *erklären*, dann sind wir mit der neoklassischen Umweltökonomie gut bedient.

- Verfolgen wir hingegen ein *hermeneutisches* Erkenntnisinteresse, wollen wir also bestimmte Sachverhalte *verstehen* (z. B. der Frage nachgehen, ob die Bedürfnisse des Menschen wirklich unbegrenzt sind, wie die Theorie immer noch behauptet), dann sind Kategorien und Aussagensysteme der Ökologischen Ökonomie relevant und eröffnen ganz neue Perspektiven und Einsichten, die von der neoklassischen Umweltökonomie weitgehend unterschlagen oder ignoriert werden (z. B. die Psychologie der Bedürfnisse oder das Entropie-Gesetz).[9]

- Verfolgen wir schließlich ein *kritisches* Erkenntnisinteresse, d. h. wollen wir die Welt *verändern*, weil wir erschrocken sind über die zunehmende Umweltzerstörung und uns Sorgen für die Zukunft unserer Kinder und Kindeskinder machen, dann würden wir sowohl in der neoklassichen Umweltökonomie (z. B. im Hinblick auf das umweltpolitische Instrumentarium) als auch in der Ökologischen Umweltökonomie (z. B. im Hinblick auf die Gerechtigkeits- und Verteilungsfrage) die hierfür tragenden Prinzipien und Kategorien heranziehen.[10]

Ich will deshalb – wiederum holzschnittartig, aber Didaktiker müssen so arbeiten – abschließend die *Messages* der beiden Paradigmen noch einmal charakterisieren, um deutlich zu machen, wie wir als Fachdidaktiker mit diesem schwierigen Entscheidungs-, Selektions- und Legitimationsproblem umgehen können.

---

[9] So machen uns z. B. Naturwissenschaftler darauf aufmerksam, dass jeglicher Wertschöpfungsprozess – physikalisch gesehen – mit einem Wertzerstörungsprozess verbunden ist, der ihn überkompensiert. Diese physikalische Gesetzmäßigkeit dominiert unsere technische Produktion, was für uns deswegen nicht einsichtig ist, weil wir gewöhnlich den parallel zur Wertschöpfung laufenden Wertzerstörungsprozess nicht wahrnehmen oder für unwesentlich halten. Er geschieht dadurch, dass bei jeder Wertschöpfung gleichzeitig hochgeordnete Energie, wie etwa Hochtemperatur-Energie, in niedergeordnete Energie verwandelt wird (vgl. Hans-Peter Dürr: Ökologische Herausforderung der Ökonomie – Eine naturwissenchaftliche Betrachtung. Internet: http://www.uni-muenster.de/PeaCon/wuf/wf-92/9231201m.htm).

[10] Für eine paradigmatische Klärung von Neoklassik, Post-Keynesianismus und ökologischer Umweltökonomie vgl. das sehr lesenswerte Arbeitspapier von Rainer Bartel 1997.

3 Was ist die Message der neoklassischen Umweltökonomie?

Die Natur ist ein Gut wie jedes andere auch und daher teilbar, substituierbar und monetarisierbar. Sie ist eine Flussgröße und findet ihren Zweck einzig und allein als Ressource und Abfalldeponie für menschliche Aktivitäten (Anthropozentrismus). Der Selbststeuerungsmechanismus des Marktes kann durch die Internalisierung externer Kosten gesichert werden und garantiert eine optimale Allokation bei gleichzeitiger Sicherung der Umweltstabilität. Eine Erschöpfung der Ressourcen ist nicht zu befürchten, da auch nicht-erneuerbaren Ressourcen weitgehend substituiert werden können und die Ressourceneffizienz durch technischen Fortschritt immer weiter gesteigert werden kann, so dass eine weitere Entkopplung von Ressourcenverbrauch und Wirtschaftswachstum möglich wird. Wir kennen sowohl auf der Ressourcenseite als auch auf der Output-Seite die Regenerationsfähigkeit bzw. die Absorptionsfähigkeit des ökologischen Systems und sind daher in der Lage, es immer *bis an seine Belastungsgrenzen* auszuschöpfen. Insofern gibt es keine absoluten Grenzen im Umgang mit der Natur, sondern bestenfalls relative.

4 Was ist die Message der ökologischen Ökonomie?

Die Natur ist kein Gut wie jedes andere, sondern ist Ausgangspunkt und Grundlage jeglicher menschlichen Existenz. Sie ist weder teilbar, noch substituierbar und auch nicht monetarisierbar. Ihr wird kein anthropozentrischer, sondern ein intrinsischer Wert zugestanden. Deshalb macht eine monetäre Bewertung keinen Sinn. Maßstab für die optimale Verwendung natürlicher Ressourcen ist vielmehr der Energiegehalt bzw. Energieverbrauch im Sinne der Thermodynamik. Die Natur ist keine Flussgröße, sondern eine Bestandsgröße (Naturkapital). Die zukünftige Entwicklung kann nicht prognostiziert werden, da insbesondere das ökologische System keinen mechanisch-deterministischen Prinzipien folgt, sondern durch chaotische, indeterminierte Verläufe gekennzeichnet ist. Es ist daher unmöglich, Regenerationsraten und Absorptionsgrenzen langfristig abzuschätzen und darauf ökonomische und politische Entscheidungen zu gründen. Umwelteingriffe sind daher prinzipiell zu minimieren und unterliegen dem Prinzip der größtmöglichen Vorsicht (Vorsichtsprinzip). Um künftigen Generationen mindestens die gleichen oder bessere Optionen als den jetzt Lebenden zu garantieren, ist die Bestandserhaltung des Naturkapitals und eine größtmögliche Biodiversität anzustreben.

5 Ergebnis

Diese beiden Messages machen deutlich, worin das fachdidaktische Entscheidungsproblem besteht: Sage mir, welche Message du vermitteln willst, und ich sage dir, welches Paradigma dafür geeignet ist. Damit gebe ich die fachdidaktische Gretchenfrage wieder an die Vertreter und Vertreterinnen meiner Profession zurück.

Literatur

Bartel, Reiner Paradigmatik versus Pragmatik in der (Umwelt-)Ökonomie. Eine epistemologische Sicht, Arbeitspapier Nr. 9715 des Instituts für Volkswirtschaftslehre der Johannes Kepler Universität Linz, Mai 1997.

Bartmann, Hermann Umweltökonomie – Ökologische Ökonomie, Stuttgart/Berlin/Köln 1996.

Costanza, Robert u. a. Einführung in die Ökologische Ökonomik. Stuttgart 2001.

Daly, Herman E. Wirtschaft jenseits von Wachstum. Die Volkswirtschaftslehre Nachhaltiger Entwicklung, Salzburg/München 1999.

Hackl, Franz Der Wahnsinn der Ökonomie oder der Unsinn der Ökologie. In: Zeitschrift für Umweltpolitik und Umweltrecht, Nr. 2/2000, S. 165-185.

Hampicke, Ulrich Das Problem der Verteilung in der Neoklassischen und in der Ökologischen Ökonomie. In: Jahrbuch für ökologische Wirtschaftsforschung, Marburg 1999.

Huber, Wolfgang Kirche in der Zeitenwende, Gütersloh 1998.

Kuhn, Thomas S. Die Struktur wissenschaftlicher Revolutionen, Frankfurt 1973.

Seeber, Günther Ökologische Ökonomie. Eine kategorialanalytische Einführung, Wiesbaden 2001.

Schiele, Siegfried (Hrsg.) Das Konsensproblem in der Politischen Bildung, Klett 1977.

Schmidt-Bleek, Friedrich Das MIPS Konzept. Weniger Naturverbrauch, mehr Lebensqualität durch Faktor 10, München 1998.

Söllner, Fritz Die ökologische Ökonomie – Ein neuer Ansatz zur Lösung der Umweltproblematik. In: Wirtschaftsdienst, Nr. VII/1997, S. 423-428.

Über die wirkliche Künstlichkeit der künstlichen Wirklichkeit

Siegfried J. Schmidt

1. Man langweilt vermutlich das akademische Publikum, wenn man nach dem Jahre 2000 immer noch darauf hinweist, dass sich „die Wirklichkeit" wie unsere Vorstellungen einer wissenschaftlichen oder philosophischen Einholung von Wirklichkeit im 20. Jahrhundert grundlegend gewandelt haben. Gleichwohl, das Thema ist weder lebensweltlich noch theoretisch vom Tisch; und gerade die Inflation der Rede von Virtualität, Simulation und Fiktion, also die Rede von Künstlichkeit, macht die Wirklichkeitsthematik immer wieder stark – weil man die Differenz braucht. Wenn man aber aus distinktionslogischen Gründen die Differenz braucht, um eine Differenz machen zu können, dann muss die Frage nach Wirklichkeit und Künstlichkeit eine doppelte Fassung erhalten, d. h. neben die traditionellen Fragen: Wie wirklich ist die Wirklichkeit? und: Wie künstlich ist die Künstlichkeit? müssen die Fragen treten: Wie künstlich ist die Wirklichkeit? und: Wie wirklich ist die Künstlichkeit? Beginnen wir mit der ersten Frage.

2. In immer neuen Anläufen haben sich Philosophen und Wissenschaftler im 20. Jhd. die Frage nach der Wirklichkeit der Wirklichkeit gestellt und dabei ihre Argumentation in verschiedenen magischen Formeln und Metaphern kondensiert: Als-ob, Konstruktion, Selbstorganisation, Endo-Welt vs. Exo-Welt, Diskurs, Interpretation u. a. m. Fernab von allen Trivialvorwürfen derart, hier würde ein neuer Idealismus, Solipsismus oder Relativismus wiederbelebt, der von der lebensweltlichen Alltagserfahrung schlagartig Lügen

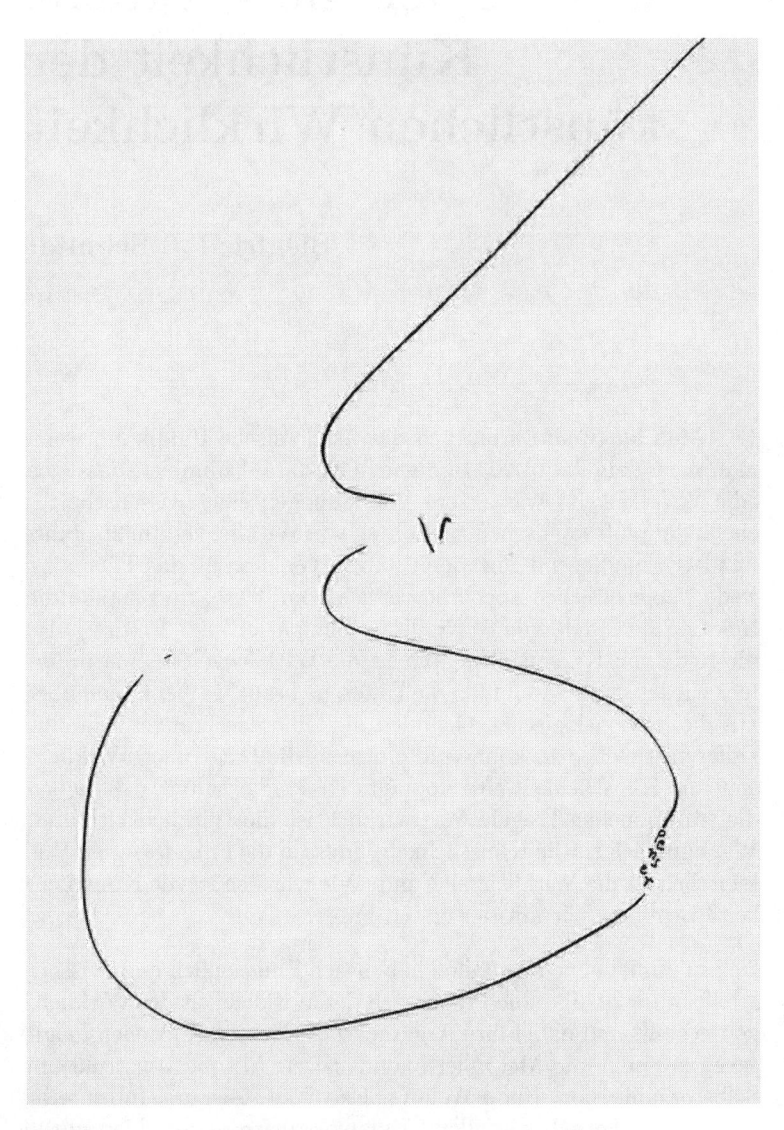

Abbildung 1: S. J. Schmidt, *penser*

gestraft werde (der berühmte Tisch, an dem man sich blaue Flecken holt, et cetera), hat sich in den genannten Wirklichkeitsdebatten die Einsicht festgesetzt, dass das Konzept 'Wirklichkeit' keinen festen Referenten besitzt, sondern einen Referenten zugeordnet bekommt, und zwar aus guten Gründen – aber auf Zeit.

Wirklichkeit erscheint in dieser Debatte nicht länger als die uns immer schon umgebende ontische Vorgegebenheit, der wir uns wahrnehmend, handelnd und erkennend anzunähern versuchen, sondern als Ergebnis vielfach bedingter Prozesse, die ihrerseits in den Rahmen komplexer Wirkungszusammenhänge eingebettet sind, innerhalb derer sie konditioniert sind und interpretiert werden. Wirklichkeit, gedeutet als Prozessresultat, muss daher konsequent in den Plural versetzt werden. Menschen leben (in) Wirklichkeiten, die sich weder zu einer Gesamtwirklichkeit integrieren lassen (Wer sollte eine solche Superwirklichkeit erfahren und erkennen können?), noch sich auf eine Ortho-Wirklichkeit (mit Namen Realität) zurückführen bzw. an einer solchen messen lassen (Wer könnte in welcher Wirklichkeit eine solche Messung durchführen?).

Die traditionelle Frage nach der Wirklichkeit wandelt sich nun zu der Frage: Welche *Wirklichkeitstests* wenden wir (implizit oder explizit) bei der bzw. zur Beurteilung von Wirklichkeiten an, was akzeptieren wir als Wirklichkeitsindikator(en)?

Die Redeweise von der „gesellschaftlichen Konstruktion von Wirklichkeit in sozialisierten Aktanten" deutet schon auf die Modalitäten dieser Tests hin: (a) Wir beurteilen unsere Prozessresultate auf der Grundlage bisher gewonnenen und bewährten Wissens, also auf der Basis epistemischer wie praktischer Erfahrungen – *order-on-order*. (b) Wir beurteilen unsere Prozessresultate im Hinblick auf deren Anschlusskompetenz, also im Hinblick darauf, welche Optionen uns diese Resultate eröffnen bzw. welche sie uns definitiv verbauen. (c) Wir beurteilen unsere Prozessresultate hinsichtlich ihrer inhaltlichen Prägnanz, also dahingehend, welche expliziten Differenzen sie semantisch materialisieren und damit inhaltlich so prägnant machen, dass sie als Handlungsgrundlage dienen können. (d) Wir beurteilen unsere Prozessresultate im Hinblick auf deren Zeitresistenz oder Langzeiteffekte, wobei nicht nur Dauerbewährung, sondern auch Selbstverständlichkeit (keiner fragt nach) diese Effekte bewirken können: Wirklich ist dann das, was einfach dazugehört. (e) Und wir beurteilen schließlich unsere

Prozessresultate nach dem Grad der emotionalen Befriedigung, die sie uns vermitteln.

Ich habe bewusst die umständliche Formulierung „unsere Prozessresultate" fünfmal wiederholt, damit nicht aus dem Blick gerät, dass es sich stets um beobachter- und zeitabhängige Prozesse handelt, so sehr wir als Beobachter der Prozessresultate auch dazu tendieren mögen, von beiden Abhängigkeiten großzügig zu abstrahieren, weil sich mit objektiven Gegenständen und Zuständen leichter hantieren lässt.

Wie zu erwarten, fallen Wirklichkeitstests in verschiedenen Prozessbereichen und unter verschiedenen Bedingungen unterschiedlich aus. Ob eine Straße mit unserem Auto befahrbar oder das Resultat unserer Kochkünste genießbar ist, ob ein im Wald gefundener Pilz giftig, ein neuer Nachbar nett oder eine politische Ansicht durchsetzbar ist, das erfordert unterschiedliche Testverfahren und Kriterien mit jeweils unterschiedlichem Ausgang, wobei diese Tests ihrem Testterrain nicht etwa äußerlich sind, sondern einen reflexiven Wirkungszusammenhang bilden; m.a.W., der Test selbst ist wieder eine wirklichkeitsgenerierende Operation; denn im Moment der Anwendung des Tests gibt es keinen Wirklichkeitstest für diesen Test. Und so weiter.

Wirklichkeitstests sind nur dann erforderlich, wenn die Wirklichkeit nicht das Gegebene und Bewirkende ist, sondern das Bewirkte, das aus Wirkungszusammenhängen durch sinnorientiertes Handeln i. w. S. hervorgeht. Eben diese Umkehrung der traditionellen dualistischen Denkrichtung, die ohne weitere Begründung mit der ontologischen Differenz von Subjekt und Objekt, Wirklichkeit und Sprache, Wirklichkeit und Erkenntnis usw. beginnt, führt ja zu dem trivialen Vorwurf, prozessorientierte Auffassungen von Wirklichkeit unterstellten die arbiträre und voluntaristische Machbarkeit von Wirklichkeit *ex nihilo* oder – was dasselbe meint – aus dem Kopf des Individuums. Anders gesagt: Realisten unterstellen Konstruktivisten i. w. S., sie betrachteten alles in der Welt, Wirkliches wie Künstliches, als Künstlichkeit, nämlich als Resultat ingeniöser willentlicher Invention.

3. Was hat es nun mit dieser Kontroverse auf sich, oder genauer: Was bedeutet die magische Formel „Konstruktion der Wirklichkeit"?

Um bei der Beantwortung dieser Frage weiter zu kommen, muss man sie zunächst einmal auflösen; denn sie enthält in dieser Formulierung noch immer einen dualistischen Duktus, indem 'Konstruktion' und 'Wirklichkeit' zueinander in Beziehung gesetzt werden sollen. Sinnvoller Weise kann es nicht darum gehen, die Existenz von etwas (Wirklichkeit, Realität o. ä.) zu behaupten oder in Abrede zu stellen oder die objektive Qualität des Repräsentationsverhältnisses von Realität und Erkenntnis zu beurteilen. Darum beginne ich mit der Behauptung: Wenn/wo/so lange wir operieren, ist (für uns) Wirklichkeit. Damit verschiebt sich die Wirklichkeitsfrage von einer Existenzfrage zu einer Frage nach den Strukturen und Funktionen unserer Operationen, und dazu lässt sich folgendes bemerken:

Die strukturelle Basis all unserer Operationen bilden *Distinktionen* i. S. Rodrigo Jokischs. Unter Distinktionen fallen sowohl seitenneutrale Differenzen (gut oder böse, oben oder unten, männlich oder weiblich) als auch asymmetrisierte Unterscheidungen (gut und nicht böse). Distinktionen markieren sozusagen die Sinndimension, in der operiert werden kann oder soll (hier: moralische Einschätzung, Umwelttopik, Geschlecht). Vergesellschaftung beruht darauf, dass Aktanten in und durch Kooperation Systeme von Distinktionen ausbilden, die die Handlungsdimensionen von Umwelt- und Partnerbeziehungen, Normorientierung und Emotionalitätsmanagement aufspannen. Dieses System nenne ich *Wirklichkeitsmodell* (im Sinne von „Modell *für* Wirklichkeit"). Wer mit Bezug auf ein bestimmtes gesellschaftlich akzeptiertes Wirklichkeitsmodell handelt, ist/wird/bleibt damit Mitglied dieser Gesellschaft.

Wirklichkeitsmodelle sind Ordnungssysteme, die nur dann wirksam werden, wenn sie konkret zur Sinnorientierung genutzt werden. Zu diesem Zweck müssen zunächst die seitenneutralen Differenzen in seitenparteiliche *Unterscheidungen* überführt werden; d. h. jemand muss sich faktisch (ob bewusst oder unbewusst) für eine der beiden Seite entscheiden und von dort aus weiter operieren, indem er Relationen zwischen Unterscheidungen herstellt, bewertet und interpretiert. Diese Operationen, die das strukturelle statische Wirklichkeitsmodell dynamisieren, können nicht planlos oder subjektivistisch ablaufen: Sie brauchen ein gesellschaftlich verbindliches Programm, und dieses Programm nenne ich *Kultur*. Wirklichkeitsmodell und Kultur bilden einen Wirkungszusammenhang, der sich selbst organisiert und bewertet (Wer sonst sollte das auch tun können?), und zwar einen Wirkungszusammenhang, der prinzipiell zeit- und aktantenübergreifend sein muss, um als dauerhaftes und verbindliches Fundament einer Gesellschaft dienen zu können. Die beiden Komponenten dieses Wirkungszusammenhangs werden nicht ontologisch bestimmt, sondern als *Beobachtungsmöglichkeiten* dieses Wirkungszusammenhangs voneinander unterschieden: Unter dem Sinnaspekt erscheint dieser als Wirklichkeitsmodell, unter dem Operationsaspekt als Kulturprogramm.

Selbstorganisation und Selbstlegitimation dieses Wirkungszusammenhangs bilden die Voraussetzung dafür, dass auf der Basis dieses Wirkungszusammenhangs ständig neue Virtualitäten entwickelt werden können, die dann in temporäre Wirklichkeiten überführt werden können.

Die Operationen des Entscheidens und Benennens, die Differenzen in konkrete Unterscheidungen verwandeln, sind dagegen zeit-, orts- und zusammenhangsgebunden: Sie ereignen sich in Form von Aktantenhandlungen in *Geschichten* und *Diskursen*. Unter 'Geschichten' verstehe ich (mit W. Schapp) sinnhaft interpretierte Handlungszusammenhänge, in denen Aktanten kooperieren, interagieren und sich gegenseitig beobachten, und zwar im Hinblick auf die Sinnvorgaben, die im Wirklichkeitsmodell und der Kultur ihrer Gesellschaft angelegt sind. Als 'Diskurse' bezeichne ich thematisch, stilistisch, gattungsmäßig und metaphorisch geordnete Kommunikationsprozesse, die den Sinnrahmen für akzeptable Beiträge im Hinblick auf den Gesamtorientierungsrahmen Wirklichkeitsmodell und Kultur abgeben. Die Teilnahme an Diskursen vollzieht sich im Rahmen von Geschichten. Entsprechend kann man sagen, dass beide wiederum einen Wirkungszusammenhang bilden, der unter kommunikativem Aspekt als Diskurs, unter Handlungsaspekten als Geschichte *beobachtet* werden kann, wobei beide ihren jeweiligen Sinn aus der Orientierung auf den übergeordneten Wirkungszusammenhang von Wirklichkeitsmodell und Kultur beziehen.

Verengt man die Beobachtungsperspektive noch einmal, um nun konkret *Handlungsträger* in den Blick zu bekommen, dann beobachtet man einzelne Handlungen und Kommunikationen von konkreten Aktanten in Geschichten und Diskursen. Dabei wiederholen sich die Konstitutions- und Beobachtungsverhältnisse der beiden übergeordneten Wirkungszusammenhänge auch auf dieser Ebene: Nur im Bezug auf kontext- und aktantenübergreifende Sinnorientierungen können Aktanten einzelne Handlungen als *tokens* von *types* vollziehen bzw. bei anderen beobachten bzw. sinnvolle Beiträge zu Diskursen leisten. Auch hier stellt sich die Unterscheidung Handlung/Kommunikation als Beobachtungsvarianz dar, weshalb man terminologisch genauer von *Handlungskommunikation* vs *Kommmunikationshandlung* sprechen sollte, um ein Pendant zur Differenz Sinnorientierung/Operation zu gewinnen.

4. Bezüglich der Ausgangsfrage nach Konstruktion und Wirklichkeit kann die Antwort nun so lauten: Als Aktanten (als Beobachter welcher Ordnung auch immer) befinden wir uns in einem Kontinuum von Handeln und Kommunizieren, von Sinnorientierung und Operationen des Unterscheidens und Benennens als Voraussetzung, Vollzug und Deutung von Kommunikationshandlungen und Handlungskommunikationen in Geschichten und Diskursen. Jedes Operieren in Geschichten und Diskursen – und wir operieren unentwegt und unausweichlich in Geschichten und Diskursen – führt zu Resultaten, die *wir als Wirklichkeit* erleben, erfahren und deuten. Wir beginnen nicht etwa irgendwann und irgendwo vorbehaltlos mit der Operation, Wirklichkeit und Wahrnehmung, Wirklichkeit und Erkenntnis zueinander in Beziehung zu setzen; vielmehr kommen wir als Individuen immer schon zu spät gegenüber den eigentlich wirklichkeitskonstruktiven Instanzen wie dem Wirkungszusammenhang aus Wirklichkeitsmodell und Kultur sowie Geschichten und Diskursen. Gesellschaftliche „Wirklichkeitskonstruktion" vollzieht sich empirisch in Aktanten; insofern ist jede Wahrnehmung und jede Erkenntnis eine gesellschaftlich (= durch Sinnorientierung) geprägte Form von Konstruktion (Operation), die den Aktanten eher widerfährt, als dass er sie intentional durchführt. Gleichwohl bleibt sie für den einzelnen Aktanten systemspezifisch, ein systemabhängiges Prozessresultat, das durch Hierarchisierung der Beobachtung dekonstruierbar, also in seiner Kontingenz erfahrbar und erkennbar ist. Entsprechend können auch Wirklichkeitsgarantien nur im Operieren und Beobachten,

im Handeln und Kommunizieren gesucht und gefunden werden, und diese sind notwendig gebunden an operationsfähige Systeme verschiedener Art. Jede Wirklichkeit ist daher *Systemwirklichkeit* und als solche so wirklich, wie sie nur sein kann; denn durch den Erwerb von Handlungs- und Kommunikationskompetenz im Laufe der Sozialisation erwerben wir als Aktanten in der Gesellschaft *Wirklichkeitskompetenz*.

5. Solcher Art bestimmte Entstehungen von Wirklichkeiten operieren mit einem breiten Arsenal von gesellschafts- und kulturspezifischen *operativen Fiktionen*. Darunter fasse ich alle Formen kollektiven Wissens i.S. kulturell programmierter Distinktionen, die Gesellschaftsmitglieder einander unterstellen, wobei man zwischen Erwartungs-Erwartungen (Wissens-Annahmen) und Unterstellungs-Unterstellungen (Motiv-Annahmen) unterscheiden kann. Diese Fiktionen vom Typ blinder Flecken, die im Laufe der Sozialisation erworben werden, bilden die Grundlage von Kommunalität, weil sie eine gesellschaftlich verbindliche Schematisierung für Wirklichkeitserfahrungen zur Verfügung stellen, die einen Wirklichkeitsanspruch stellt. Diese Fiktionen sind notwendigerweise selbstorganisierend und selbstlegitimierend, was immer dann deutlich wird, wenn sie durch Beobachtungswechsel als kontingent erwiesen werden.

Eine in der Moderne zunehmend bedeutsam gewordene Menge von operativen Fiktionen bilden die *Medienfiktionen*, allen voran Fiktionen wie Öffentlichkeit oder öffentliche Meinung. Medien sind längst zu alltäglichen Instrumenten der „Wirklichkeitskonstruktion" i.o.a.S. geworden. Dabei fasse ich 'Medium' als einen Kompaktbegriff, der vier Dimensions- und Wirkungsbereiche integriert: Kommunikationsinstrumente (wie Sprachen und Bilder), technische Dispositive (etwa die gesamte Fernsehtechnologie auf Produzenten- wie Rezipientenseite), die sozialsystemischen Ordnungen dieser Dispositive und schließlich die Medienangebote, die aus dem Zusammenwirken dieser Komponenten resultieren. Kommunikationsinstrumente wie Sprachen und Bilder sowie alle Medien seit der Schrift haben unsere Wahrnehmungsformen einerseits kreativ erweitert, andererseits aber auch auf die jeweils medienspezifischen Wahrnehmungs- und Nutzungsbedingungen hin diszipliniert. Damit haben Medien(systeme) eine doppelte Wirksamkeit entfaltet, und zwar zum einen semantisch durch die manifesten Inhalte der Medienangebote, zum anderen durch die strukturellen Wirkungen der Dispositive und Ordnungen, die weit über die Kontrollierbarkeit und Erkennbarkeit durch den einzelnen Mediennutzer hinausgehen. (McLuhan sprach in diesem Zusammenhang von der Message, die das Medium sei.) „Wirklichkeitskonstruktion" erfolgt zunehmend und unausweichlich über die bzw. mit Hilfe der Verwendung von Modulen aus dem komplexen Mediensystem funktional differenzierter Gesellschaften (Stichwort: *Modularisierung von Wirklichkeitskonstruktion*) sowie durch die Adaptation und Transformation von Inszenierungsstilen (von Gewalt bis Emotion).

Damit aber wird der immer noch von vielen beschworene (ontologisch gedeutete) Dualismus von Lebenswirklichkeit und Medienwirklichkeit obsolet. Medienwirklichkeiten werden längst nicht mehr als Verdopplungen der außermedialen Wirklichkeit oder als reine Fiktionen betrachtet, sondern als Wirkungszusammenhänge, die Wirklichkeiten *sui generis* entstehen lassen, die in anderen Wirklichkeiten von Aktanten ganz unterschiedlich rezipiert und genutzt werden können, um wiederum andere Wirklichkeiten entstehen zu lassen. Längst sind die schlichten Referenzmechanismen der europäischen Tradition (die spezifisch sind für diese Tradition) wie wahr/falsch, wirklich/unwirklich, real/virtuell, real/fiktiv usw. in einen erweiterten Pool von Referenzmodalitäten eingebettet, der durchaus auch 'Indifferenz' integriert (Stichwort: *Modalisierung von Wirklichkeitsbewertung*), wobei Indifferenz hier interpretiert wird als eine bewusste Differenzsetzung zur Normalität der Differenzsetzung, so z. B. im weiten Bereich der Computerspiele: Die Wirklichkeitsfrage wird auf Zeit suspendiert. Wirklichkeitskategorien sind nicht länger durch „die Wirklichkeit" vorgegeben, sondern entstehen und bestätigen sich im Spiel der diversen Wirklichkeitstests, denen Prozessresultate unterworfen werden. An die Stelle einer Wirklichkeit als normativer Ortho-Wirklichkeit tritt in der neueren Diskussion die Vorstellung von einem Kontinuum von sinnhaften *Virtualitäten*, die zunächst einmal nach der Art ihrer Entstehung oder Herstellung voneinander unterschieden sind und die dann von Aktanten in Geschichten und Diskursen je nach ihren Wirklichkeitstests auf Zeit und mit guten Gründen als *eine Wirklichkeit pragmatisiert* werden. Bei Virtualitäten kann grundsätzlich unterschieden werden zwischen primär technisch, kognitiv und medial fabrizierten Virtualitäten; dabei spreche ich von „primär", weil die Abgrenzungen nicht exklusiv vorgenommen werden können. – Es liegt wohl überzufällig nahe, den Übergang vom autonomen und ehernen Text der Gutenberg-Galaxie zu den flüchtigen Hypertextgeweben im Internet als eine bezeichnende Analogie dieser Entwicklung zu sehen. –

Die Erhöhung der Beobachtungspotentiale einer Gesellschaft durch komplexe Mediensysteme, die von Beginn an auch zur intermedialen (Selbst)Beobachtung tendiert haben, erhöht sowohl die Einsicht in die Kontingenz jeder „Wirklichkeitskonstruktion" als auch in die Vernetztheit solcher Konstruktionen. Das hängt ursächlich damit zusammen, dass – wie N. Luhmann immer betont hat – die Realität der Massenmedien die Realität der Beobachter zweiter Ordnung ist, also die Realität der Beobachter von Beobachtern. Damit aber stoßen wir auf ein grundsätzliches Paradox von Mediengesellschaften: Je umfangreicher der immer schon fiktive Anspruch der Medien technisch eingelöst wird, die außermediale Wirklichkeit authentisch zu repräsentieren, desto stärker werden die Medieninhalte durch Abkopplung von lebensweltlichen Erfahrungen virtualisiert. Wir erfahren immer mehr von dem, was wir immer weniger selbst erleben. Die Aufmerksamkeitsökonomie der Medien macht die Inhalte zur Funktion der Aufmerksamkeitsstrategien aller am Medienprozess Beteiligten. „Wirklichkeitskonstruktionen" wandeln sich zunehmend zum Sampling von Bestandteilen der Medienwelten – und zwar innerhalb wie außerhalb der Medienwirklichkeiten, wie das viel diskutierte Beispiel *Big Brother* gezeigt hat.

6. Ziehen wir eine Zwischenbilanz. In der europäischen Tradition waren die Positionen klar abgesteckt: Wirklichkeit war das immer schon subjektunabhängig Vorgegebene, Künstlichkeit das in dieser Wirklichkeit intentional Gemachte bzw. Hergestellte (in dieser Logik war der Mensch als Gemachtes künstlich). Am Ende der Moderne erscheint Wirklichkeit als Gemachtes, aber nicht etwa als etwas in der Wirklichkeit Gemachtes, sondern als das in jeder Handlung mit-laufend und keineswegs intentional Bewirkte, dessen Wirksamkeit in unterschiedlichen Wirklichkeitstests von Aktanten (meist automatisch und unbewusst) geprüft wird. Das Machen von

Wirklichkeit kann man nicht etwa beginnen, beenden oder unterlassen; es widerfährt uns vielmehr unentwegt. Das Machen von Künstlichem dagegen kann durchaus begonnen, beendet und unterlassen werden.

Nach wie vor kann Künstlichkeit eingesetzt werden zur Simulation von Erkenntnis und Kreativität, zur Übernahme von Arbeiten oder Funktionen, als Gerät oder Waffe. Daneben wird es durch die technischen Möglichkeiten der Digitalisierung zunehmend möglich, programmierte virtuelle Handlungsräume als interaktionfähige Umwelten (in Form von Oberflächen) zu erstellen, die neue Formen der sozialen Interaktion, computergestützter Kommunikation und des Wissensmanagements eröffnen. Dass dabei Raum- und Zeiterfahrungen verändert und durch Globalisierungstendenzen neue Formen von Transkulturalität jenseits von Multi- und Interkulturalität eröffnet werden, muss heute nur noch erwähnt werden. Virtualisierung wird zunehmend zur Dokumentation wie zum Prüfstein unseres Wissens, unserer Wertsysteme, Bedürfnisse und Ziele von der Bildung bis zur Sexualität. Damit wird Virtualisierung in Medienkulturgesellschaften zum Indikator des gesellschaftlichen Zustands der Systeme des *world making*. Und Zeitschriften wie der SPIEGEL widmen diesem Thema nicht umsonst Spezialserien.

Im Phasenraum der Virtualitäten werden spezifische Wirklichkeitstests immer wichtiger. Die User müssen wissen, wie weitgehend sie über die jeweiligen Möglichkeiten des Künstlichen verfügen und wie die Kosten- und Nutzenrechnung des Gebrauchs der technischen Devices ausfällt. Dabei spielen die Modalisierungen von Virtualitäten, die von der Perfektsimulation (Verdopplung, Ersetzung) über pragmatische Simulationen (Handeln unter entlasteten Bedingungen) bis zur Kreativsimulation (*possible worlds*) reichen, eine entscheidende Rolle.

Wie schon oft betont worden ist, spielt der *Körper* der Aktanten bei solchen Wirklichkeitstests eine entscheidende Rolle. Ungeachtet seiner technischen Manipulierbarkeit (von Body Building und Transplantationschirurgie bis zur Lieferung von Körper-Ersatzteilen) und der endlosen Veränderbarkeit der Morphik seiner Darstellungsmöglichkeiten scheint er der einzige unmittelbar erlebbare Indikator der Gewissheit darüber zu sein, in welcher Virtualität man sich gerade befindet – weshalb man in echten Perfektsimulationen auch alle Körperzustände wird simulieren müssen.

7. Im Phasenraum der Virtualitäten spielen *Übergänge* eine entscheidende Rolle, ja wahrscheinlich die unter Erkenntnis- und Lerngesichtspunkten entscheidendste Rolle. Sobald Wirklichkeit und Künstlichkeit nicht länger als absolute, sondern als graduierbare Zustandsmodi behandelt werden, sind alle Formen des Switchens zwischen Wirklichkeit als Künstlichkeit und Künstlichkeit als Wirklichkeit möglich. Auch wenn aus pragmatischen Gründen bestimmte Zustände dann auf Zeit als Wirklichkeiten behandelt werden, und das heißt: als Prozesse, in denen man eine bestimmte Zeit lang ernsthaft mitwirkt, ist der Reputationsverlust der früher ontologisch ausgezeichneten Lebenswelt unübersehbar. Schon auf trivialen Ebenen ist die Tendenz in Richtung Mediengesellschaft unverkennbar: Gegen den perfekten Reisebericht, die raffinierte Theaterinszenierung oder die technisch aufgerüstete Sportübertragung kommen keine Reise, kein Theaterbesuch und kein Stadionbesuch an. Die Medienwirklichkeiten entwickeln sich zum Vorbild, an dem sich die Reise-, Sport- und Theaterwirklichkeiten zu orientieren haben, um im Aufmerksamkeitspoker erfolgreich mithalten zu können.

Steigt die Bedeutsamkeit von Übergängen, dann steigt auch die Tendenz zu und die Attraktivität von Hybridbildungen: Man baut die Übergangsterrains sozusagen gleich in einem Combine zusammen und erleichtert so das Switchen, in dessen Verlauf diverse Modi von Wirklichkeiten und Künstlichkeiten erzeugt werden können.

8. Vollzieht man den Schritt zur Einschätzung der Wirklichkeit als Gemachtem und nicht als Gegebenem, dann lassen sich Wirklichkeit und Künstlichkeit zwar in derselben Grundkategorie beschreiben. Der Unterschied beginnt aber spätestens beim Thema „Wirklichkeitstest"; allerdings darf auch hier nicht übersehen werden, dass beide Dimensionen, Wirklichkeiten und Künstlichkeiten, Wirklichkeitstests brauchen. Wohlgemerkt unterscheidet sich jedoch die Struktur dieser Tests in den beiden Dimensionen: Erfolgreiche Wirklichkeitstests transformieren Virtualitäten in Wirklichkeiten (Virtualität + Test = Wirklichkeit), während erfolgreiche Wirklichkeitstests aus Künstlichkeiten wirk-

liche Künstlichkeiten machen (Künstlichkeit + Test = Künstlichkeit). Wirklichkeitstests, so meine These, kann nur der Mensch durchführen, weshalb er zwar keineswegs längst geräumte emphatische Individualitätspositionen wiederbesetzt, aber doch die Instanz geblieben ist, die zumindest die Härte der Fiktionen überprüfen muss. Die Künstlichkeitsdebatte, so hatte ich eingangs behauptet, bringt auch die Wirklichkeitsdebatte (wieder) in Gang. Wirklichkeiten wie Virtualitäten verlieren ohne Differenz ihre Funktion; und ohne die Alternative einer normativen Virtualität genannt Wirklichkeit können Virtualitäten – welcher Modalität auch immer – nicht erfolgreich funktionieren, also ihren Wirklichkeitstest bestehen.

> alles wird immer gemacht
> weil immer alles was gemacht wird
> von jemand gemacht wird
> wird alles für jemand gemacht
> alles wird verschieden gemacht
> weil immer alles was gemacht wird
> anders gemacht wird
> wird alles von neuem gemacht
> alles wird planvoll gemacht
> weil immer alles was gemacht wird
> auf anderes aus ist
> wird alles endlos gemacht
> alles wird grundlos gemacht
> weil immer alles was gemacht wird
> nicht von selber entsteht
> wird alles aus allem gemacht
> alles wird immer gemacht
> weil immer alles was gemacht wird
> aus dem machen gemacht wird
> ist alles immer schon gemacht

Kunst und Wissenschaft

Wege und Perspektiven einer ökologischen Ästhetik

Herman Prigann

Seit einigen Jahren wird über die Möglichkeiten von kooperativen Strategien dieser beiden Annäherungs- und Erkenntnisweisen zur Welt nachgedacht. In Verweisen Auf Leonardo da Vinci und ein Besinnen auf die Zeit der Renaissance wird der Versuch einer Anknüpfung an scheinbar Verlorenes gemacht. Das Hintergrundgeräusch all dieser Bemühungen ist ein Klagen über die zu große Spezialisierung der Fachgebiete und deren Sprachlosigkeit zueinander. Da die Kunst heute auf eine lange Tradition der Entwicklung ganz eigener innerer Verständigung und eines Sprach- und Zeichenkanons zurückblickt, ihre Ziele eben nicht messbar – linear – logisch – etc. sind, sondern der Erkenntnisstand über den Menschen hier in Symbolen, Aphorismen, ja oft verschlüsselten Botschaften zu uns sprechen, stellt sich die Frage: Was kann in beiden Erkenntnismethoden als gemeinsame Essenz wahrgenommen werden? Es war auf einem Symposium in Newcastle, und es ging um unser Thema. Dort wurde von einem jungen Naturwissenschaftler die Frage gestellt, ob denn nicht die Kreativität des Künstlers die Eigentliche sei und der Wissenschaftler dagegen ihrer entbehre?

Die Frage selbst wirft ein Licht auf ein Verständigungsproblem, denn Kunst hat in der Kreativität die gleiche Wurzel wie die Wissenschaft. Beide Erkenntniswege bilden Ideen über die Welt. Der Impuls liegt in der creatio continua, und dies ist ohne spontanes, spielerisches Hinterfragen und Zerstören des Bekannten nicht zu haben. Also wenn Kunst und Wissenschaft gemeinsam etwas wollen, dann kann dies nur auf dieser Basis geschehen, und um so radikaler Bekanntes zerstört wird, um so mehr liegt Material für eine creatio continua bereit. In meiner Arbeit habe ich die Erfahrung gewonnen, dass sowohl am Beginn oft nur unter grossen Schwierigkeiten neue Ideen zur Lösung bekannter Probleme angehört wurden, dann jedoch nach Einübung letzter Lockerungen – also dem Verbrauch aller Gegenargumente – eine echte Spielfreude sich aller bemächtigte und so gemeinsam die neuen Ideen Raum gewannen. Hier sehe ich eine große Chance, die innovativen Ressourcen in unserer Gesellschaft aktiv werden zu lassen.

Abbildung 2: *Der Ring der Erinnnerung*, Skizze

> Unser Weg durch Raum und Zeit
> ist ausgezeichnet durch die Optimierung
> von Wärme, Bewegung und Licht
> auf der Suche nach einem Denken
> und Wollen, das Wünschen und Handeln
> bestimmenden Maß.

Eine ökologische Ästhetik
wäre der Versuch, die von uns bisher,
durch eine reduktive vom Objektivismus
bestimmte Wissenschaftsmethodik
erkannten Gesetzmäßigkeiten, einer
ästhetischen Praxis zu Grunde zu legen.
Doch die Einführung jener erkannten
ökologischen Paradigmen in eine
ästhetische Praxis muß von einer
Erkenntnistheorie der Wahrnehmung und
weiterhin, einer Philosophie der Ethik
des Miteinander getragen werden.

Unser Sein ist Natursein
und in dem Maße, wie die Natur begriffen wird
als ein allein nützliches zum Zwecke dienliches
außerhalb Seiendes,
entfernen und entfremden wir uns von uns selbst.
Denn das Faktische der Einheit des Seins
wir durch die Tat dieser Abspaltung nicht aufgehoben,
sondern ist eine für unsere Spezies
gefährliche Imagination einer von uns
scheinbar dominierten Wirklichkeit
und domestizierbaren Natur.
Der immer noch geltenden Herrschaftsanspruch
des Menschen über die Natur
impliziert die Herrschaft des Menschen
    über den Menschen.
Führt das Letztere zu all dem Elend
des Einzelnen, wie ganzer Völker
und zur Nivellierung einer humanen Ethik
zu bloßer Werbegrammatik und
zu Gunsten einer ungehemmten
Selbstbefriedigung der Gier,
so steht zum ersten Kontext die Frage
in Raum und Zeit:
In wie weit ist die Selbstzerstörung des Menschen
ein integriertes Programm der Natur?
Ist nicht das Erstaunlichste unseres Seins,

dass wir von Irrtum zu Irrtum
überleben?

Vor dem Hintergrund einer Tradition
der Vermenschlichung dessen, was wir Natur nennen
ist ein gewisser Schuldkomplex
zu konstatieren, in Relation zu der Art und Weise,
wie mit dem Umwelten umgegangen wurde und wird.
Früher hier und heute noch
in andern Kulturen wurde zum Ausgleich
das Opfer dargebracht.
Die Integration unserer Mitverantwortung
über unsere Zeit hinaus, für das was wir
an Ressourcen und Land verbrauchen
muß Perspektiven und Strategien entwickeln,
die zu regenerativen Prozessen führt.
Es ist ein Gestaltungsauftrag, der sich
ökologisch und ästhetisch definiert.
Es geht nicht darum, Wunden zu heilen
Natur zu schützen und an Mutter Erde
zu denken.
Die Erde ist mehr und mehr Kulturlandschaft,
eine von Künstlichkeit mitgestaltete,
dies weiter zu entwickeln
und zu verantworten im Sinne einer
ökologischen Ästhetik
ist ein Auftrag auf die Zukunft hin.

Fragen nach der Natürlichkeit der Natur
stellen sich bei der Betrachtung
der Reflexionen über dieselbe
in unseren Sprachlabyrinthen.
Es scheint ein Konsens zu wachsen,
darüber, dass sie – die Natur –
auch nicht mehr das sei
was man unterstellte, natürlich.

Es ist soweit, die Faszination der Entfremdung
    der Begriffe

vom Sinn ihrer gemeinsamen Gegenstände
erfindet mehr und mehr Subwelten,
die in sich imaginäre Bezüge,
als Spur zum einst gemeinten aufweisen.

Das natürliche der Natur
manifestiert sich in der Gleichgültigkeit
dem menschlichen Bewußtsein gegenüber,
in ihrer nicht zu erfassenden
Allgegenwärtigkeit
der Evidenz einer allzeitig zu denkenden
Wirkung in Allem.

In der Landschaft wirkt die Natur
in allen Erscheinungen
längs ihrer Peripherien
zwischen allen Horizonten
im Echo der Geschichtlichkeit
die uns umgibt.

Eine Kunst, gründen auf Positionen
einer ökologischen Ästhetik
würde „Zeichen" und „Orte"
in der Umwelt entfalten,
die in ihrem formalen, materiellen
und geschichtlichen Kontext
einen Dialog über das Sein in der Natur
kulturell dechiffrieren.
Es sind „Deutungszeichen",
die in ihren Atmosphären
den natürlichen Zusammenklang
von Natur uns Kultur evozieren.

Von den „Zeichen" der Gestaltung
einer Manifestation der Herrschaft
über die Natur, zu „Zeichen"
eines Dialogs mit der Natur,
ist der Weg zur Auflösung
des alten Dualismus Natur – Kultur.

Wandlung der Ideen
Wandlung der Realitäten
von der Ästhetik der Perfektion
zu einer des offenen Zustandes.

Kunst mit der Natur
ist Landschaftskunst
Landschaftskunst ist konkrete Malerei
sie malt mit den Dingen
eigene Wirklichkeiten
schafft Atmosphären im Raum.
So entstehen metamorphe Objekte
skulpturale Orte.

Die Metamorphose, sinnlich erfahrbar
in all ihren Erscheinungsformen
von Veränderung am Objekt
ist ästhetisches Programm.
Diese Werke sind, wie die Landschaft
in der sie wirken,
immer in einer offenen Situation.
Im Sinne einer beiden innewohnenden
Geschichtlichkeit von Vergehen und Werden.

Den alten Bewertungskategorien entzogen,
könnten diese Werke eine Wahrnehmung evozieren,
die wir den Blick in den poetischen Raum
nennen wollen, hier oszilliert das Ephemere.
Dieser Raum erschließt sich gleichwohl
als ökologisch bestimmtes Kontinuum.
Eine geänderte Sicht
und die Geschichte schaut uns an,
aus den Spuren der Zeit,
dem Wachsen und Vergehen an und in diesen Werken
eingebettet in der Natur
haben sie ihr Eigenleben
und sprechen zu uns.
In ihrer Wandlung, ihrer Räumlichkeit
konstituieren sie Zeichen des Lebendigen.

Kunst formt unsere Imaginationen
vom Menschen, der Umwelt, der Natur,
sie entwickelt Paradigmen des Schönen,
Erhabenen, des Häßlichen und Grotesken,
der Ordnung und des Zufalls,
als ästhetisches Panorama.
Diese Entwürfe und Interpretationen
der äußeren und inneren Welt
sind Teile unseres Wertesystems –
sind Leitbilder.
Sie ändern sich,
Wandel ist Naturgesetz,
eine Kunst und deren Ergebnis
immer einen offenen Zustand manifestiert
hat diese Tatsache zum ästhetischen
Programm erhoben.

Im Angesicht zweier Tatsachen,
der, dass die Kunst Wertvorstellungen
mitgestaltet, unsere Wahrnehmung von Umwelten
    prägt
und dem selbstverursachten ökologischen
Desaster, der kulturellen Indifferenz
wird nach einer neuen Orientierung gefragt.
Durch Integration der Metamorphose
als ein Gestaltungsprinzip
in der künstlerischen Arbeit,
verändert sich das Werk,
seine Wirkung erweitert
die Wahrnehmung der Umwelt.

Diese ist nicht mehr nur Panorama für das Werk,
beides durchdringt sich.
Natur und Kunst wird zu einer
Einheit im Dialog.
Ein bleibt ein offener Zustand
dies wäre ein essentieller Aspekt
einer ökologischen Ästhetik.

Eine Landschaft zu überschauen
bedeutet sich der Raum-Zeit bewußt zu werden.
Hier ist die Vergangenheit und Zukunft
in der Gegenwärtigkeit ihrer Erscheinung
mit uns im Dialog.
Aus der Flugperspektive
lesen wir die Zeichen in ihr.
Diese Zeichen erzählen vom Umgang und
Selbstverständnis des Menschen
mit sich selbst
im landschaftlichen Raum seiner Geschichte.
Diese Zeichensprache spannt einen Bogen
aus neolithischer Zeit zum Heute
und verdeutlicht, wie wir das einst
gewußte universelle Maß des Körpers
in Relation zum Raum aufgegeben haben.
Der Schritt erfaßte die Entfernung,
der errichtete Stab und Stein
gab die Orientierung,
war Metapher unseres Seins
zwischen Erde und Himmel.
Heute, mit dem pragmatischen Maß der Zahl,
zeichnen wir Strukturen in die Landschaft,
deren Sinn und Ursache
von einem Nutzen- und Verwertungsgedanken
bestimmt sind.
Es sollte uns nachdenklich stimmen,
wenn wir in der Gegenwärtigkeit
unserer Landschaft die Gleichzeitigkeit
von spirituell und industriell
motivierten Zeichen und Strukturen erfahren
und vergleichen können.
Die alten Zeichen sind im Sinne
ihrer Erfinder nicht mehr zu erfahren,
was bleibt ist ihre Atmosphäre, ihre Faszination.
Wie betreten Räume eigener Geschichtlichkeit,
die zur Kontemplation über unser Dasein
inspirieren können.

Aus dieser Perspektive gewinnen jene Gebiete,
die wir durch Gewinnung von Energie
und Vermehrung der Produktion
in Unland verwandelt haben
eine neue Bedeutung.
Diese Zeichen sind Menetekel
einer Unverantwortung der Zukunft gegenüber
und Hinweis, dass eine ästhetische
Aneignung beim Verbrauch von Landschaft
nicht stattfindet.
Doch gerade in diesen Prozessen gilt es
Zeichen unserer Zeit zu erfinden.
Ein ästhetisches Engagement,
das eine Brücke von den überkommenen Zeichen
zum ökologischen Wissen schlägt.

Sanierungsgebiete – sanieren impliziert heilen –,
ein krankes Gebiet wird gesund gepflegt.
Naturschutzgebiete – schützen setzt voraus,
   bedrohen –
Menschen schützen Gebiete vor Menschen
Menschen bestimmen was, wo, wie leben darf.

Durch die Vermenschlichung der Natur
und Umwelt in den Begriffszuordnungen
geschieht eine Aneignung mit Herrschaftsanspruch.
Die moralischen Anschuldigungen,
die esoterischen Beschwörungen
im Kontext zu der uns Allen
nutzenden Energie- und Ressourcengewinnung
sind ein Hinweis
auf die nicht eingelöste Mitverantwortung
an diesen Prozessen.
Es geht bei dem, was wir hier bedenken,
um Transformationen:
Von Wäldern zur Kohle-, zur Gruben-
   und Industrielandschaft
in einer elektrifizierten, urbanen Umwelt
Global Village.

Die Suche, Entwicklung und Vermehrung
von Wärme – Licht und Bewegung
ist zivilisatorische und kulturelle
Essenz.
Heute im Internet,
im Sprachgeplapper aller Völker,
klingt das Echo
der einst zusammenhaltenden
Hordenlaute.

Wir gestalten die Welt
diese Welt ist unsere Gestalt gewordenen Phantasie.
Es gibt keine zerstörten Landschaften
im Sinne einer Endgültigkeit,
In der Zeit liegt die Wiedervereinigung
durch Sukzession.
Im Gestaltungswillen liegt das Potenzial
einer Landschaft als Zeichen,
Nicht eine Retusche dieser Gebiete
im Sinne einer künstlichen Natürlichkeit
kann der Gestaltungsauftrag sein,
sondern ein deutliches Zeitzeichen
in dem sich das älteste Formpotenzial
der Erdzeichen mit der heutigen Technik
neu definiert.
In diesen Zeichen fallen zusammen:
Geschichtlichkeit – ökologisches Wissen –
technische Möglichkeit.

Eine ökologische Ästhetik
hat ihren Angelpunkt,
ihre definitive Mitte
in der Ausrichtung
auf das Humane hin.

Kunst und Wissenschaft

(a) 1993

(b) 1994

Abbildung 3: *Der Ring der Erinnerung*, Ausschnitte

Nachexkursion: Der Weg entsteht beim Gehen

Die Wechselwirkung der Vielfalt

Eine Erwiderung auf alle Beiträge

Peter Finke

A Vorbereitung: Wildnis, Orientierung, Plan

1 Das Neue kommt immer von außen

Als ich die Beiträge zu diesem Band gelesen hatte, kam mir mein Lieblingsmotto wieder in den Sinn: Der Horizont ist immer mein Horizont. Aber hinter ihm ist die Welt nicht zu Ende. Vor uns erstreckt sich eine Wildnis. Viele mögen das nicht, denn ihnen ist eine Wildnis zu wild. Zugegeben: Es gibt die verwirrende, abstoßende Wildnis. Doch diese ist anders: Sie ist eine schöne Wildnis. Sie enthält überraschende An- und Aussichten, ungewöhnliche Wegverläufe, verborgene Entdeckungen. Allerdings ist die Orientierung nicht einfach. Man kann verschiedenste Pfade finden, vielleicht auch sich verlaufen. Das möchte ich nicht. Deshalb habe ich mir nach der Lektüre der Texte meiner Freunde einen Plan gemacht, der auch anderen, die sie lesen, einen sinnvollen Pfad durch die schöne Wildnis zwischen den beiden Buchdeckeln zeigen könnte. Ihm folgt diese Nachexkursion. Sie spiegelt meinen Horizont, und ich bin mir bewusst, dass andere Leser andere Horizonte sehen. Allerdings ist in jeder Wissenschaft, auch der vermeintlich objektivsten, solch ein subjektiver Horizont im Spiel. Ich finde es besser, ihn zu explizieren, statt so zu tun, als gäbe es ihn nicht.

Peter Finke

Jeder Sammelband ist eine Art Sack, der mit einer Vielfalt recht verschiedener Stücke befüllt wird. Wenn er voll ist, macht man ihn oben zu. Das haben *Nilgün Yüce* und *Peter Plöger*, denen ich für ihre Freundschaft, Initiative und Arbeit an diesem Projekt zu großem Dank verpflichtet bin, mit ihrem Vorwort auch getan. Aber wenn der Sack sehr voll ist und manches Sperrige enthält, kann er unten aufreißen und alles fällt wieder heraus. In diesem Falle ist die Gefahr deutlich, denn ich habe in meinem bisherigen wissenschaftlichen Leben auf verschiedenen Feldern gearbeitet, die mit einem einzigen konventionellen Disziplinnamen kaum zutreffend gekennzeichnet werden können. Andererseits bin ich aber kein Multidisziplin-Superwissenschaftler, so dass die Aufzählung vieler solcher Namen in die Irre führen könnte. Ich sehe es vielmehr so: Gelegentlich können neue Forschungsfelder auch dadurch zustande kommen, dass übergeordnete Gesichtspunkte einige Teilgebiete recht verschiedener Disziplinen zu einem neuen, vielleicht zunächst heterogen erscheinenden Feld zusammenführen können. Und manchmal wachsen diese Teile doch noch zu einem Ganzen zusammen. Man ist dann zweifellos nicht in der üblichen Weise Experte für all diese dabei berührten Disziplinen in ihrer konventionellen Gesamtheit, sondern für das Neue, was unter glücklichen Umständen aus jenen Fragmenten entstehen kann. Ich benutze, zusammen mit anderen, als Etikett für ein solches neues Feld den Namen „Kulturökologie", noch genauer: „Evolutionäre Kulturökologie", und manche vertrauteren Disziplinen reichen mehr oder weniger weit in dieses hinein.[1]

Deshalb bin ich den beiden Herausgebern dankbar, dass sie mir erlauben, den Sack dieses Bandes auch am anderen Ende noch einmal zu verschnüren. Eine Kommentierung ist jedenfalls für mich verlockend, weil meine Freunde Fragen und Perspektiven entwerfen, die im einzelnen sehr unterschiedlich sein mögen, sich aber in zwei Hinsichten gleichen: Es sind keine Fragen mit bloß auf eine der klassischen wissenschaftlichen Disziplinen bezogenen Perspektiven, und es sind allesamt Denkpfade, die sich, aller Unterschiedlichkeit zum Trotz, doch von verschiedenen Seiten aus einem gemeinsamen Zentrum nähern. Weil ich meine, dass dieses näher bestimmt wer-

---

[1] Peter Finke, Kulturökologie. In: Ansgar und Vera Nünning (Hg.), Handbuch der Kulturwissenschaft. Stuttgart: Metzler (im Druck).

den sollte und weil ich nicht in allem die Meinungen der Beiträger teile, habe ich Lust, die verschiedenen Fragefäden zu verknoten. Sie laufen in jenem neuen Forschungs- und Wissensfeld zusammen, das ich vorhin benannt hatte. Sehr namhafte Freunde[2] äußern sich in diesem Buch zu Themen aus seinem Umfeld. Wohlgemerkt: dem Umfeld! Ich habe keineswegs vor, all diese Persönlichkeiten und ihre jeweiligen Fächer für die Kulturökologie zu vereinnahmen, doch das, was sie denken und sagen, hat nicht nur mein Denken und Schreiben beeinflusst, sondern sich in der einen oder anderen Weise in der neuen Disziplin ausgewirkt. Sie kennt nämlich einen Grundsatz, der sich hier wieder zeigt: *Das Neue kommt immer von außen*. Er ist eines der Prinzipien transdisziplinärer Forschung. Auch, wie ich denke, eines der wirksamsten Prinzipien der Philosophie.

Von außen bedeutet: von vielen möglichen Seiten aus. Die Alternativenvielfalt möglichen Wissens nicht als Dickicht anzusehen, das zugunsten weniger breiter Königswege zu roden ist, sondern als Reichtum, der umfassend erkundet werden will, fällt uns immer noch schwer. Dabei eröffnet nur diese Vielfalt jene Zusammenhänge aus Wirkung und Gegenwirkung, die die Wissenschaft voranbringen. Es sind die Wechselwirkungen der epistemischen Variantenvielfalt, die letztlich eine neue Position entstehen lassen. Die Kulturökologie ist also keineswegs eine einfache Anhäufung vieler unterschiedlicher Positionen und Themen, ein Sammelsurium verschiedenster Interessen und Wissensbrocken; so sehen sie nur oberflächliche Betrachter. Sie beachten nicht, dass man jede Wissenschaft so betrachten kann, denn alle sind mehr oder weniger heterogen und von ihrer jeweiligen gesamten Umgebung zu dem geformt worden, was sie geworden sind. Sie ist vielmehr ein Integrationsprodukt der Wechselwirkungen jener Vielfalt, also das Resultat dessen, was in einem Prozess der Entstehung neuen Wissens aus dem Bemühen um die Gewinnung einer Perspektive, die einen besseren Blick auf ein altes Thema verspricht, herauskommt.

---

[2] Ich bin den beiden Herausgebern dieses Bandes außerordentlich dankbar dafür, dass sie neben den Autoren, die in diesem Buch zu Wort kommen, auch weiteren wissenschaftlichen Freunden, Kollegen und Schülern eine Möglichkeit eröffnet haben, aus dem hier gegebenen Anlass etwas beizutragen. Dies ist unter der Internetadresse: http://wwwhomes.uni-bielefeld.de/pfinke/ von jedermann nachzulesen. Dort gibt es ein Diskussionsforum, das auch für die Diskussion der Beiträge in diesem Band genutzt werden kann.

Die Kulturökologie muss sich nicht nur über Kultur in einem engen Sinne klar werden, sondern auch über Natur, Evolution, Sprache, Wissen und insbesondere über Kultur in einem weiten Sinne. Hierzu gehören sicherlich die Wissenschaft, die Kunst, die Wirtschaft und die Politik. Man könnte daher zu der Auffassung gelangen, es handele sich dabei wohl um etwas Unmögliches, nämlich eine Wissenschaft (wie *Siegfried Kanngießer* sie in seinem Beitrag zu diesem Band nennt) von „Gott und dem Rest der Welt" – ein Ziel, das wohl in keinem ernst zu nehmenden Sinne rational verfolgt werden kann. Aber so ist es nicht. Die Kulturökologie umfasst nicht mehr Themen und enthält nicht mehr Wissen in sich als jede andere Wissenschaftsdisziplin auch. Selbst Philosophen haben keine größeren Köpfe als andere Wissenschaftler. Es gibt aber eine andere Verteilung der Forschungsinteressen. Kulturökologie, wie ich sie verstehe, ist transdisziplinär. Transdisziplinäre Forschung begnügt sich nicht mit den zeitweise neuen Zuschnitten der üblichen Wissenssektoren, die wir von der Interdisziplinären Forschung kennen, sondern denkt quer zu diesen. Die auf diese Weise entstehenden Disziplinen neuer Art sind Resultate von Zusammenhangsforschung, nicht bloß Kumulationen alles (oder eines Teils) dessen, was die alten Disziplinen angehäuft haben. Dies ist ein sehr wichtiger Unterschied. Er hat zur Folge, dass auch manches vermeintlich Bekannte in neuem Lichte erscheint.

2 Eine transdisziplinäre Exkursion im evolutionären Raum

Die Herausgeber haben die Beiträge zu diesem Band in eine Reihenfolge gebracht, die meinem Denken sehr entspricht, denn es ist eine evolutionäre Reihenfolge. Das evolutionäre Denken, das ich nicht überschätze, prägt auch die Form von Kulturökologie, die ich für die gegenwärtig stärkste halte. Hierzu eine kleine Reminiszenz: Vor seiner Weltkarriere als Wissenschaftler hatte *Ervin Laszlo*, der große Vordenker der Theorie (und Praxis) evolutionärer Systeme, der für diesen Band ebenfalls einen Beitrag geschrieben hat, als Konzertpianist begonnen und auch einige Schallplatten mit renommierten Orchestern und Dirigenten wie Bruno Walter oder Leopold Stokowski eingespielt. Als wir ihn vor einigen Jahren nach Bielefeld

Die Wechselwirkung der Vielfalt

zu einem Vortrag über Evolution ins Auditorium Maximum eingeladen hatten, bat ihn eine Studentin ohne mein Wissen darum, am Anfang etwas Klavier zu spielen. Also ging er im AudiMax an den Flügel und spielte vor den etwa 500 völlig überraschten Zuhörern auswendig und ausdrucksstark eine Fuge von Bach. Als er dann unter starkem Beifall zum Podium ging, um seinen Vortrag zu beginnen, fragte ich mich, wie nun der Übergang zur Wissenschaft gelingen würde. *Ervin* brauchte nur einen Satz dafür, er sagte: „Eine Fuge ist eine evolutionäre Entwicklung." Schon war er beim Thema. Und so ist auch die ausgedehnte transdisziplinäre Exkursion dieses Buches ein Bild für die evolutionäre Entwicklung von der Natur zur Kultur, wobei im Bereich des Übergangs die Sprache auftauchte. Die Evolution ging einen Weg, der erst beim Gehen entstand, und bei allen, die dieses Buch lesen, entstehen ebenfalls neue Wege: individuelle Gedankenverläufe. Einen, der bei mir entstanden ist, nehme ich hier zum Leitfaden dieser Nachexkursion.

Geleitet durch diese mir ebenfalls nahe und sympathische Metapher, die Metapher einer Exkursion, haben die Herausgeber als erstes vier namhafte Naturwissenschaftler (*Roland Sossinka, Fritjof Capra, Hans-Peter Dürr und Ervin Laszlo*) oder sollte ich besser sagen: Persönlichkeiten, die sich als Naturwissenschaftler einen Namen gemacht haben, um später mehr oder weniger und einige sehr weit über ihre ursprünglichen Horizonte hinaus zu sehen, um Beiträge gebeten. Die Wurzeln der Evolution ruhen in der Natur, und die Natur ist bis heute die Basis für alles später Entstandene geblieben. Ich habe immer, auch wenn ich mich in wissenschaftsphilosophischen, linguistischen oder kulturtheoretischen Gefilden aufhielt, versucht, die natürliche Basis unserer Existenz nicht zu vergessen. Der erste Teil der hier abgedruckten transdisziplinären Exkursion nimmt daher von der Natur als unserem evolutionären Ursprung seinen Ausgang und nutzt das Fachwissen der Naturwissenschaften für weiterführende Überlegungen.

Der letzte Teil der Exkursion erkundet demgegenüber Gebiete, in die uns vergleichsweise späte evolutionären Prozesse, zum Teil weit von der natürlichen Basis entfernt, hinein geführt haben; es ist das riesige und variantenreiche Feld der Kultur. Vier ebenfalls namhafte KulturwissenschaftlerInnen (*Eva Lang, Peter Weinbrenner, Siegfried J. Schmidt* und *Herman Prigann*) kommen zu Wort und begehen mit uns verschiedene Teilfelder, am Ende auch das der

Medien, der künstlichen Wirklichkeiten und der wirklichen Kunst. Die kulturelle Evolution, die durch die natürliche ermöglicht worden ist, hat zwar bisher bei weitem nicht die Zeitdimension ihrer Mutterevolution erreicht, sondern ist uns insbesondere mit ihrem bislang letzten Teilstück, der „Geschichte", noch relativ sehr nahe. Aber sie hat hier vor allem mit der Hervorbringung dessen, was wir „Wirtschaft" nennen, etwas zuvor Ungeahntes geschaffen: ein massives Störungs- und Bedrohungspotential der Resultate der natürlichen Evolution. Zugleich aber enthält sie die einzige Chance, den von uns selbst geschaffenen Gefährdungen doch noch zu entgehen: ebenfalls durch Kultur. Aber das bedeutet zumindest für die heutige westliche Zivilisation wohl: nur durch einen gezielten und substantiellen kulturellen Wandel.

Dazwischen liegt Vieles, unter anderem auch die Entstehung des Menschen, unseres Geistes und des wichtigsten kulturbildenden Instruments: der Sprache. Diese strukturell intermediäre Erfindung der Evolution macht sie in einer noch heute spürbaren Weise zu einem Verbindungsglied zwischen den älteren Systemen der Natur (zum Beispiel den meisten anderen Lebewesen) und den teilweise sehr jungen Systemen der Kultur (zum Beispiel der Wirtschaft, der Wissenschaft oder der Kunst). Vier Sprachwissenschaftler, die alle wichtige Beiträge zur Linguistik der Gegenwart geliefert haben (*Siegfried Kanngießer, András Kertész, Adam Makkai* und *Alwin Fill*), sind daher die Exkursionsführer des mittleren Teilstücks der transdisziplinären Exkursion. Es ist ein wichtiges Stück, weil die Sprache für uns das effektivste Werkzeug zur aktiven Entwicklung von Kultur geworden ist.

Schwierige und variantenreiche Exkursionen, die in Wildnisse führen, muss man gut vorbereiten, und auch in diesem Buch gibt es deshalb eine Vorexkursion, die schon einmal manches von dem, was später spezieller erwandert wird, an einem Exempel zusammenfasst. Hierbei führt uns *Christiane Busch-Lüty*, die Vorkämpferin der Idee einer ökologischen Ökonomie, und das Exempel ist die Reform unserer Wirtschaftskonzepte, die von der nötigen Reform unseres Wissenschaftsverständnisses nicht abzutrennen ist. Schließlich gibt es, weil alles so vielfältig und reich an Wechselwirkungen war, auch noch eine Nachexkursion: die hat soeben begonnen. Und obwohl sie auch selber recht lang sein wird, kann ich auf ihr kaum mehr als jeweils nur wenige Grundgedanken der Auto-

Die Wechselwirkung der Vielfalt

ren aufnehmen und diskutieren; große Teile ihrer speziellen Argumentationen müssen auch hier unkommentiert bleiben. Es sind die transdisziplinären Pfade, die grundsätzlichen, verbindenden Wegmarken, auf die ich mich konzentrieren werde.
So viel zur ersten Orientierung, in meinem Horizont. Es ist der Horizont eines Wissenschaftlers, den die „wilden" Räume zwischen den Disziplinen immer mehr interessiert haben als diejenigen, für die es allseits bekannte Etiketten gibt. Solche Aufenthaltsorte sind nur bedingt karrierefördernd, aber spannender als im Gedränge der disziplinären Zentren geht es dort allemal zu. Deshalb ist, in einem gewissen Sinne, der wissenschaftliche Wandel auch ein immer wiederkehrendes Generalthema auf dem nachfolgenden Weg. Eine Wissenschaft aber, die Evolutionäre Kulturökologie, wird dabei eine besondere Rolle spielen: die Rolle einer erst seit kurzem in jenen Zwischenräumen entdeckten und teilweise noch der weiteren Erforschung harrenden neuen Wissenslandschaft. Ich denke, die Perspektiven, die sie eröffnet, sind lohnend und vielversprechend.

B Die transdisziplinäre Exkursion

3 Die Reformer sind unter uns: Christiane Busch-Lüty

Die weitaus meisten wissenschaftlichen Aktivitäten und auch die meisten Bücher ähneln den meisten Exkursionen. Man ist, auf einem bekannten Pfad, mehr oder weniger unter sich. Ob es sich nun um Hobbybotaniker oder kunstgeschichtlich Interessierte, um Physiker oder um Philosophen handelt: Nur ab und zu gesellt sich mal jemand von einer andern Zunft dazu. Das ist bei der Exkursion dieses Bandes anders. Sie verlässt die vertrauten Wege und wandert weit in die schöne Wildnis des Wissens hinein. Das Umfeld einer jungen Wissenschaft hat für diese immer viel größere Bedeutung als für die wohletablierten alten Disziplinen; diese verhärten leicht an ihren Rändern und brauchen dann theoretische Krisen, um sich ihrer Umgebung wieder zu erinnern. Was bei ihnen in die Erstarrung eines herrschenden Paradigmas einmündet, das ist bei jungen Disziplinen noch alltägliche Erfahrung: die Dynamik der Ideen und ihrer Wechselwirkungen, welche die noch nicht abgemauerte Offenheit für ihr gesamtes Umfeld lebendig hält. Im Gegensatz zu Thomas Kuhn, für den das Musterbeispiel rationaler und reifer Forschung immer die sog. „normale Wissenschaft" geblieben ist (und ich denke, dies gilt auch für die überwältigende Mehrheit aller Wissenschaftler), ist mir immer die junge, noch dogmenferne, hochdynamische Forschung das wissenschaftliche Ideal gewesen, also dasjenige, was eigentlich wissenschaftlich normal sein sollte, dies aber keineswegs ist. Es ist Forschung, bei der der beständige Umbau des Wissens praktiziert wird, ein einziger, komplexer Reformprozess.

Ich fühle mich in dieser Vorstellung eng der politischen Ökonomin *Christiane Busch-Lüty* verbunden. Ihre Vorexkursion ist so etwas wie ein kleines Abbild wichtiger Teile dieses gesamten transdisziplinären Buches. Sogar die Rolle der Sprache, der in jener viel Raum gewidmet ist, wird von ihr kurz angesprochen. Zu Beginn zitiert sie einen Text von mir, den ich nach dem Treffen einer kleinen Gruppe von „Vor-, Nach- und Querdenkern" 1995 auf Schloss Crottorf[3] zu Papier gebracht habe und der mit dem hoffnungsfrohen Satz endet: „Die Reformer sind unter uns." Der Satz passt auch hier. Für mich ist gute Wissenschaft weniger die methodisch solide Ansammlung haltbarer An- und Einsichten, als vielmehr ein beständiges Bemühen um die Reform unseres Wissens im Lichte neuer Ideen. Dass diese dabei immer „von außen" kommen, wurde schon gesagt. Ökonomie und Ökonomik bilden, mit dem ganzen Beharrungsvermögen vieler ihrer herrschenden Lehren aus der sog. Neoklassik, ein sehr gutes Demonstrationsfeld für die Notwendigkeit dieser Mühen.

Christiane, die Mutter Courage der deutschen ökologischen Ökonomie und Protagonistin der Nachhaltigkeit in Deutschland, verkörpert für mich das Urbild einer solchen nach umfassenden Reformen strebenden Wissenschaftlerin neuen Typs: ziemlich im-

---

[3] Ich werde meinem Freund, dem „Experten für radikale Überlebensstrategien" *Hanns Langer*, immer dafür dankbar sein, dass er damals die richtige Zeitung gelesen und mich anschließend zu diesem Treffen bei *Hermann Graf Hatzfeldt* eingeladen hat, wo ich neben *Hanns Langer, Eva Lang, Christiane Busch-Lüty, Beate Weber, Hans-Peter Dürr, Christian Leipert, Walter Stahel* und andere traf und endlich wusste, dass ich mit manchen Gedanken hierzulande doch nicht so allein war, wie ich zuvor schon befürchtet hatte.

Die Wechselwirkung der Vielfalt

mun gegen die Paradigmakrankheit und mit stetem Bewusstsein für die politische Qualität dessen, was man/frau in der Wissenschaft tut. Sie hebt zu Recht hervor, dass es sich bei Nachhaltigkeit eben gerade nicht bloß um ein Fachthema aus der Debatte um einen Paradigmawechsel in den Wirtschaftswissenschaften handelt, sondern – wie sie formuliert – um ein allgemeines, ein „integratives Lebensprinzip". Die Natur hat die nachhaltig organisierten Systeme erfunden; uns bleibt da nur, von ihr zu lernen.[4] Der Ausstieg aus diesem Prinzip lässt auch die Systeme unseres sozialen und kulturellen Lebens scheitern. Ihre beiläufig mitgeteilte Erfahrung mit einem derzeit immer noch einflussreichen deutschen Wissenschaftsphilosophen, der ihr gönnerhaft sagte: „Leben, verehrte Frau Kollegin, ist keine wissenschaftliche Kategorie" (was machen eigentlich die Biologen?), zeigt in nuce die ganze Problematik auf: die Selbstgewissheit derer, deren Urahn einstmals sein Nichtwissen eingestand. Sie stecken mit ihren Verhärtungen gelegentlich ganze Disziplinen an, bis diese krank werden und wir ein „Paradigma" diagnostizieren müssen.

Wenn diese Diagnose richtig ist, wird ein Gesundbrunnen benötigt: Verstreut in diesem Buch, in allen Kapiteln, gibt es Ansätze für die nötige „Salutogenese", die *Christiane Busch-Lüty* exemplarisch für die Ökonomik, aber auch manches andere Kulturelle Ökosystem fordert. Unser erforderlicher Wandel zum homo oecologicus oder homo sustinens geht nämlich weit über die Wirtschaft hinaus. Von Occams Rasiermesser „entia non sunt multiplicanda praeter necessitatem" bis zur Hypothesenökonomie Carnaps oder Stegmüllers durchzieht das Gespenst des homo oeconomicus auch unser Schrumpfbild von Wissenschaft. Auch deshalb ist die neue Ökonomik der Nachhaltigkeit, an der die Autorin mit geistigen Weggefährten wie Herman Daly, Robert Costanza oder Richard Norgaard arbeitet (und auch Autoren dieses Bandes gesellen sich dazu: *Dürr, Lang, Weinbrenner*), wichtig: Sie kann auch den Wissenschaftstheoretikern ihr atavistisches Verständnis von Ökonomie nehmen und durch ein lebensnäheres ersetzen. Es gibt auch eine nachhaltige Wissensökonomie, und diese bedeutet vor allem die dauerhafte Erhaltung und Pflege von wertvollen Wissenres-

---

[4] Christiane Busch-Lüty, Natur und Ökonomie aus Sicht der Ökologischen Ökonomie. In: Hermann Bartmann/Klaus-Dieter John (Hg.), Natur und Umwelt. Aachen: Shaker-Verlag 2000, S. 53-86.

sourcen wie der ständigen Bereitschaft und Fähigkeit, eigene und fremde Denkresultate zu überprüfen und durch bessere zu ersetzen. *Christianes* Mut, vor mehr als zehn Jahren gemeinsam mit *Hans-Peter Dürr* in der „Höhle des Löwen", der traditionsreichen Ökonomengesellschaft „Verein für Socialpolitik", jenen legendären Doppelvortrag zu halten,[5] der das Thema auf die Agenda der deutschsprachigen Fachwelt brachte, fand wohl auch deshalb dort letztlich nur ein geringes Echo, weil man schon damals spürte, dass mehr als die Ökonomik zur Debatte stand.

Busch-Lüty schlägt damit eines der Leitthemen der nachfolgenden transdisziplinären Exkursion an, das sich zwar nicht durch alle, aber durch viele Beiträge hindurchzieht: die schwierige Arbeit für ein erneuertes, stark verändertes Konzept von Wissenschaft. Sie erörtert es anhand grundsätzlicher Aspekte der notwendigen Ökonomiereform, die sich vor allem an der Idee der Nachhaltigkeit orientiert, aber sie hebt die Diskussion doch immer wieder auf die wichtige Metaebene: die damit zu koppelnde, ebenfalls nötige Reform unseres generellen Wissenschaftsverständnisses und unserer Wissenschaftspraxis. Die Sätze, die sie zu Beginn von mir zitiert, drücken die Zuversicht aus, dass es hierfür eine ganze Reihe von Mitstreitern gibt. Dies, die befreiende Kraft einer neuen offeneren Wissenschaftstheorie und eines von ihr mitangeleiteten Handelns, ist ein weiteres Leitthema des ganzen Bandes. Ich denke, dass eine der wichtigsten Leistungen der Evolutionären Kulturökologie darin liegt, uns kulturelle Systeme wie Wissenschaft und Wirtschaft mit neuen Augen sehen zu lehren und den Blick für den allgemeingültigen Charakter solcher Prinzipien wie Nachhaltigkeit, Vielfalt, Flexibilität oder Kreativität zu schärfen.

Christianes Epilog, überschrieben „Hoffen auf kulturelle Vielfalt...", knüpft an das verbreitete Missverständnis an, dass viele Ökonomen ihre Disziplin als eine Quasi-Naturwissenschaft betreiben: „Gesetze des Marktes" z. B. werden wie Quasi-Naturgesetze gehandelt, die Tatsache, dass es sich um die kontingenten Regeln einer ökonomischen Kultur handelt, in Bezug auf die es Alternativen nicht nur geben kann, sondern auch gab und gibt, wird weithin verdrängt. Kulturen, auch die Wirtschafts- oder die Wissenschaftskultur, werden über Konventionensysteme organisiert,

---

[5] Vgl. Fußnote 23 im Beitrag von C. Busch-Lüty.

die nichts Ehernes und schlechterdings Notwendiges an sich haben. Dafür existieren sie, zumindest potentiell, in einer Vielfalt von kulturellen Varianten. Dies ist nicht unvereinbar mit einem gleichwohl verbindlichen Wahrheitsverständnis, aber dieses zu explizieren wird schwieriger. Die üblichen Ansätze hierfür argumentieren zumeist innerhalb ein und derselben Sprache bzw. Kultur; sie ignorieren deren Vielfalt. Zwar wird die Wahrheit der Aussage „Die Erde kreist um die Sonne" nicht falsch, wenn ich sie statt mit einem deutschen mit einem englischen oder chinesischen Satz ausdrücke. Doch muss auch hier eine methodologische Standardisierung vorausgesetzt werden, die einen Konsens über die zu Grunde gelegte Wissenschaftskultur einschließt. Bei der Wahrheitsbewertung einer Aussage wie „Der Markt regelt das Verhältnis von Angebot und Nachfrage" – von Aussagen wie „Leben ist keine wissenschaftliche Kategorie" oder „Ein Berg lebt" ganz zu schweigen – ist dies nur noch offensichtlicher. Dabei ist kulturelle Vielfalt keineswegs nur der Hemmschuh für schnelle Verständigung, als die sie im Lichte des Zeitalters der verkürzten Idee von Ökonomie meistens gesehen wird. Sie ist in erster Linie der Reichtum des bisherigen Resultats kultureller Evolution: ein Reservoir von Wahrnehmungs-, Wissens-, Handlungs- und Lebensalternativen. Auch die Erneuerung unseres fragwürdig gewordenen Wissenschaftsverständnisses muss auf ein solches Reservoir zurückgreifen können; ohne es schwindet unsere kritische Perspektive auf das dahin, was wir tagtäglich tun.

Die Herausgeber haben den Beitrag von *Christiane Busch-Lüty* vor den Beginn der eigentlichen transdisziplinären Exkursion im Umfeld der Kulturökologie gestellt, weil er exemplarisch einige wichtige Fragen vorwegnimmt und die Stimmung vorgibt, die dort überwiegen wird: Die Reformer sind unter uns. Nach ihm beginnt der evolutionäre Gang und er beginnt, natürlich, mit der Natur.

4 Natur, die gefährdete Basis

Unser Leben hat sich teilweise weit von der Natur entfernt. Je weiter zwei Dinge voneinander entfernt sind, desto größer ist die Gefahr, die Wirksamkeit ihres Zusammenhangs aus dem Blick zu verlieren. Was hat Wirtschaft mit Grammatik zu tun oder Wissenschaftstheorie mit Vogelbeobachtung? Solche Fragen haben mich immer besonders gereizt. Bei einigem Nachdenken kann man sie beantworten, oft auf innovative Weise. Deshalb ist für einen Kulturwissenschaftler vieles von Belang, was Naturwissenschaftler sagen (ich meine, dass das Umgekehrte auch gilt). Die Natur muss uns aus zwei Gründen selbst dort interessieren, wo es vordergründig nur um Geld, Syntax, Gedichte oder Theorien geht. Erstens deshalb, weil wir auch zur Befolgung dieser Interessen ihren Boden nicht unter den Füßen verlieren dürfen, zweitens deshalb, weil wir kulturelle Strukturen nicht voll verstehen können, wenn wir ihre Genese nicht kennen; ich werde an späterer Stelle darauf eingehen.

Das Erstgenannte bedeutet, dass Naturschutz heute eine vorrangige kulturelle Aufgabe ist.[6] Dabei ist sein Begriff problematisch und in Fachkreisen zu recht umstritten. In einem gewissen Sinne nämlich braucht die Natur unseren Schutz überhaupt nicht. Wir könnten wohl einen großen Teil der natürlich entstandenen Lebensvielfalt in einer Art regressiver Evolution vernichten, ohne dass es der Natur und uns selber ernsthaft an den Kragen ginge. Sie könnte in dieser reduzierten Form zweifellos auch ohne uns fortexistieren; der Störenfried ihrer empfindlichen Gleichgewichte wäre verschwunden, die progressive Evolution könnte einen neuen Anlauf machen. Wenn wir dies heute durch verschiedene Formen des Naturschutzes zu verhindern versuchen, stehen unterschiedliche Motive dahinter: sentimentale, rationale, politische, ökonomische, ethische oder ästhetische. Vor allem aber das, uns selbst zu erhalten. Ich glaube, dass zu den rationalen Argumenten hierfür auch eine Einsicht gehört, die wir noch nicht lange gewonnen haben: dass jedes Resultat der langen natürlichen Evolution auch ein wichtiges Lernmodell für die weitere kulturelle sein kann. Wir können es zur Beantwortung einer wichtigen Frage nutzen. Sie lautet: Welche Lösung hat eine langfristig wirkende Rationalität, die harten Auslesebedingungen unterliegt, für ein komplexes Problem

---

[6] Peter Finke, Die Reform unserer kulturellen Ökosysteme. Neue Konzepte für den Naturschutz. Einführungsreferat auf der 4. Naturschutzkonferenz „Naturschutz außerhalb von Schutzgebieten" des Ministeriums für Umwelt, Naturschutz und Raumordnung Sachsen-Anhalt, Havelberg, 29.09.1995 (unveröffentlicht). – Vgl. zum Unterschied auch Hubert Markl, Natur als Kulturaufgabe. Stuttgart: Deutsche Verlags-Anstalt 1986.

gefunden? Im kulturellen Bereich haben wir dafür längst nicht so viel Zeit. Außerdem ist unsere Rationalität in einem sehr wichtigen Punkt viel eingeschränkter als die der Natur: Sie ist nämlich keinesfalls umfassend. Während die Natur sämtliche energetischen oder materiellen Vorgänge, wo immer im Gesamtsystem sie vorkommen, verarbeitet und nichts „unter den Tisch fällt", reicht unser Überblick schon bei wesentlich weniger komplexen Systemen bei weitem nicht für Vollständigkeit aus. Mit schönen Worten wie „Idealisierung", „Modellbildung" oder „Reduktion" täuschen wir uns gern über diese Tatsache hinweg. Doch es hilft nichts. Unsere Unterscheidung des Unwichtigen vom Wichtigen bleibt oft unsicher und stellt sich nicht selten später als falsch heraus. Wir haben also Gründe, uns zu Beginn mit Natur und Naturwissenschaft zu befassen.

4.1 Roland Sossinka

Für die Natur sind die Vielfalt der Wechselwirkungen und die Wechselwirkungen der Vielfalt nichts, was sie überfordert. Wir aber sind davon leicht überfordert und haben deshalb von ihr nach wie vor zu lernen. Dieses Lernen von der Natur, das Bemühungen um den Erhalt ihres Reichtums rechtfertigt, ist ein gemeinsamer Nenner der ersten Etappen unserer transdisziplinären Buchexkursion.

Aber nur der erste Exkursionsleiter, gleich zu Beginn, der Biologe *Roland Sossinka*, spricht explizit über Natur als die Grundlage auch unseres menschlichen und unseres gesamten kulturellen Lebens. Nur er spricht explizit darüber, dass wir die natürlichen Lebensgrundlagen, die sie uns bietet, gefährden. Aber das Bewusstsein, dass wir diese Grundlage durch eben unsere Kultur erschüttern und damit letztlich auch dieser selbst den Boden entziehen könnten, teilen auch alle, die nach ihm die Führung in diesem ersten Teil übernehmen. Sie alle sind, vor oder neben dem, was sie sonst noch sein mögen, Naturwissenschaftler. Auch Kulturwissenschaftler, die sich anscheinend für nichts anderes als den Menschen und seine Hervorbringungen interessieren, sollten sich angesichts der riskanten Kultur, die wir pflegen, ein Interesse für die Natur und ihre Hervorbringungen bewahren oder anerziehen.

Auch hierzu eine kleine Reminiszenz. Ein Kollege aus der Literaturwissenschaft, der mir vor vielen Jahren mal etwas Böses sagen wollte, sprach: „Ich habe gehört, dass Sie gelegentlich Vögel beobachten. Also, das könnte mir ja nicht passieren." Unkommentiert wirkt dies am besten.

Eine Geisteswissenschaft neuer Art, als die man die Kulturökologie verstehen kann, ist nicht möglich ohne elementares Fakten- und Zusammenhangswissen über „Mutter Natur". Sie ist und bleibt auch für denjenigen, der nur im Hochhaus, in seiner Studierstube oder vor dem Computer sitzt, die elementare Lebensbasis: Komplexe physikalische und biochemische Prozesse und unsere Mitlebewesen, die Bakterien und Pilze, die Pflanzen und Tiere, sind es, die letztlich dafür sorgen, dass auch für uns die Luft atembar, das Wasser trinkbar, die Erde bewohnbar und neues Wissen erforschbar bleibt. Auch unsere Noosphäre bleibt in all ihrer Abgehobenheit ein Teil der allgemeinen Biosphäre. Ich freue mich daher, dass *Roland* (der legitim, sozusagen von Amts wegen, Naturbeobachter sein darf) am Anfang in einfacher, klarer Sprache einige elementare Tatsachen aus diesem Wissenskontext begrifflich sortiert, die nicht wenige Kulturwissenschaftler schnell als vermeintlich für sie irrelevant beiseite schieben. Gibt es ein Wissens- oder ein Handlungsfeld, das keinen Naturbegriff nötig hat? Ich denke nicht. Es gibt nur solche Felder, auf denen die dort tätigen Spezialisten den Naturbezug vergessen, verdrängen oder anderen Spezialisten zuschieben.

Es ist nützlich, dass *Sossinka* uns den Wandel des Naturverständnisses vor Augen führt. Was Natur ist, ist verschieden bestimmt worden. Eine naive Verwendung des Naturbegriffs können wir uns deshalb nicht mehr leisten. Dennoch glaube ich, dass zwei seiner Merkmale von überzeitlicher Bedeutung sind: das Entstandensein ohne unser Zutun und das – gemessen an der für uns überschaubaren kulturellen Geschichte – hohe Alter, in dem sich die Erfahrung verbirgt, wie man in einem komplexen Lebensnetz miteinander auskommt. Heute, im Zeichen der Gentechnik, wird besonders deutlich, dass auch Pflanzen- und Tierarten nicht grundsätzlich vor Manipulation sicher sind; von komplexeren Lebenseinheiten wie Ökosystemen oder sogar Landschaften wissen wir dies schon länger. Dennoch hielte ich es für falsch, pauschal zu sagen, die Natur sei vor der Kultur auf dem Rückzuge, denn die naturgesetzlichen Zusammenhänge können wir nicht manipulieren; im Gegenteil: Wir bedienen uns ihrer bei jeder Manipulation. Allerdings sind es die nichtmanipulierten Lebensformen, die Arten und die Ökosysteme, die vordringlich unseren Schutz benötigen. Da viele aber nur überleben konnten, indem sie sich mehr oder weniger an die vordringende Kultur anpassten, müssen wir dies bei unseren Schutzbemühungen ebenfalls berücksichtigen und beispielsweise auch wertvolle Kulturlandschaften vor Zerstörung schützen, weil komplexe Lebensnetze in sie eingebunden sein können. Es ist die natürliche Vielfalt, die Biodiversität, die wir durch unsere Kulturformen zurückdrängen.[7] Mit ihr beschädigen wir auch das Netz, das uns selber trägt, auch die Diversität unserer Kulturen.

Roland ist nicht der einzige, der in diesem Band die Rolle der Ethik für die Reform unseres Denkens und Handelns anspricht. Die drei zum Beispiel, die unmittelbar nach ihm die weiteren Strecken der Exkursion führen, haben gerade in den letzten Jahren hierzu viel gearbeitet. Doch obwohl ich auch glaube, dass wir einer neuen Ethik bedürfen, um den Konsequenzen des von *Sossinka* zitierten Spotts eines Planeten gegenüber einem anderen zu entgehen, glaube ich doch auch, dass der Ruf nach Ethik in einem bestimmten Sinne zu spät kommt. Nicht in dem Sinne zu spät, dass es heute schon zu spät wäre, uns ernsthaft um diese zu bemühen; vielmehr in dem Sinne zu spät, dass es noch vor aller Ethik um die wirkliche Reform unserer Begriffe und Routinen geht, die unsere kulturellen Ökosysteme heute steuern. Dabei steht natürlich unser noch immer dummes Verständnis dessen, was angeblich „ökonomisch" sein soll, im Vordergrund. Noch immer wird der größte Teil der gesamten Weltökonomie von nichtnachhaltigen Praktiken, zum Beispiel dem Phantom eines beständigen, ja möglichst exponentiellen Wachstums beherrscht. Dies verdirbt unsere ökonomischen Konzepte. Es darf nicht länger heißen: Am liebsten würde ich ja dasjenige machen, was mich am wenigsten Geld kostet, denn es wäre ökonomisch gesehen das Beste; aber gut, ich verzichte aus ethischen Gründen darauf. Vielmehr muss es heißen: Was das ökonomisch Beste ist, muss neu und besser bestimmt werden als das, was dem Prinzip der Nachhaltigkeit am ehesten entspricht, weil dies nämlich mittel-

---

[7] Edward O. Wilson, Ende der biologischen Vielfalt? Heidelberg/Berlin/New York: Spektrum Akademischer Verlag 1992.

und langfristig gesehen für alle Beteiligten – auch für mich selbst – den größten Vorteil und den geringsten Schaden verursacht. Weniger die Ethik muss sich ändern, als vielmehr unsere Einsicht in die tatsächlichen Zusammenhänge und Wechselwirkungen der Ökonomie und dementsprechend die Organisation mancher unvernünftig organisierten Systeme. Es ist nicht vernünftig und damit auch nicht ökonomisch vorteilhaft und deshalb auch unmoralisch, nichtnachhaltig zu wirtschaften; die Natur wirtschaftet auch nicht so, die Potentiale ihrer Rationalität haben wir offenbar noch immer nicht genügend ausgeschöpft.

Ich räume ein, dass wir für den Weg zu diesen Zielen auch die Hilfsdienste der Ethik benötigen. Nur bestehe ich darauf: Vorrangig müssen wir viele Ideen von Wissenschaft, Wirtschaft, Politik, auch von Naturschutz, ändern, deren überholtes Selbstverständnis uns die Probleme bereitet, die zu lösen so dringlich wie schwierig geworden ist.[8] Wenn wir sie anders sehen, können wir sie auch anders organisieren. Die alten Ideen kann auch die Ethik nicht retten. Zu allererst müssen wir in der Sache selbst hinzulernen. Die nötige Erneuerung der Ethik bedeutet also zu einem erheblichen Teil, jene Reformen in den einzelnen Sachbereichen durch eine grundsätzliche Reflexion von Rationalität und Zusammenhangswissen zu erklären und zwingend zu machen.

4.2 Fritjof Capra

Wie dies gehen könnte, zeigt der Beitrag von *Fritjof Capra*. Er setzt manche der eben genannten Gedanken als so selbstverständlich voraus, dass er sie nicht erwähnt. Wie sollte er auch! Viele haben gerade von ihm die Grundzüge des neuen Denkens gelernt, das gegenwärtig in manchen Bereichen in ein neues Handeln mündet, in anderen noch wird münden müssen. Mit seinem Buch „Wendezeit" hat er schon vor mehr als zwanzig Jahren das wissenschaftstheoretische Basiswerk einer ganzheitlichen, ökologischen Sicht auf die Welt des Wissens, des „ecological point of view",

---

[8] Vgl. Peter Finke, Der Weg führt über die Köpfe der Menschen. Erscheint in: *Politische Ökologie 2003* (im Druck).

Die Wechselwirkung der Vielfalt

geschrieben.[9] Es ist nicht entscheidend, ob man ihm dabei – wie allen Beiträgern dieses Bandes bei ihren jeweils fachspezifischen Lehren – in allen Einzelheiten folgen kann oder nicht. Einzelheiten sind dann wichtig, wenn es um spezielle Fragen geht; wenn Prinzipielles zur Debatte steht, sind sie unwichtig. *Capra* hat jedenfalls vielen, auch mir, beim Weg heraus aus den Sackgassen des alten Denkens geholfen, indem er vorangegangen ist.

Vielfalt und Wechselwirkung, die beiden Titelbegriffe des Bandes, sind für mich wie für ihn wichtige Strukturgrößen der Natur und der Kultur. Wechselwirkungen sind ein Evolutionsprinzip, Vielfalten sein Produkt. Den Wechselwirkungen der natürlichen Evolution sind solche einer zweiten, der kulturellen Evolution gefolgt, der natürlichen Vielfalt eine zweite, die kulturelle Vielfalt. Ich hatte bereits bei der Besprechung des Beitrags von *Christiane Busch-Lüty* gesagt, dass diese zweite Vielfalt nicht ein Hindernis des Wissens, sondern ein Reichtum ist, ohne den wir keine Chance auf eine kritische Sicht einer einmal gelernten Weltwahrnehmung hätten. Wir kommen immer wieder in die Lage beurteilen zu müssen, ob eine zur Gewohnheit gewordene Wahrnehmung für die weitere Zukunft noch taugt. Hierbei hilft uns eine möglichst große Offenheit für den Reichtum kultureller Vielfalt, wie auch die natürliche Evolution an der ganzen Palette der natürlichen Vielfalt weiter arbeitet. Deren kulturelle Einschränkung durch uns ist dumm, weil Varianten einer Problemlösung verloren gehen, von denen wir womöglich noch etwas hätten lernen können.

Capra macht nämlich plausibel, dass wir für das Verständnis und die Organisation menschlicher Gemeinschaften von der Natur und ihrer Organisation lernen können. Dass jedenfalls unsere westliche Zivilisation dies nötig hat, steht außer Frage. Sie ist es, die die natürlichen Lebensgrundlagen auf unserem Planeten mehr als jede andere Kultur beschädigt, und deshalb ist sie es auch, an die sich als erste der Zwang zur Wandlung richtet. Dies aber bedeutet Lernen. Obwohl es auch die fehlende Lernbereitschaft gibt, die dem Irrtum aufsitzt, es gäbe für unsere Kultur nichts zu lernen, denke ich doch, dass dies nicht das Hauptproblem ist. Dies ist eher eine verbreitete Unsicherheit über Richtung und

---

[9] Fritjof Capra, Wendezeit. Bausteine für ein neues Weltbild. Bern/München/Wien: Scherz Verlag 1982.

Prinzipien eines solchen Lernens. Ich nenne dies das „Problem der glitzernden Oberfläche". Oberflächlich betrachtet sind nämlich viele der gravierendsten Strukturprobleme unserer Kultur kaum erkennbar. Kultur scheint beliebig organisierbar zu sein; was sollen da natürliche Vorbilder? Ein Büro, ein Finanzsystem, ein Fußballspiel, eine Oper: Nichts scheint mehr an natürliche Strukturen zu erinnern. Außerdem gibt es auch in vielen Ballungszentren noch grüne Natur. Dass die Biodiversität aber dort stark verarmt ist und hauptsächlich aus Ubiquisten besteht, sieht der oberflächliche Beobachter nicht. Städte gehören beispielsweise zu den vogelreichsten Räumen in der Kulturlandschaft. Doch es sind unter zehn häufige, anpassungsfähige Arten, die über 90 Prozent solcher Vogelpopulationen stellen. Wer aber weiß dies und wer weiß, was es bedeutet? Die meisten Stadtkinder kennen bekanntlich zwanzig Automarken, bevor sie vielleicht drei Vogelarten kennen. Die übliche Reaktion hierauf ist, es nicht schlimm zu finden. Wer die Natur nicht mehr kennt, weil ihn die Glitzerwelt der eigenen Kultur viel mehr interessiert, kann nicht wirklich beurteilen, wie das alles zu verstehen ist. Er hört es mit Distanz, wenn einige von Zusammenhängen raunen. Er ist von einem oberflächlichen Glanz geblendet, der vielfach hauchdünn ist und tiefliegende Strukturbeziehungen und -probleme mit dem Mantel einer artifiziellen Hülle zudeckt.

Das Eindrucksvollste an *Fritjof Capras*, eines Physikers, Bemühungen, die geistigen Konsequenzen aus alledem zu ziehen, ist daher für mich zwar auch die synthetische, ja integrative Kraft, mit der er diese Oberfläche durchstößt und auf einer tieferen Ebene verschiedene Ansätze zu einem neuen theoretischen Bild von Natur, Leben, Geist und Mensch zusammenfügt.[10] Aber mehr noch als dies beeindruckt mich die praktische Schlussfolgerung, die er daraus gezogen hat: nicht nur über all das in einer wissenschaftlich anspruchsvollen Weise zu reden und zu schreiben, sondern dies auch in einer einfachen, für Nichtfachleute verständlichen Sprache zu tun. Sein Beitrag in diesem Buch ist in dieser Hinsicht ähnlich wie der *Sossinkas* ein Muster dafür, wie weit wirklich gute Wissenschaftler ihr angestammtes sprachliches Balz-

---

[10] Vgl. auch: Fritjof Capra, Lebensnetz. Ein neues Verständnis der lebendigen Welt. Bern/München/Wien: Scherz Verlag 1996.

gehabe ablegen können, wenn es ihnen wirklich darum geht, auch von normalen Menschen verstanden zu werden. Aber *Capra* hat noch mehr getan, seine Einsichten in praktische Nutzanwendung umzusetzen. Sein „Center for Ecoliteracy" in Berkeley, an dem auch *Nilgün Yüce* eine Zeit lang studiert hat, ist sein Hauptbeitrag zur Ermöglichung jenen Lernens, das unsere Kultur nötig hat. Dort wird praktisch, was er theoretisch in vielen Büchern, Aufsätzen und Reden beschrieben hat. Es ist die Vermittlung der Einsicht, dass es tatsächlich solche verdeckten, aber deshalb umso wichtigeren strukturellen Zusammenhänge zwischen scheinbar Grundverschiedenem gibt und daraus Prinzipien und Richtungswegweiser für unser Handeln folgen. Im Beitrag zu diesem Band wird es exemplarisch deutlich: der Sinn des kulturellen Lernens von der Natur.

Dennoch meine ich, dass in seiner hiesigen Argumentation ein Zwischenglied fehlt, das sie noch zwingender machen und den Verdacht eines unbegründeten Biologismus, den weniger konsequent denkende Kritiker seinen Auffassungen gegenüber gelegentlich äußern, völlig entkräften würde. (Allerdings räume ich ein, dass dieses Zwischenglied womöglich seinem lobenswerten Bemühen um Einfachheit zum Opfer gefallen ist.) Es ist die Tatsache (ich denke, man kann sie so bezeichnen), dass es genuin ökologische Systeme nicht nur in der physikalisch-materiellen, sondern auch in der psychisch-immateriellen Sphäre gibt. Wir verdanken diese Einsicht Gregory Bateson, den auch *Fritjof* als einen seiner großen Lehrmeister bezeichnet. Ich glaube jedenfalls, dass Batesons Rede von einer „ecology of mind" ihren metaphorischen Charakter längst verloren hat, seit er und andere zeigen konnten, dass die in der natürlichen Evolution so erfolgreiche Organisationsform eines Ökosystems von der geistigen und kulturellen Evolution aufgegriffen und weitergeführt worden ist.[11] Wenn dies aber so ist, dann gibt es umso weniger Grund, für unsere kulturellen Belange das Lernen von der Natur zu verweigern. Offenbar haben wir diese Systeme bislang nur noch nicht richtig verstanden, weil wir sie

---

[11] Gregory Bateson, Steps to an Ecology of Mind. New York: Chandler 1972. Deutsche Übersetzung unter dem Titel: Ökologie des Geistes. Frankfurt: Suhrkamp 1981. Vgl. auch: Peter Finke, Kultur als Ökosystem. Eine kurze Beschreibung, Erklärung und Anwendung. *Living* 3/1993. Braunschweig: Gesellschaft für Kultur und Kommunikation, S. 56 - 59.

an der Oberfläche derart mit institutionellen und bürokratischen Strukturen überformt haben, dass wir ihre verdeckten ökosystemischen Wurzelstrukturen gar nicht mehr wahrnehmen. Wenn wir aber, *Capra* folgend, beispielsweise menschliche Gesellschaften intelligent nach natürlichem Vorbild reorganisieren, tragen wir damit nur einer Rationalität Rechnung, deren Erfahrung wir nicht unterschätzen sollten: der Rationalität der Evolution.

Die Einsicht in diese Strukturzusammenhänge war für mich die Grundlage für die Entwicklung meiner Theorie Kultureller Ökosysteme und diese eine der Basiskomponenten für das, was man heute „Evolutionäre Kulturökologie" nennt.

4.3 Hans-Peter Dürr

Kulturen sind hochkomplexe, dynamische Wechselwirkungsgefüge. Ihre heute teilweise von ihnen abhängig gewordene Basis sind die Wechselwirkungsgefüge der Natur. Für jeden Naturwissenschaftler sind Wechselwirkungen ebenso vertraute, wenn auch nicht unbedingt einfach zu durchschauende Phänomene, wie auch die ungeheure Vielfalt der anorganischen und organischen Natur etwas dort Gegebenes und deshalb zu Erklärendes ist. Die Natur ist variantenreich, aber alle ihre Varianten gehorchen den Grundsätzen der Thermodynamik. Sie unterliegt der Entropie, aber sie nutzt auch die diese noch immer übersteigende Syntropie der Sonne. Damit ist sie zu einem in unvorstellbaren Zeiträumen angehäuften Schatz geworden, dessen reiche Biodiversität weit schneller verspielt sein kann als sie entstanden ist. Kultur, als Aufsitzerin auf der Natur, kann dies bewirken; freilich: Die elementare Thermodynamik kann sie nicht außer Kraft setzen. Die vielen Varianten der Kultur aber sind nicht naturgesetzlich determiniert, sondern durch Regelsysteme, und in diese können wir sehr wohl eingreifen; sie sind bloß Konventionen. Im Rahmen der durch die umfassende Ökologie der Natur vorgegebenen Grenzen sind die Konventionensysteme der Kultur, insbesondere auch die Systeme der Wissenschaft oder der Wirtschaft, letztlich unser eigenes Werk, und wenn wir sehen, dass dies mangelhaft ist, dann ist die Zeit für kreatives Handeln gekommen. Ihre Veränderung ist in weiteren Grenzen möglich als viele glauben.

Die Wechselwirkung der Vielfalt

Für den Physiker *Hans-Peter Dürr* sind, wie für *Sossinka* und *Capra*, solche Zusammenhänge ebenfalls ein Ausgangspunkt seiner Gedankenwelt. Dabei ist es seine Lehrzeit bei Werner Heisenberg, dessen befreiende und Horizonte öffnende Fähigkeit, die neue Quantenphysik mit einem jungen Team kreativ zu interpretieren, die sein im Laufe der Jahre immer kritischer gewordenes Verständnis von Naturwissenschaft geprägt haben[12] (auch *Capra* nennt ihn als einen Startpunkt seines heutigen Denkens). Für *Hans-Peter* ist es auf dieser Erfahrungsbasis klar, dass viele unserer heutigen Verhaltensweisen innerhalb und außerhalb der Wissenschaften noch immer von atavistischen Vorstellungen aus der Physik des 19. Jahrhunderts geprägt werden: die verbreitete materialistische Weltsicht, so als könne man sich noch immer an der Materie als letzter physikalischer Sicherheit festhalten; die Sehnsucht nach etwas Festem, die sich auch in Methodologie und Prognose widerspiegelt; die Maschinen- und Mechanismusmodelle, ohne die selbst viele Geistes- und Kulturwissenschaftler nicht glauben auskommen zu können; das weithin schiefe Selbstbild von Naturwissenschaftlern (und in ihrem Gefolge dann auch von anderen), die in der Mathematisierung ihrer Aussagen den Königsweg zu Wahrheit und Relevanz sehen, statt deren Inhalte kritisch zu überprüfen; die noch immer mangelnde Bereitschaft, von der Erfahrung der Natur für die Optimierung der von uns erfundenen Systeme zu lernen. All dies erfordert nicht nur eine grundsätzlich kritische Einstellung zu den Einflüsterungen der Wissenschaft, die zur „Machenschaft" zu verkommen droht,[13] sondern auch eine neue große Anstrengung, die unzureichenden gewohnten Disziplinenbahnen zu verlassen und endlich zu lernen, in komplexeren Zusammenhängen zu denken. Vieles heute existentiell Wichtige und Schwierige wie der Schutz der Biodiversität, aber auch die Reform der globalisierten Wirtschaft oder eine weltweite Friedensstärkung muss mit einer Bildung und Ausbildung nach den Musterstrukturen der Physik der Vergangenheit fast zwangsläufig verfehlt werden. *Hans-Peter Dürr* beschreibt in seinem Beitrag unter dem Etikett des Querdenkens

---

[12] Hans-Peter Dürr, Das Netz des Physikers. Naturwissenschaftliche Erkenntnis in der Verantwortung. München/Wien: Carl Hanser Verlag 1998.
[13] Vgl. z. B. Hans-Peter Dürr, Die Zukunft ist ein unbetretener Pfad. Freiburg: Herder 1995, S.27.

die einzige wirksame Therapie, die ich gegen die Paradigmakrankheit kenne.

„Querdenken" ist ein populärer, kein klarer Begriff. *Hans-Peter*, in seiner herrlich anschaulichen Art, versucht ihn deshalb durch ein großes „T" zu erklären und sagt, wir benötigten für die Bewältigung der großen Gegenwartsprobleme eine „T-Intelligenz". Sie ist (wie das „T") zusammengesetzt aus der disziplinären „vertikalen" Intelligenz der Spezialisten, die wir heute für alles und jedes ausbilden, und einer anderen, transdisziplinären „horizontalen" Intelligenz, an deren Perfektionierung wir noch erheblich arbeiten müssen. Dies ist die Intelligenz, die durch wissenschaftliches Querdenken geübt und entwickelt werden kann. Abgesehen davon, dass ich hier lieber von Kompetenzen sprechen möchte als von Intelligenzen und, das Prinzip seiner Veranschaulichung aufgreifend, lieber von einer „Plus-Kompetenz" oder einem „Kompetenz-Plus", stimme ich ihm voll zu. Die Fähigkeit, quer zu den herrschenden Strukturen und Institutionen zu denken, wird heute, wo wir sie dringender bräuchten denn je, erschreckend wenig gefördert. Unsere Schulen und Hochschulen sind zu Ausbildungsanstalten für Tagesbedürfnisse geworden; der Blick über den Tellerrand ist kaum noch ihre Sache. Wir messen ihre Effektivität an der Quantität des Wissens, das sie vermitteln, nicht an dessen Qualität. Und es ist ein Fakten- und Spezialistenwissen, um das es ihnen geht, kein verallgemeinerbares oder gar kritikfreundliches Wissen. So wirken sie mit an der Gefährdung unserer Lebensbasis, die sie doch eigentlich nur erforschen und bewahren helfen sollten.[14]

Ein Einwand, der gegen eine solche Art des Wissens immer wieder vorgebracht wird, ist der Hinweis darauf, dass es in den meisten Fällen auf Kosten der Genauigkeit geht. Dahinter steckt die Idee, eines der vornehmsten Merkmale der modernen Wissenschaft sei die Präzision der Begriffe, die sie verwendet, und damit der Aussagen, zu denen sie fähig ist. Dies ist zwar manchmal richtig, aber

---

[14] Es gibt ermutigende Ansätze, es besser zu machen. Auch einige Beiträger dieses Bandes haben herausragende Beispiele geschaffen, etwa *Christiane Busch-Lüty* die „Vereinigung für ökologische Ökonomie", *Hans-Peter Dürr* das „Global Challenges Network", *Fritjof Capra* das „Center for Ecoliteracy", *Ervin Laszlo* den „Club of Budapest". In all diesen Einrichtungen wird der Mensch über seine Fachkompetenzen hinaus in seiner ganzen Rationalität, Emotionalität und politischen Wachheit herausgefordert.

als Prinzip falsch. Präzision ist kein überzeugender Maßstab für gute Wissenschaft, weil sie relativ ist. Soweit sie notwendig ist, ist sie unverzichtbar. Wo sie aber in keiner Beziehung mehr zu den zu lösenden Problemen steht, ist sie geradezu störend und bei diesen Lösungen hinderlich. Leider ist die Gleichsetzung von Präzision mit Wissensqualität zu einem auffälligen Kennzeichen heutiger Wissenschaft geworden, die darum oft die von ihr mitgeschaffenen globalen Probleme kaum noch angemessen thematisieren kann. Sehen nicht die Klimaforscher schon lange etwas lächerlich aus, wenn sie hartnäckig beteuern, dass die langfristige Temperaturstatistik die globale Erwärmung noch nicht sicher bestätigt? Und was ist von Ökonomen zu halten, die genaueste mathematische oder spieltheoretische Modelle unseres Wirtschaftsverhaltens entwickeln, aber nicht auf die Idee kommen, zuvor es selbst und die affirmativ-konservativen Theorien, die es lediglich beschreiben und erklären, kritisch zu hinterfragen? Linguisten, die für ähnliche Anbetungen des Präzisionsgötzen ebenfalls anfällig sind, hat Helmut Heißenbüttel bereits vor Jahren mit mildem Spott überzogen, indem er sagte, sie seien zu genauesten Analysen von Sätzen wie „Karlchen fährt Roller" fähig.

Dürr trifft genau den Punkt, wenn er demgegenüber für die Wissenschaft einen „Mut zur Unschärfe" anmahnt: Sie muss besser als bisher lernen, übergreifende Beziehungsgefüge, durch Oberflächenstrukturen verdeckte Muster in der Tiefe der Problemkomplexe wahrzunehmen, doch dies ist oft nur bei einer Zurücknahme der Analysefeinheit möglich. Obendrein geht es auch nicht nur um Analysen, sondern zu einem erheblichen Teil um die Weiterentwicklung unserer Fähigkeiten zur Synthese. Was *Hans-Peter Dürr* „nachhaltige Wissenschaft" nennt, ist anders nicht realisierbar, doch der Wandel zu diesem Ziel ist notwendig, wenn wir die Gefährdung unserer Lebensbasis unter Kontrolle bringen wollen. Eine solche Wissenschaft propagiert nicht das dauerhafte, unveränderliche Wissen, sondern im Gegenteil dasjenige, dessen Beständigkeit darin liegt, dass es immer flexibel bleibt, nie die Überprüfung seiner nur scheinbar sicheren Grundlagen einstellt, immer nach neuen Ideen sucht, nie in Paradigmen erstarrt, immer den potentiellen Gewinn durch vielfältige Perspektiven sieht und nie der Pseudoökonomie des Ideenkahlschlags erliegt. Dies ist tatsächlich keine populäre Position. Die gaukelt uns den wissenschaftlichen Sonntag vor: den Besitz der Wahrheit, die Vermeidbarkeit der Fehler. Der Alltag der heutigen Wissenschaft ist viel durchwachsener. Er ist durch Rätsel und Vermutungen, Ahnungen und Hoffnungen, vorschnelle Gewissheit und leider auch eine verbreitete Tendenz zur Machenschaft gekennzeichnet.

4.4 Ervin Laszlo

Auch *Ervin Laszlos* Beitrag thematisiert in gewisser Weise diese Spannung zwischen dem Normalen und dem Außergewöhnlichen in der heutigen Wissenschaft, freilich aus der entgegengesetzten Perspektive: einer Vision der neuen Horizonte, welche die neuesten Forschungsergebnissen eröffnen. Ich freue mich über ihn deshalb besonders, weil sein Autor als der heute führende Kenner der Logik evolutionärer Systeme einer der großen Ideengeber für die Evolutionäre Kulturökologie ist und als Forscher mit unlimitierten Interessen und nüchternem Blick auf die Konsequenzen unserer Zivilisation zugleich immer wieder die ethische Notwendigkeit der Arbeit für einen kulturellen Wandel betont.

Seine Vision öffnet den Blick auf Zusammenhänge, die wahrscheinlich viele mit dem Begriff der Wissenschaft, zumal der Naturwissenschaft, nicht verbinden möchten. Aber eben dies zeichnet *Laszlos* Beiträge zur Forschung aus: der entschiedene Versuch, in den Unschärfezonen der Grenzregionen des heutigen Wissens jene kreativen Potentiale aufzuspüren, die allein ein Fortkommen vom Bestehenden versprechen. Dabei kann noch etwas anderes auffallen: dass hierzu Mut gehört. Mut ist also auch eine – freilich als solche bislang kaum beachtete – wissenschaftstheoretische Kategorie. Wider den Strom zu schwimmen und auch riskante Argumente auszutesten ist viel öfter notwendig, als viele zu glauben scheinen. Es erfordert mehr Kraft, als sich von ihm treiben zu lassen, und eine spezifische Tapferkeit. Die Wissenschaftstheoretiker, die frei schwebende Theorien erforschen und nicht Arbeitsziele und -produkte von Wissenschaftlern, scheinen blind für diese Kategorie. *Ervin Laszlos* Arbeiten könnten sie sehend machen, wenn sie es denn wollten. In der Regel aber wollen Wissenschaftler Mut nicht als wissenschaftstheoretische Kategorie sehen; ihnen bricht angesichts aller unorthodoxen, riskanten Exkursionen zu neuen Wissenshorizonten der Angstschweiß aus. So sehr klammern sie sich an das, was sie für die Gewissheit sicheren Wissens halten. Aber ist empirisches Wissen jemals gewiss? Nein, es ist eine Art besseren Rätselratens, nur durch raffinierte methodologische Netze mehr schlecht als recht und auf Zeit, nicht auf Dauer, abgesichert. Visionen sind es noch weniger. Nur hie und da sind solche im bekannten Wissensfundus verankert. Dennoch sind sie es, die den Raum unserer Rationalität zu erweitern versuchen, und deshalb benötigen wir sie. Ohne sie blieben wir Jäger und Sammler, kaum mit der Chance, das, was wir dabei auftreiben, in einen Gesamtzusammenhang zu bringen.

Ervins holistische Vision einer Welt, die eher Geist als Materie ist, universal verbunden durch ein kollektives Bewusstsein, erinnert in ihren Ausgangspositionen an *Dürrs* Argumente, geht aber erheblich über das zuvor Besprochene hinaus. Sie speist sich aus aktuellsten Forschungsresultaten auf verschiedensten Gebieten, beginnend bei den neuen Raumzeitvorstellungen der heutigen Quantenphysik, über die Biologie bis hin zu Gehirnphysiologie und Kognitionsforschung, berührt aber auch Resultate der Forschung in Grenzregionen wie der parapsychologischen Phänomene, der todesnahen Erfahrungen oder anderer außergewöhnlicher Bewußtseinszustände. In seiner souveränen Mißachtung aller Disziplinengrenzen ist *Laszlo* ein Leuchtturm im heutigen Spezialistenmeer und ähnelt Gregory Bateson, den auch die geheimnisvollen Verbindungsfelder zwischen den nur scheinbar getrennten Wissensgebieten immer besonders interessiert haben. Dort liegt die Zukunft der Wissenschaft, nicht im Zentrum der klassischen Disziplinen. Doch die Geborgenheit des anscheinend gesicherten Wissens wird man hier nicht finden. Nur mutige Denker, die nicht um ihren armseligen Ruf bei ihrer angestammten scientific community fürchten müssen, trauen sich hierher, wo nur wilde Pfade und keine glatten Straßen weiter führen.

Kaum ein anderer Beitrag in diesem Band hinterlässt mehr als dieser den Eindruck, dass wir erst begonnen haben, vom Baum der Erkenntnis zu essen und den „whispering pond" zu entdecken, der uns mit der Welt verbindet.[15] Was vielen bislang als

---

[15] Ervin Laszlo, The Whispering Pond. A Personal Guide to the Emerging Vision of Science. Shaftesbury and Rockford: Element Books 1996.

gesichert erscheint – unsere Alltagswahrnehmung von Raum und Zeit, Materie, individuellem Bewusstsein, Leben und Tod – könnte falsch sein. Die „Exaktheit" ihres bisherigen Wissens, auf die viele Naturwissenschaftler so stolz sind, könnte sich als Täuschung einer verkürzten Perspektive erweisen, die scheinbare Kluft zwischen wissenschaftlicher und nichtwissenschaftlicher Erfahrung als Vorurteil. Es könnten physikalische Argumente wie die Theorie des energetischen Nullpunkt-Feldes sein, die dies stützen, aber auch Argumente, die wir aus Bewusstseinszuständen gewinnen, die vom „Normalen" abweichen. *Ervin Laszlo* vermittelt uns eine Perspektive, in der aus Stückwerk ein Ganzes wird, aus der Isolation des einzelnen Lebens ein umfassender Lebenszusammenhang. Er vermittelt uns nicht die Gewissheit, dass es so sei, aber die Vermutung, dass wir es uns bislang zu einfach gemacht haben mit der Erklärung von Außen- und Innenwelt, vermittelt er uns mit Nachdruck. Darüber hinaus aber vermittelt er uns etwas anderes, was ebenfalls an *Dürr* anschließt: die Notwendigkeit und Möglichkeit, quer zu den Fächern zu denken. Es ist nicht zu spät für eine neue Synthese unseres Wissens, aber ohne den Mut zum gedanklichen Risiko werden wir sie nicht finden.

Deshalb ist mir auch *Ervins* Zusammenschau neuen Wissens doch etwas zu positiv geraten. Er rechnet vor allem mit der Klugheit, weniger mit der Dummheit der Wissenschaftler (auch wenn er am Schluss durchblicken lässt, dass uns nur ein aktives Bemühen um Veränderungen unsere gefährdete Lebensbasis noch lange Zeit zu erhalten erlauben wird: „Als bewusst lebende Protagonisten im kosmischen Drama ist es unsere Rolle zu gewährleisten, dass die Evolution auf diesem Planeten nicht in einer Sackgasse endet". Wer hat denn entscheidend daran mitgewirkt, dass diese Befürchtung heute nicht ganz zu Unrecht besteht? Immer wieder waren es auch Wissenschaftler, die die Dignität der Wissenschaft für Aussagen und Entscheidungen in Anspruch nahmen, die sich später zumindest als ambivalent, wenn nicht gefährlich herausgestellt haben). Es drängt mich daher zu sagen, dass man nicht nur zweierlei unterscheiden muss: die Ideale und prinzipiellen Möglichkeiten der Spitzenforschung einerseits und die Realität der Alltagswissenschaft andererseits, sondern dass man auch diese oft ernüchternde Realität als wirkende Kraft sehr ernst zu nehmen hat. Auf sie ist die klassische Wissenschaftstheorie von der empirischen Wissenssoziologie zu recht aufmerksam gemacht worden. Es ist nämlich diese mit rationalen, aber auch irrationalen Zügen durchwachsene wissenschaftliche Normalität, bei der sich berechtigte methodologische Vorsicht mit einer lächerlichen Feigheit des Denkens unter dem Signum einer vermeintlich „ordentlichen Wissenschaft" paart, wo den wenigen kühnen, weiterführenden Visionen viele hemmende, oberlehrerhafte Schulmeistereien gegenüberstehen. Letztere versuchen erstere aus dem Reich der Wissenschaft auszugrenzen und schaden ihr damit, weil Kreativität und visionäre Kraft kaum noch als fördernswerte Tugenden wissenschaftlicher Methodologie erscheinen, sondern eher als strafbare Disziplinlosigkeit unsicherer Kantonisten. Dabei wären sie Belege für jene universale Energetik des Geistes, über die *Laszlo* in seinem Buchbeitrag spricht. Wer Philosophie als Schimpfwort für Nichtwissenschaft missbraucht, hat von ihr und von der Wissenschaft oder beider Verhältnis wenig verstanden.

Wenn jemand die Grundlagen der Materie, Geist und Leben verbindenden evolutionären Kreativität in den letzten Jahren umfassend aufzuklären versucht hat, dann ist es *Ervin Laszlo*. In seinem Buch „The Creative Cosmos"[16] sagt er: „Gegenwärtig steht die Wissenschaft unmittelbar vor einer kritischen Schwelle. Verflogen ist die sichere Überzeugung, die Grundlagen des natürlichen Universums bereits entdeckt zu haben; ebenso ist am Ende des 20. Jahrhunderts die für das ausgehende 19. Jahrhundert typische Selbstzufriedenheit nahezu verschwunden. In einem Gebiet nach dem anderen werden Anomalien entdeckt, und das Interesse an ihnen wächst. Das tiefe Unbehagen in den Zentren des wissenschaftlichen Establishments wird an den Grenzen zum Neuen durch zunehmende Offenheit und durch das Gefühl der Begeisterung kompensiert."

Ich fühle ihm diese Begeisterung unschwer nach. Sie beflügelt auch seinen Beitrag für diesen Band. Ob die weitere Forschung seine Vision exakt bestätigen oder modifizieren wird, ist zweitrangig. Wichtig ist, dass sich ein Wissenschaftler von Weltruf um eine solche bemüht und sie uns mitteilt. Er stellt sich damit quer gegen

---

[16] Ervin Laszlo, The Creative Cosmos. A Unified Science of Matter, Life and Mind. Edinburgh: Floris Books 1993. Das folgende Zitat ist der deutschen Ausgabe des Buches entnommen: Ervin Laszlo, Kosmische Kreativität. Frankfurt am Main und Leipzig: Insel Verlag 1995, S. 297.

das allerorten hörbare traurige Geheul vom Spezialistenschicksal, dem wir angeblich alle miteinander nicht ausweichen können. Wege in die Zukunft finden wir weniger über armselige Prognosen, die sich später meist als falsch erweisen, sondern viel eher über mutige Postulate, Forderungen, ja Wünsche. Wenn die Evolution auf diesem Planeten durch Dummheit und Orthodoxie bedroht ist, dann sollten wir die Aufgabe ins Auge fassen, diese zu überwinden. Aufbruchstimmung ist angesagt. Allerdings müssen wir sie mit sehr erheblicher Kritik am normalen wissenschaftlichen Alltag verkoppeln. Er transportiert noch zu selten das neue Zusammenhangswissen, sondern vor allem das alte partikuläre Lehrbuchwissen in die Köpfe unserer Studenten. Er ist von unverständlichen Fachsprachen gekennzeichnet und neigt dazu, nicht nur verständlich redende Wissenschaftler zu belächeln, sondern auch Visionäre auszugrenzen. Er verfestigt einen dogmatischen Wissensbegriff, wo er allen Grund hätte, ihn in Frage zu stellen. Er organisiert Universitäten nach überholten mechanistischen Modellen, statt sie als dynamisches Netzwerk flexibler Wissensfelder zu erneuern. Er hat sich zunehmend in die Abhängigkeit von der Politik begeben und immer mehr eigene Selbstorganisation an Verwaltung und Bürokratie verloren gegeben. Das heißt: Die Visionäre der Wissenschaft sind einsam geworden; sie zehren vom Netzwerk unter ihresgleichen, während die institutionalisierte Hochschulwissenschaft weit hinter ihnen her hinkt. Sie bietet teilweise ein jämmerliches Bild rechthaberischer Päpste ohne Visionen, aber dafür umso wirksameren Verurteilungen. „Kühnheit, die durch methodisches Denken diszipliniert wird, ist jedoch nicht fehl am Platz".[17] Nur die Visionen enthalten die Keime für die nötige Erneuerung.

5 Sprache, das lebende Fossil

Ich sagte oben, dass wir Kultur nicht voll verstehen können, wenn wir ihre evolutionäre Genese nicht kennen. Dies gilt sicher auch schon für die Natur und für die Sprache. Die Sprache, die in sehr vielen Varianten ebenfalls ein komplexes Wechselwirkungssystem ist, steht nämlich evolutionär und systemisch zwischen Natur und

---

[17] Ervin Laszlo, a.a.O, S. 24.

Kultur, die Linguistik überbrückt deren zwei Wissenschaftswelten. Ich finde es erheiternd, wenn einige fordern, sie müsse sich noch entscheiden, ob sie eine Natur- oder eine Geisteswissenschaft sein wolle. Sie ist etwas viel Besseres, als diese alte Ideologie mit den sattsam bekannten Defiziten auf beiden Seiten beschreibt: Sie ist, zumindest tendenziell, eher eine Wissenschaft neuer Art, die in ihren Problemstellungen und Methoden jenes Blockdenken überwindet.

Dies ein Grund, weshalb sie mich immer interessiert hat. Viele der Strukturen, die die Sprache nützt, sind älter als sie selbst und längst vor dem Entstehen des Kulturellen entstanden: der Unterschied, die Interaktion, die Information, die Semiose, die Kommunikation, auch die Kognition. Sie alle werden von der Sprache weiter verwendet und weiter gebraucht wie der alte Zwischenkieferknochen noch bei Säugetierarten, die viel jünger sind als diejenigen, bei denen er zuerst aufgetreten ist und auch gebraucht wurde. Die Emergenz der Sprache aus ihren verloren gegangenen unmittelbaren Vorgängersystemen hat dann freilich noch einmal Systemeigenschaften hinzugepackt, die ein neuartiges Kognitions- und Kommunikationssystem entstehen ließen, das eine bis dahin nicht gekannte Flexibilität, ja sogar neue Rolle erlangte: die eines aktiven Entwicklungsinstrumentes der weiteren kulturellen Evolution. Ich wundere mich oft darüber, wie wenig insbesondere Naturwissenschaftler, aber auch viele Soziologen, Ökonomen und sogar Historiker die entscheidende Vermittlungs- und Katalysatorfunktion der Sprache beachten; zumindest thematisieren sie sie irritierend selten. Sie sehen durch sie hindurch wie durch das Glas ihrer Brillen.

Linguisten leiden eher unter dem Gegensyndrom: Vor lauter Sprache sehen sie die Welt nicht mehr. Meist helfen da auch keine klugen Reden über Semantik und „Weltwissen". Am Beginn dieses Weges ihrer Disziplin steht fast ungefochten Saussure. Auch dieser Weg hat sich seither mehrfach verzweigt; die neuesten Wegstücke sind mit verbreiteten Grundüberzeugungen asphaltiert und fungieren als highways für ganze Kolonnen von Linguisten. Auch ich bin davon durchaus beeindruckt, aber es hält sich doch in Grenzen. Die buchstäbliche Weltfremdheit vieler linguistischer Verkehrsteilnehmer lässt mich an Wilhelm von Humboldt denken, der seit Chomskys Durchmarsch in der Disziplin allenfalls noch mit einigen Sentenzen vorkommt, die nicht mehr recht zum Ganzen passen wollen. Ich habe mich deshalb schon in den siebziger Jahren damit beschäftigt, neben dem Getümmel auf der Haupttrasse nach verlorenen oder auch neuen Pfaden in der schönen Wildnis der Sprachwissenschaft zu suchen. Ein linguistischer Pionier hierfür war der Norweger Einar Haugen, aber die meisten anderen, denen ich bei dieser abenteuerlichen Umherstreiferei gefolgt bin, waren keine Linguisten; sie hießen z. B. Uexküll, Odum, Bateson, Naess oder Laszlo. Gleichwohl: Auch die Ökologische Linguistik, die hieraus entstanden ist, kann viele der seit Saussure gesammelten Forschungsresultate nicht ignorieren. Dadurch ergibt sich ein kreatives Spannungsfeld, das auch auf unserer Exkursion spürbar wird.

5.1 Siegfried Kanngießer

„Wissenschaftlichkeit", „Erkenntnisfortschritt", „methodologische Einheit der Wissenschaft" u. a. m. sind Schlagworte der Wissenschaftstheorie des 20. Jahrhunderts gewesen. Für mich wie für viele andere waren sie Wegmarken, um sich in der Wildnis des Wissens zu orientieren. Später habe ich gemerkt, dass jeder diese Wegmarken ein bisschen verdreht, so dass sie dahin zeigen, wo er das Ziel vermutet. Ich habe deshalb mein ursprüngliches Zutrauen in sie ziemlich verloren. Als mir dann Jakob von Uexküll, Arne Naess und vor allem Gregory Bateson zeigten, dass es Pfade in jener Wildnis geben kann, die mir viel lohnender erschienen als der bekannte Großwanderweg, habe ich mich entschlossen, kräftigere Stiefel anzuziehen und auf die manipulierten Wegweiser zu verzichten.

Deshalb verbindet mich auch mit meinem alten Freund *Siegfried Kanngießer* eine über die Jahre breiter gewordene Kluft, bei der wir inzwischen auf den einander gegenüberliegenden Rändern stehen und voll Verwunderung zum jeweils anderen hinübersehen. Dabei haben wir vor gut zwanzig Jahren noch fast nebeneinander gestanden. Obwohl wir uns beide bewegt haben, gebe ich gern zu, dass ich sehr weit abgewandert bin und insofern die jetzige Situation erheblich mitverursacht habe. Dennoch verbindet uns die Kluft auch wieder, denn – jedenfalls geht es mir so – erst der Vergleich der eigenen Perspektive mit einer anderen schärft das Bewusstsein der eigenen Position und relativiert sie zugleich. Ich habe sehr viel von *Siegfried* gelernt, gerade auch manche Raffinessen der wissenschaftlichen Argumentation. Dabei ist nichts so lehrreich wie der Versuch, unterschiedliche Argumente aus- und in ihren Konsequenzen durchzuhalten. Einige Unterschiede sind dabei auffällig, aber weniger wichtig, etwa verschiedene Vorstellungen von heutiger Landwirtschaft. „Farmers problem" etwa, das in *Kanngießers* Argumentation eine wichtige Rolle spielt und das er der Künstliche-Intelligenz-Forschung entnimmt, erinnert mich wieder an die Gründe, warum ich die Erforschung der natürlichen Intelligenz der der künstlichen immer vorgezogen habe: Wenn es „für Bauern typisch" sein soll, Kohlköpfe, Ziegen und Wölfe bei sich zu haben, falls sie eine Weserfähre benutzen, dann frage ich mich, was Kenner von Formen natürlicher Intelligenz und auch heutiger Landwirtschaft wie z. B. *Roland Sossinka* dazu sagen würden. Auch Prof. Rinaldo M. schafft für mich kein theoretisches Problem; die Sprachwissenschaft wird nicht schlechter dadurch, dass sie sein künftiges Sprachverhalten nicht vorhersagen kann. Prognosen sind eben nicht das Maß aller wissenschaftlichen Dinge. Aber gut: *Kanngießer* bewegt sich mit solchen Beispielen im klassischen Raum konstruierter Linguisten- bzw. Philosophenprobleme; ich akzeptiere es, dass man auf diese Weise ein theoretisches Dilemma veranschaulicht. Das Problem, das er uns demonstrieren möchte, wird von ihm an einem Beispiel vorgetragen, das eine kompromisslose Benutzung von Fachsprache erforderlich zu machen scheint: die derzeitige logische Unvereinbarkeit einer speziellen neurobiologischen („dynamic-core-Hypothese") und einer nicht minder speziellen linguistischen („CP/IP-Hypothese") Theorie. Erstere betrifft die neuronalen Grundlagen der menschlichen Kognition, letztere die universalgrammatischen Grundlagen menschlicher Sprachkenntnisse. Wir müssen zunächst beide Positionen, die biologische und die linguistische, als Exempel der jeweiligen Fachforschung akzeptieren, deren genaues Verstehen ohne spezielle Fachkenntnisse nicht möglich ist.

Ich denke freilich, dass hier doch ein wenig der vorhin genannte Präzisionsgötze angebetet wird, da der Autor die wesentlichen Aspekte des Problems auch auf einer allgemeineren Ebene allgemeiner verständlich darstellt: die Behauptung, dass einzelne Wissenschaften „geschlossene Welten" (*closed worlds*) seien, weshalb den Forschern „nichts anderes übrig bleibt, als sich epistemischer Bescheidenheit zu befleißigen". Hier beginnt unser Dissens. Zunächst erregen mich Widersprüche, insonderheit zwischen Spezialhypothesen verschiedener Disziplinen, auch dann nicht, wenn sie das gleiche Problemfeld zu betreffen scheinen (vgl. hierzu meine nachfolgende Diskussion zum Beitrag von *András Kertész*). Vor allem aber: Soll die closed-world-Behauptung bedeuten, dass die Vision eines neuen Welt- und Selbstverständnisses, wie sie uns vorhin von *Ervin Laszlo* vorgetragen und an einigen Punkten ebenfalls in der aktuellen Forschung verankert worden ist, nicht mehr zur Wissenschaft gehört, einfach weil sie nicht genau genug in die Details geht? Gehört sie in seinen Büchern, wo sie sehr viel detaillierter erläutert wird als in diesem Aufsatz, noch dazu, aber hier nicht mehr? Ich habe bei beiden Fragen eine völlig andere Position. Sie lautet: Präzision ist ein wissenschaftlicher Segen und ein Fluch zugleich. Sie ist dort unverzichtbar, wo sie benötigt wird, aber sie behindert in vielen Fällen unseren Überblick. Experten in closed-worlds sind eine objektive Gefahr, und deshalb stelle ich erleichtert fest, dass die closed-world-Aussage eine Behauptung ist und keine Tatsache. Für die Behauptung spricht, dass viele Experten tatsächlich in geschlossenen Denkwelten leben, gegen sie, dass es sehr viele Gegenbeispiele gibt. *Kanngießers* Fehler ist meines Erachtens, dass er – ganz nach Art der alten Analytischen Wissenschaftstheorie – über die Wissenschaften redet, als gäbe es die Wissenschaftler nicht. Sie entscheiden über die Grenzen ihrer Welt, nicht irgendwelche abstrakten Systeme. Und deshalb erscheint mir auch das gesamte Problemumfeld der von ihm vorgetragenen Argumentation in einem anderen Licht. Aber ich bin ihm äußerst dankbar für seinen Beitrag, denn er kreist um ein zentrales Problem der Kulturökologie: das Grenzkonzept.

Der wichtigste Schlüsselbegriff *Siegfrieds* ist nämlich sein erster: Limitationen. Es ist die sehr grundsätzliche Diskussion über Grenzen, die seinen Beitrag für die vorliegende transdisziplinäre Exkursion, die viele konventionelle Grenzen überschreitet, wertvoll machen. Er behauptet, die Sprachdisziplinen unterlägen Begrenzungen, die sie im Interesse der Qualität ihrer Aussagen beachten sollten, aber nach seiner Ansicht offenbar nicht immer beachten. Dagegen ist grundsätzlich nichts zu sagen; der Mann hat recht. Was er sagt, gilt sicherlich für jede Wissenschaft. Wo kämen wir hin, wenn Linguisten im Namen ihrer Wissenschaft plötzlich als Experten für Metallphysik oder Biologen als Fachleute für Goethegedichte auftreten wollten?! Nein: Disziplinen, auch die Sprachdisziplinen, haben Grenzen und mit ihnen die Kompetenzen der Wissenschaftler, die dort arbeiten. Deshalb hat *Kanngießer* auch recht, wenn er von der Unmöglichkeit von „Gott-und-Rest-der-Welt-Disziplinen" spricht und hierfür u. a. Chomsky als Gewährsmann nennt; ich bin anfangs hierauf bereits eingegangen. Die Frage ist nur, ob er nicht vielleicht einen Quichotischen Kampf gegen Windmühlen führt, denn mit Ausnahme der Rickertschen Philosopheme, die er zu Recht bekämpft (mit Verlaub: Wen interessierten sie eigentlich noch? Ich habe sie erst durch ihn kennengelernt), nennt er keine aktuelle Disziplin oder Schule, die sich anmaßt, über alles, also über Gott und den Rest der Welt, wissenschaftlich zu handeln. Ich denke, diese Wissenschaft, gegen die er kämpft, weil sie keine ist, gibt es überhaupt nicht, weil es sie wirklich nicht geben kann. Doch ist dies nicht das Problem. Dieses steckt in dem Begriff der Limitationen selbst. Es ist der *Kanngießersche* Grenzbegriff, den ich nicht teilen kann. Limitation heißt für ihn offenbar: bis hierhin und nicht weiter. Ganz so wie an den alten, inzwischen in Europa teilweise abgeschafften Schlagbäumen Grenzschutzbeamte und Zöllner darauf achteten, dass niemand, der es nicht durfte, die imaginäre Linie zwischen zwei Staaten überschritt, stellt sich der Autor offenbar die Sprachforscher als Tugendwächter in eigener Sache vor: bis hierhin und nicht weiter! In diesem Punkte bin ich völlig anderer Meinung. Die Schlagbaummetapher – geschlossen oder offen – sollte uns nicht leiten, wenn wir über Grenzen nachdenken. Sie tut es freilich, verbreitet. Ich möchte das an einer Gegenmeinung verdeutlichen.

Vor einiger Zeit tobte im Internet, plötzlich auftretend und wieder verschwindend wie eine Virusinfektion, eine Debatte zu Grenzen. Die verschiedensten Leute, darunter auch nicht wenige mit hochkarätigem Namen, haben sich an ihr beteiligt (dies zu ermöglichen ist einer der wenigen Vorteile des weltweiten Netzes). Es ging natürlich um alle Übel dieser Welt, und der erlösende Satz schien dann von einem Kollegen gesprochen zu werden, der schrieb:

„What we need is a world without boundaries." Der hier sprach, war also ein echter Anti-*Kanngießer*, geradezu ein Rickert. Es waren viele, die ihm als Erlöser von einer langen Debatte schließlich zujubelten. Kämpft *Siegfried* also vielleicht doch einen nötigen, einen realistischen Kampf? Ich denke nicht. Denn *Kanngießer* meint nicht wirklich die ganze Welt; er ist ja nicht Rickert. Er spricht nur über die ganze Welt der Sprachdisziplinen, was viel weniger ist. Für die freilich bezieht er Gegenposition und beharrt auf dem Sinn ihrer Grenzen.

Ob ganze Welt oder nur ein Teil von ihr: „a world without boundaries" wäre entweder unvorstellbar oder schrecklich. Jeder Unterschied und sei er noch so gering markiert eine Grenze. Entweder ist es eine irreale Fiktion, sich alle Unterschiede fort zu denken, oder alle natürliche und kulturelle Vielfalt schnurrt in einem Einheitsbrei zusammen und dies wäre schrecklich. Auch die kleine Welt der Sprachwissenschaften lebt mit vielen internen Grenzen, etwa denen der einzelnen Sprachen untereinander. Das setzt sich auf den Metaebenen im Unterschied der diversen Teildisziplinen oder verschiedener Methodologien fort, auf gleicher oder auf verschiedener logischer Stufe. Auch die Unterscheidungen, die *Kanngießer* in erster Linie beschäftigen – zwischen Disziplinen, die auf strenge Mathematisierungen aus sind und solchen die das nicht sind, oder metawissenschaftliche Unterschiede im Selbstverständnis der kognitiven Linguistik und der Neurobiologie, oder sonstige faktisch vorhandene Erkenntnisgrenzen – sind allesamt Unterschiede und damit auch Grenzen. Doch was will man hier eigentlich unter solchen „Limitationen" verstehen? Die Internetdiskutanten verstanden darunter nicht nur kulturelle und machtpolitische Grenzen aller Art wie die zwischen Nationen, staatlichen Einflusssphären oder militärischen Machtblöcken, sondern auch Grenzen zwischen historisch gewachsenen Überzeugungsgemeinschaften, durch soziale Schranken getrennten Bevölkerungsgruppen oder soziokulturellen Systemen. *Siegfried Kanngießer* versteht unter ihnen Erkenntnisgrenzen. Grenzen, die – zumindest einstweilen – „Unifikationen" verhindern, also die Vereinheitlichung des Wissens unter dem Dach einer widerspruchsfreien Theorie. Wie mächtig ist in uns noch immer die Angst vor der Wildnis, dass wir sie im Banne eines verkürzten Verständnisses von Wahrheit auch in der geistigen Welt immer gleich roden wollen, ihren Reichtum und ihre Schönheit gar nicht mehr sehen?[18]

Ich denke, die Unifikationsidee ist eine typische Idee aus der Zeit der Analytischen Wissenschaftstheorie, doch so sehr diese unser Verständnis vieler Probleme befördert hat, sie hat uns auch manche fragwürdige Ideen hinterlassen. Wenn auch alle unsere Wissenschaften, darunter die Sprachdisziplinen, limitiert sein müssen, so heißt das doch nicht, dass sie klare, scharfe, wie mit Kreide auf der Tafel gezogene Grenzen besitzen müssen. Im Gegenteil: Die Vorstellung einer Linie ist für solche Grenzen prinzipiell falsch. Alle diese Grenzen sind prinzipiell unscharf, jede Disziplin beginnt und endet in einer Unschärfezone, auch einer logischen und methodologischen übrigens. Diese kann mal schmäler, mal breiter, im Zweifel sehr breit sein. Wer wollte, mit welcher Autorität, einen Forscher am Betreten dieser Zone hindern? Zumal genau dort die spannendsten und zukunftsreichsten Forschungsprozesse ablaufen? Wenn wir uns aber in dieser Zone tummeln dürfen, dann gibt es auch den Schlagbaum nicht, an dem sie endet. Das aber heißt: Wir können theoretische und disziplinäre Grenzen als notwendig anerkennen und müssen uns dennoch von ihnen keineswegs abhalten lassen, sie zu überschreiten. „Drinnen oder draußen", eine Art systemtheoretischer Variante des Prinzips des ausgeschlossenen Dritten, kann nie dazu führen, freie Wissenschaftler in einem durch ein Paradigma definierten Getto einzusperren. Wir leben nicht in einer digitalen Welt. Digitalisierung ist nur ein krudes technisches Hilfsmittel, sie zu beschreiben, ähnlich den Rastern oder Pixeln, aus denen wir technisch Bilder zusammen setzen. Selbst die Techniker arbeiten heute bereits an Besserem. Das gepixelte Bild ist ein schlechtes Explanans; mit dem Explanandum dürfen wir es nicht verwechseln.

---

[18] Man könnte vielleicht *Siegfried Kanngießers* wichtige Abhandlung „Rückblick auf Jakobsons Programme" (in: Susanne Anschütz/Siegfried Kanngießer/Gert Rickheit (Hg.), Spektren der Linguistik. Wiesbaden: Deutscher Universitäts-Verlag 2001, S. 31-49) als Indiz dafür sehen, dass auch er unter dem Eindruck von Argumenten Donald Davidsons, die ganz anders lauten als meine, seine rigide Position lockert, denn er beendet sie mit Brechts Worten „Der Vorhang fällt und alle Fragen sind offen". Davidsons Aufsatz findet sich unter dem Titel „A Nice Derangement of Epitaphs" in: E. Lepore (Hg.), Truth and Interpretation. Oxford: Blackwell, S. 433-446.

Die von *Siegfried* zum Beleg seiner Auffassungen herangezogene „Granularitätstheorie"[19] belegt mithin nur die verbreitete Beliebtheit jener digitalen Weltsicht, die so gut zu unseren mechanistischen Erklärungsmodellen passt; er sagt selbst, dass Prognosen über das zukünftige Schicksal heutiger Erkenntnisgrenzen und auch unser künftiges Sprachverhalten nicht möglich sind. Deshalb ist sowohl die „open vs.closed-world-Alternative" für mich eine künstliche aus den Denklabors von Theoretikern, die sich Grenzen nur als Linien vorstellen können, als auch die freilich verbreitete Idee, zu einer wissenschaftlichen Theorie gehöre ihre Prognosefähigkeit. In der Welt gibt es keine streng abgeschlossenen Systeme und damit kaum eine Möglichkeit für komplexe Prognosen. Es geht aber nicht nur darum, gelegentlich eine Grenzlinie aufzubrechen, denn alle geistigen Grenzen sind prinzipiell für denjenigen durchlässig, der sie überschreiten will. Sie ermöglichen uns beides: das, was draußen bleiben soll, wirksam vom Eindringen abzuhalten, aber auch dem, was hereinkommen soll, einen Übergang bereit zu stellen. Reale Grenzen, ob in der Natur oder im Geist, sind immer Zonen der Unschärfe, nie scharfe Linien. Den mathematischen „Grenzfall" zum Standardmodell zu erheben, ist meiner Meinung nach einer der wirkungsmächtigsten Fehler unserer Zeit.

Siegfried Kanngießer hat mit dem Thema der Limitationen/Grenzen ein äußerst wichtiges Thema angesprochen, das in der einen oder anderen Form, aber nirgends so explizit wie bei ihm, auch in fast allen anderen Beiträgen zu diesem Band eine Rolle spielt. Sein Beitrag macht, wenn auch für mich durch den Widerspruch, den er provoziert, ein Zentralproblem der Wissens-, System-, Sprach- und Kulturtheorie deutlich. Dass ich seinen Grenzbegriff nicht teilen kann, ist zunächst einmal mein Problem, denn sein Begriff ist der verbreitete, meiner ist es nicht. Dennoch bleibe ich in diesem Punkte hartnäckig und werde das Thema gegen Ende dieser Nachexkursion unter dem Motto „Was wir von den Fröschen lernen können" noch einmal aufgreifen.

---

[19] Vgl. seine Fußnote 46.

5.2 András Kertész

Als ich 1963 in meiner Heimatstadt Göttingen mit dem Studium begann, war ein schmales Buch gerade mal zehn Jahre auf dem Markt, das einer der einflussreichsten Logiker und Erkenntnistheoretiker des 20. Jahrhunderts geschrieben hatte, der Harvard-Philosoph Willard V.O. Quine (1908-2000). Es hieß „From a Logical Point of View".[20] In ihm wurde, neben einigen spezielleren Positionen, sehr wirksam die Überzeugung vertreten, dass es der logische Raum ist, welcher Wissen und Wissenschaft begrenzt und alles ausschließt, was sich nicht seinen Prinzipien fügt. Es war für mich nahezu selbstverständlich, dass der „logical point of view" fortan meine wissenschaftstheoretische Heimat wurde. Erst zwanzig Jahre später habe ich erkannt, dass mit ihm zu viel ausgeschlossen wird, was wir für ein vernunftgeleitetes Leben auch benötigen.

Der ungarische Linguist und Wissenschaftstheoretiker *András Kertész* ist, wie *Siegfried Kanngießer,* ein überzeugter Vertreter des logical point of view. Und, natürlich, bin ich es – in einem gewissen Sinne – ebenfalls geblieben: nämlich in dem Sinne, dass gegen die Logik keine Wissenschaft möglich ist. Allerdings mache ich heute doch eine Unterscheidung, die ich früher vernachlässigt habe: die zwischen Logik und Rationalität. Rationalität ist der umfangsweitere Begriff. Die Logik umfasst nur das analytische Handeln; es gibt aber wichtige synthetische Verhaltensweisen, denen wir nicht grundsätzlich absprechen können, dass sie rational sind und unser Wissen mitkonstituieren. In erster Linie meine ich hiermit das kreative Handeln; die Logik ist nicht kreativ, denn sie ist analytisch. Sie kennt auch keinen Energiebegriff; welche Kräfte die Systeme erhalten, ist aber eine Kernfrage des Wissens. Der Gesamtraum möglichen rationalen Verhaltens erfüllt den Gesamttraum unseres Lebens, der logische Raum nur einen wichtigen Teil hiervon. Wenn ich die Welt, auch die Welt des Wissens, „from a logical point of view" sehe, dann sehe ich sie wie aus einem wohldefinierten Fenster heraus; doch dies ist nicht alles, was ich rational von der Welt erfahren kann. Deshalb halte ich es für notwendig, auch bereits für die Welt des möglichen Wissens, dieses Fenster zu

---

[20] W.V.O.Quine, From a Logical Point of View. Boston/Mass.: Harvard University Press 1953.

erweitern, damit sämtliche Aspekte des rationalen Raums unseres Lebens in den Blick kommen können, auch die synthetischen und die energetischen.

Ich nenne daher diese erweiterte Perspektive den „ecological point of view" und weiß, dass *András Kertész* ebenfalls kein Verächter von ihr ist, aber in seinem Beitrag zu diesem Band argumentiert er lupenrein als Vertreter des „logical point of view". Sein Beitrag freut mich (wie der *Kanngießers*) deshalb, weil er die enge Verknüpfung von Sprachwissenschaft und Wissenschaftstheorie praktiziert, die ich auch immer bevorzugt habe. In erster Linie geht es ihm hier um die Metaebene.[21] Er entwickelt eine komplexe Argumentation, um die Tatsache, dass auf allen Kanälen unserer semiotischen Kommunikation Ungereimtheiten und Widersprüche nicht nur vorkommen, sondern bisweilen sogar eine positive Qualität bekommen können, mit der Logik zu versöhnen, die den Widerspruch als die Quelle des Chaos ächtet. Er unternimmt zu diesem Zwecke eine ausgedehnte Exkursion durch die Lande der Modallogik und präsentiert uns auf ingeniöse und witzige Weise Lösungsstrategien für ein paar verschiedene Typen des Problems. Die Raffinesse, die er hierfür aufbringt, nötigt mir einmal mehr Bewunderung für einen Argumentationsmeister ab. Sie ist auch nötig, wenn man das Problem im Rahmen des *logical point of view* lösen will. Ich frage mich allerdings: Warum sollten wir dies wollen? Für mich geht *András* Analyse in der Enge des „logical point of view" an der wirklichen Sachlage vorbei.

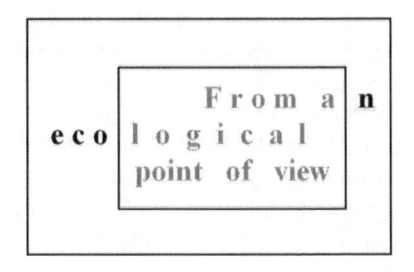

---

[21] Dies war auch die Zielrichtung einer frühen Arbeit von mir mit dem mir jetzt etwas peinlichen Titel „Was die Wissenschaftstheorie von der Linguistik lernen kann". Die Idee ist erst vor kurzem von einem der Herausgeber dieses Bandes, Peter Plöger, wieder aufgegriffen worden: P. Plöger, Wissenschaft durch Wechselwirkung. Frankfurt: Lang 2002; das Buch enthält ein Nachwort von mir „Wechselwirkungen zwischen Linguistik und Wissenschaftstheorie. Über Zusammenhänge, Schüler und Rationalität" (191-213). Vgl. auch meinen Beitrag „Das logische und das ökologische Netz" in A. Kertész, Metalinguistik im Wandel. Frankfurt: Lang 2000, S. 99-130.

Aus meiner Sicht ist die Tatsache der Existenz solch komischer Dinge in unserer Kommunikation mit den verschiedensten Zeichensystemen nicht zwingend ein logisches Problem. Deshalb würde ich auch nicht auf den Gedanken kommen, es mithilfe der Logik lösen zu wollen. Eine Analogie: Wenn man sich vorgenommen hat, mit dem Auto einen bestimmten Punkt zu erreichen, aber die Straße hört unterwegs auf, kann man natürlich versuchen, sie weiter zu bauen und dann weiterfahren. Man kann aber auch das Auto stehen lassen und zu Fuß weitergehen. *András* wählt die erste, ich die zweite Alternative. Es gäbe vielleicht noch eine dritte: Von vorneherein ein anderes Verkehrsmittel zu nehmen, das auch dort zurechtkommt, wo es keine Straßen mehr gibt. Die logischen Wege unserer Sprache sind weithin holprig und nur teilweise mit Konsistenztheorien befahrbar, aber dennoch ist unser Sprachgebrauch weitgehend rational. Hierfür gibt es für mich zwei Erklärungen: Erstens muss Logik nicht deckungsgleich mit dem sein, was wir die „zweiwertige Logik" nennen (in der das Prinzip des ausgeschlossenen Dritten gilt), und zweitens müssen wir nicht glauben, die Logik erfülle den gesamten rationalen Raum.

Zum ersten: Angenommen, es sei nicht wahr, dass heute in der Pußta die Sonne scheint. Dann hängt die Frage, ob dies falsch ist, immer noch davon ab, wie wir (insbesondere) die Ausdrücke „heute" und „Pußta" interpretieren, um entscheiden zu können, ob wir einen Fall vorliegen haben, bei dem die zweiwertige Logik anwendbar ist. In einer formalen Sprache kann dies eindeutig geregelt werden, in der natürlichen nicht unbedingt. Zweitens: Wenn wir erklären, mit der Bahn reisen zu wollen, weil das sicherer sei als mit dem Auto, und wir reisen dann doch mit dem Auto, kann dies unter bestimmten Umständen dennoch ein rationales Verhalten sein, auch wenn der reine Logiker damit sicher nicht zufrieden wäre. Zum Beispiel dann, wenn bekannt wird, dass die infrage kommende Bahntrasse durch umgestürzte Bäume blockiert ist. Rationalität hat also nicht nur etwas mit Verhaltenskonsistenz zu tun, sondern auch mit Verhaltensflexibilität. Im ersten Falle müssen wir anerkennen, dass es in den Aussagen der natürlichen Sprache zu viele Fälle gibt, bei denen eine als wahr behauptete Aussage de facto nur unter bestimmten Bedingungen wahr ist, als dass man die zweiwertige Logik seinen Analysen als einzige zugrunde legen sollte. Im zweiten Falle sehen wir überhaupt die

Grenzen der Logik. Sie ermöglicht nur eine partielle Orientierung im Lande der Rationalität, nämlich bei eindeutigen Aussagen. Viele Aussagen aber sind mehrdeutig oder vage und dies ist für die normale Sprache nicht durchweg ein Mangel. Wir benötigen vielfach keine absolute Bedeutungspräzision, sehr wohl aber immer wieder einen flexiblen Umgang mit Sprache und Wirklichkeit. Wir müssen nicht alles über den Leisten der Logik schlagen, um uns rational zu verhalten, schon gar nicht, um uns überhaupt zu verhalten.

Unsere eigentliche Herausforderung ist nicht Perfektion im logischen Raum, sondern rationale Orientierung im Gesamtraum unseres Lebens. Ich nenne ihn den ökologischen Raum. Die Wissenschaft kann und muss hierzu beitragen, aber nicht durch die Überschätzung des logischen Raums, sondern seine Ergänzung um kreative Wissens- und Verantwortungsstrategien. Die Logik ist nicht kreativ, sie ist analytisch. Die volle Rationalität muss aber auch synthetische Fähigkeiten mit umfassen, sonst kämen wir nicht von der Stelle. Deshalb ist es aus meiner Sicht unangemessen, zum Beispiel kreative Symbolkonfigurationen logisch rechtfertigen zu wollen. Auf die logische Argumentation von *András Kertész* antworte ich also ökologisch: Ich stimme zu, dass wir uns im logischen Raum konsistent verhalten sollten. Dies bedeutet die möglichste Vermeidung von Widersprüchen, Paradoxien und Ähnlichem. Nur der logische Raum erfüllt den Lebensraum nur teilweise. Im ökologischen Raum sollten wir uns möglichst rational verhalten. Dies bedeutet für seinen logischen Teilraum das eben Gesagte, aber für seinen umfangreichen Restraum, das jeweils faktisch Nötige, ästhetisch Kreative oder ethisch Beste zu tun. Den Raum der Wissenschaft halte ich nicht für identisch mit dem logischen Raum, sondern für identisch mit dem Raum des möglichen rationalen Verhaltens, also dem ökologischen Raum. Er ist zugleich der Raum, für den sich Wissenschaftler verantwortlich fühlen müssen.

5.3 Adam Makkai

Wissenschaftliches Querdenken, *Hans-Peter Dürr* hat es gesagt, ist notwendig, weil die großen Gegenwartsprobleme fast sämtlich

Die Wechselwirkung der Vielfalt

nicht in die disziplinären Korsette passen und oft tatsächlich quer zu ihnen liegen. Ist die Sprachwissenschaft dabei auch gefragt? Und ob: Alle unsere Aktivitäten, in allen Kulturen, sind von sprachlich strukturierter Kognition und Kommunikation durchwebt, und meistens dürften wir mehr oder weniger aneinander vorbei denken und reden. Ich bin davon überzeugt, dass die Sprachwissenschaft in einer immer kommunikativer werdenden Welt bei weitem noch nicht ihren gesamten möglichen Nutzenraum erschlossen hat; ein paar Technologien machen den Kohl noch nicht fett. Globalisierung, internationale Konflikte, Hunger und Armut, Umweltschäden, der Kampf der Kulturen: Experten für interkulturelle Verständigung werden in Zukunft überall gebraucht.[22] Die heutige Linguistik ist zwar interlingual und interdisziplinär aufgeschlossen, aber wirkliche Interkulturalität, Transdisziplinarität und Querdenkertum sind ihre Sache leider noch kaum. Der nächste Exkursionsführer, *Adam Makkai,* ist freilich ein erprobter Querdenker. Man soll es nicht glauben, denn *Makkai* war lange Zeit Präsident der mitgliederstärksten Linguistenvereinigung der Welt: LACUS (Linguistic Association of Canada and the United States). Aber nur wirkliche Rebellen der Wissenschaft trauen sich wie er, einen Aufsatz mit Fragen zu beenden.

Viele von uns, die, wie mich, die wichtige Schlüsselrolle von Struktur und Funktion der Sprache im evolutionären und im kulturellen Prozess fasziniert und die an deren Aufklärung mitzuwirken versuchen, haben, zumeist in den sechziger und siebziger Jahren mit Begeisterung die neue Linguistik in sich aufgesogen, die mit dem Namen Noam Chomsky verbunden war. Die meisten von uns sind dabei zeitweise oder sogar auf Dauer der Faszination des Chomskyparadigmas erlegen, denn es hatte auf vieles eine Antwort. Mir ging es nicht anders. Auch heute glaube ich noch, dass die Verdienste Chomskys für die Erneuerung der Sprachwissenschaft groß sind, wenn ich auch mittlerweile noch mehr seine politische Zivilcourage bewundere. Von seiner neuen Sprachwissenschaft denke ich jetzt, dass sie für manche Probleme auch falsche oder Scheinlösungen anbietet. Eine Sprache als eine Menge von Sätzen anzusehen ist eine davon. Sie erleichtert den Einstieg der

---

[22] Vgl. Nilgün Yüce, Tourismus und kulturelle Spurensuche. Würzburg: Ergon-Verlag 1995.

Linguistik in die Welt der Datenverarbeitung, mehr kaum. *Adam Makkai* hat dies früh bemerkt. Auch wenn er für mein Urteil den Kampf gegen das Chomsky-Paradigma überzieht, bewundere ich ihn doch mehr für die Vehemenz dieses Feldzuges und die Klarheit seiner Richtung, als ich Bewunderung für die Verteidiger auf der Gegenseite aufzubringen vermag.

Es gibt noch etwas, was ich an *Adam* bewundere: die Klarheit seiner Kennzeichnung dessen, was er gerade als Wissenschaftler tut. Obwohl gerade er nicht nur ein universal gebildeter Linguist ist, für den auch die Kenntnis vieler Sprachen selbstverständlich zu dieser Profession hinzugehört – welcher Linguist schreibt heute so schöne Bücher wie sein „Cantio Nocturna Peregrini Aviumque. A Puzzle in Eight Languages"?[23] – sondern darüber hinaus auch noch, ganz im klassischen Sinne, ein universal gebildeter Kenner der Literatur (was sonst unter Linguisten noch seltener ist; das eben genannte Buch basiert auf Goethes Gedicht „Ein Gleichnis", das er seinem „Wanderers Nachtlied" hinzugefügt hat), schätzt er das, was er macht, richtiger ein als viele andere, denen ein großartiger Buch- oder Aufsatztitel leicht aus der Feder fließt. „Unterwegs zu einer ökologischen Definition der Sprache" nennt er bescheiden das, was er hier aufgesammelt hat, und er hat natürlich recht damit. Es ist (noch) keine ökologische Sprachdefinition, was dort zu lesen ist, sondern es sind Stücke aus dem Sammlerleben eines sehr erfahrenen Linguisten, der sich, unbeeindruckt von Modeströmungen, zu einer lebensnahen Definition von Sprache auf den Weg gemacht hat. Chomsky (nur um den Kontrast zu verdeutlichen), sagt, eine Sprache sei eine Menge von Sätzen. Und damit basta. Wäre es nicht auch hier besser gewesen, dies als die Zwischeneinsicht eines Sammlers zu kennzeichnen, der sich auf dem Wege zu einer befriedigenden Sprachdefinition befindet?

Nun gebe ich zu, dass diese hemdsärmelige Definition ihre Praktikabilität für manche Zwecke bewiesen hat, während *Makkais* umfangreiche Merkmalsliste in dieser Hinsicht zu umständlich und subtil sein mag. Aber so sehr ich für Anwendbarkeit von Wissen bin: Sie entscheidet nicht allein über seine Qualität. Die Definition eines Stadtbaumes als „lichtraumprofilfüllende natürliche Vertikal-

---

[23] Adam Makkai/J. W. von Goethe, Cantio Nocturna Peregrini Aviumque. Budapest und Chicago: Tertia Publishers und Atlantis-Centaur Inc. 1999.

struktur" ist für städtische Bürokraten hochpraktikabel und dennoch ein fürchterlicher Unsinn. Wer eine Sprache als eine Menge von Sätzen auffasst, bewegt sich demgegenüber zweifellos schon im sinnvollen Bereich, aber wohl doch auch erst, analog *Makkai*, auf eine Definition hin. Dies jedenfalls dann, wenn man unter „Definition" nicht eine zweckbestimmte Merkmalsauswahl, sondern eine Bestimmung versteht, die eine Sache möglichst gut treffen soll. Für *Adam* und mich jedenfalls ist eine Sprache durch ein Strukturenbündel allein nicht hinreichend bestimmt, sondern zum Beispiel auch ganz wesentlich durch funktionale Merkmale; ich hielte beispielsweise für unverzichtbar, dass wir sie mehr denn je als das wichtigste Entwicklungsinstrument der fortgesetzten kulturellen Evolution benutzen und brauchen.

Man könnte aus *Adams* Stichworten, die er auf seinem Hinweg zu einer befriedigenden Sprachdefinition aufgesammelt hat, schließen, eine solche sei wohl gar nicht möglich. Seine eigene Einschätzung, sie käme einer umfassenden Beschreibung des humanen Verhaltens gleich, scheint auch in diese Richtung zu deuten. Doch ist es nicht die Ungeduld, die seit eh und je den geistlosen Mechanismus der Physik des 19. Jahrhunderts in den Modellen unseres wissenschaftlichen Denkens, den fragwürdigen Simplifizierungen des Empiriegebots und auch in vielen unserer Definitionen künstlich am Leben hält? Warum sollte man aus der Tatsache, dass manches schwieriger ist als viele dachten, auf Unmöglichkeit schließen? Absolute Perfektion ist ohnehin eine Chimäre und höchstens eine wissenschaftstheoretische Sekundärtugend. Es geht doch vor allem darum, die platten und einseitigen Definitionen, die wir nun zu Genüge geboten bekommen haben, um ein paar wesentliche, dort vergessene Aspekte zu verbessern. Und damit im Gefolge auch die Sprachwissenschaft. In seiner schönen Arbeit „Die Welt als Bewusstsein und Paraphrase", die *Adam Makkai* auf Einladung von *Alwin Fill* 1995 auf dem Linguistenkongreß in Klagenfurt vorgetragen hat,[24] entdeckt er nicht nur die Vorreiterrolle Wilhelm von

---

[24] Adam Makkai, Die Welt als Bewusstsein und Paraphrase. Zur gesamtökologischen Fundierung des menschlichen Sprachverständnisses mit besonderer Berücksichtigung der Sprachphilosophie Wilhelm von Humboldts und ihrer Relevanz für die theoretische Sprachwissenschaft des 21. Jahrhunderts. In: Alwin Fill (Hg.), Sprachökologie und Ökolinguistik. Tübingen: Stauffenburg Verlag 1996, S. 77-92.

Humboldts für die Gedankenwelt der heutigen Ökolinguistik, sondern zitiert auch einen der Beiträger zu diesem Band, *Fritjof Capra*, mit genau jenen Argumenten.

In einer späteren Arbeit, die er zusammen mit Valerie Becker Makkai für die Festschrift zum 60. Geburtstag von *Alwin Fill* geschrieben hat, „The Case for Ecolinguistics",[25] zitiert *Adam* einen weiteren Beiträger dieses Bandes, *Ervin Laszlo*. Dessen auch hier in seinem Beitrag erwähnte Theorie des Universums als eines ständig evolvierenden umfassenden Ökosystems, bei dem alle seine Teilsysteme durch Abfolgen von Evolutionszyklen in einem energetischen Netz untereinander strukturell verwandt und verbunden sind, ist auch eine der Grundlagen meiner Theorie kultureller Ökosysteme. Für *Adam* eröffnet diese Theorie eine weite Perspektive auf ein zukünftiges Verständnis der Zusammenhänge zwischen Sprache, Gehirn und Welt, die wohl den meisten kognitiven Linguisten, die sich unter den Sprachwissenschaftlern heute gern als die Speerspitze von interdisziplinärer Offenheit sähen, Angst und bange macht. Er sagt es mit so treffenden Worten, dass ich sie gern zitieren möchte: „Language is, as we all know, a brain activity. Should we not, then, add to our neurological observations a general philosophy of evolution that ties in the atoms of our brains with the atoms that make up the cosmos? This is a huge step and one may feel uncomfortable taking it. Nor will any immediate harm befall any who wish to remain aloof from such major philosophical schemes, preferring to cultivate their specialities within traditional linguistic scholarship. However, *Ervin Laszlo's* ideas can have a major liberating influence on one's thinking, and appear to bear the intuitions of some that logicism in all of its various modes has been a temporary 20th century phenomenon".[26]

Ich gestehe, dass ich mich mit jenem „riesigen Schritt" nicht unkomfortabel fühle, sondern – wie *Adam Makkai* – befreit. Befreit von Vormündern, die mir einreden wollen, ich dürfte bestimmte Dinge nicht denken, wenn ich als Wissenschaftler weiterhin ernst genommen werden wollte. Dies ist eine Drohung mit der Exkommu-

---

[25] Adam Makkai und Valerie Becker-Makkai, The Case for Ecolinguistics. In: Hermine Penz/Bernhard Kettemann (Hg.), Econstructing Language, Nature and Society. The Ecolinguistic Project Revisited. Tübingen: Stauffenburg Verlag 2000, S. 105-118.
[26] a.a.O., S. 116.

nikation aus der scientific community und der Brandmarkung als Philosoph. Da gibt es Schlimmeres. Besonders gut gefällt mir aber *Adams* Hinzusetzung: „Nor will any immediate harm befall any who wish to remain aloof from such major philosophical schemes, preferring to cultivate their specialities." In der Tat: Die schmalgesichtigen Tugendwächter der Wissenschaft erwecken allesamt den Anschein, als müssten sie sie vor großen Schäden bewahren, denn sie erblassen schon, wenn jemand in seiner Disziplin bloß ein Paradigma infrage stellt oder gar eine Vision entwickelt. Dabei sitzen sie zunächst, leider, am viel längeren Hebel. Allein angesichts des großen Beharrungsvermögens, das herrschende Paradigmen besitzen, von der kraftvollen Rationalität wissenschaftlicher Kritik ganz zu schweigen, kann ich deshalb mit Bezug auf jene Befürchtungen nur mit Ernst Jandl (und *Adam Makkai*) ausrufen: „Werch ein Illtum!"

5.4 Alwin Fill

Es ist schön, daß auch *Alwin Fill* einen Beitrag geschrieben hat, denn kaum einer hat sich so sehr wie er um die Integration ökologischen Denkens in die Linguistik (oder umgekehrt), die auch mir am Herzen liegt, verdient gemacht. Seit fast zwanzig Jahren lädt er fast alljährlich junge und ältere Sprachwissenschaftler zu Workshops, Tagungen oder Kongressen ein und verschafft auf diese Weise einer rebellischen Minderheit unter den Linguisten Gehör. Ich habe ihm einmal bei einem Glas Wein in Graz etwas verklausuliert vorgeworfen, er habe ein zu weiches Herz. Jede und jeder sei auf seinen Tagungen willkommen, ausgereiftere Beiträge stünden dort neben eindeutig unausgereiften, und die Auffassungen, was eigentlich Ökolinguistik sei oder sein solle, gingen dabei fröhlich durcheinander. Heute bin ich sicher, dass *Alwin* mit dieser Praxis recht hat. Es ist ja nicht so, dass dort im Einzelfalle keine Kritik geäußert würde. Dies ist notwendig und geschieht auch. Aber dass alle zu Wort kommen dürfen, die bei einer noch jungen Schule etwas glauben beitragen zu können, ist klug. Ebenso klug ist es, diese Ansätze sympathetisch zu diskutieren und nicht im bewährten Kongressmodus: mit der Absicht, sie nieder zu machen. Das neue Bild von Wissenschaft, das sich viele der in diesem Band vertretenen Autoren vorstellen und teilweise auch selber zu praktizieren versuchen, bewertet die mögliche Vielfalt von Perspektiven und Alternativen als positiv, als Reichtum, und nicht als etwas, das stört. Dies gilt auch schon für den Mut, sich aufs Querdenken einzulassen. Ähnlich einer echten Wildnis ist eine solche Vielfalt manchmal nur schwer zu durchdringen, aber es darf nur darum gehen, in ihr Pfade zu finden, um sie wirklich kennen zu lernen, nicht darum, sie einfach zugunsten einer breiten Straße zu roden. Wissenschaftliche Kreativität bedarf der Wechselwirkungen einer positiv verstandenen Meinungsvielfalt.

Besonders freut mich deshalb *Alwins* Thema, denn es spielt m.E. eine zentrale, ja vorentscheidende Rolle in kreativen Wissenschaftsprozessen: Metaphorik.[27] Als ich 1983 meine Skizze einer konstruktiven Ökologischen Sprachwissenschaft veröffentlichte,[28] wo ich gegen Saussures Schachspielmodell der Sprache das Ökosystemmodell ins Feld führte, warf mir ein gewisser Milvus M. Migrans (hinter diesem Pseudonym verbarg sich ein bekannter deutscher Linguist) in einem (nie veröffentlichten) Aufsatz vor, ich betriebe eine metaphorische Wissenschaft. Das sollte ein harter Schlag sein und ich gebe hier zu, er wirkte damals auf mich auch so. Allerdings nur kurze Zeit. Dann entdeckte ich, dass jede Wissenschaft metapherngeleitet war und ist. Die angeblich härteste von allen, die Physik, ist berstend voll von ihnen: Atom, Kraft, Arbeit, Brechung, Spannung, Widerstand usw. Es geht also gar nicht um Metapher oder Nichtmetapher. Auch um deren genaue Funktion geht es erst in zweiter Linie. Es geht vordringlich nur um die Frage: gute Metapher oder schlechte Metapher. Wenn eine Metapher gut ist, dann trifft sie eine Sache ins Mark und verliert bald ihren metaphorischen Charakter, fällt uns als solche gar nicht mehr auf. Und wenn es einen Erkenntnisfortschritt gibt, dann besteht er zu einem guten Teil in der Entdeckung, dass eine bisher verwendete Metapher eine schlechte Metapher war und wir nun eine bessere kennen, die an ihre Stelle treten kann.

---

[27] Vgl. schon: Alwin Fill, Wörter zu Pflugscharen. Versuch einer Ökologie der Sprache. Wien/Köln: Böhlau Verlag 1987.

[28] Peter Finke, Politizität. Zum Verhältnis von theoretischer Härte und praktischer Relevanz in der Sprachwissenschaft; darin Teil II: Ökologische konstruktive Linguistik. In: ders. (Hg.), Sprache im politischen Kontext. Tübingen: Niemeyer 1983, S. 15-75.

Die Wechselwirkung der Vielfalt

Als Ferdinand de Saussure zum Verständnis der grammatischen Sprachstruktur die Metapher des Schachspiels fand, bedeutete das einen großen Schritt auf dem Wege zum Verständnis dieser schwer greifbaren, ungeheuer komplexen Entität Sprache. Ludwig Wittgenstein hat später argumentiert, anstelle dieser Analogie zu einem speziellen Spiel könne man Spiele aller Art als Strukturmuster für Sprache ansehen; allerdings hatte er dabei mehr den Sprachgebrauch und weniger das Sprachsystem im Sinn. In meiner vorhin genannten Studie habe ich beides abgelehnt und Gründe dafür genannt, weshalb die Struktur und Funktion eines Ökosystems viel erklärungsstärker sei. Mein Bielefelder Kollege Hans Strohner hat 1998 in einem von *Alwin Fill* herausgegebenen Sammelband für die heute aktuelle Linguistik drei miteinander konkurrierende Metaphern genannt: die Computer-, die Gehirn- und die Ökosystemmetapher.[29] Auch er hat zu zeigen versucht, dass letztere die weitreichendste und adäquateste ist.

Alwin analysiert die Rolle von Metapher und Metonymie aus dem Blickwinkel der Ökolinguistik. Für sie sind Metaphern sowohl erhellende Zeugen unseres Sprachgebrauchs, wie sie kreative theoriebildende Funktionen entfaltet haben. Die in diesem Zusammenhang von ihm zitierte Kritik von Jung an einigen der von mir herangezogenen Parallelen zwischen biologischen Ökosystemen und Sprache-Welt-Systemen ist leicht zu entkräften, denn auch hinter „suggestiven Metaphern" wie denen von der „Eutrophierung" oder vom „Umkippen" einer Sprache stehen systemische Phänomene, die nicht nur eine oberflächliche, sondern eine in die Tiefe gehende strukturelle Verwandtschaft andeuten. Sprache-Welt-Systeme können eben nicht verbergen, dass die Evolution vor ihrer Entwicklung bereits einige Millionen Jahre Erfahrungen mit der systemischen Organisation von komplexen Lebewesen-Umwelt-Systemen gemacht hat und es wäre erstaunlich, wenn sich diese nicht bis zu einem gewissen Grade in der Struktur der jüngeren Systeme wieder finden würden. Natürlich gibt es im wörtlichen Sinne keine „Nährstoffanreicherung" in Sprachen; aber wir können ihre Systeme ganz ähnlich mit semantischen Informationen überfrachten, wie beispielsweise das reduktive System eines übersetzten Fisch-

---

[29] Hans Strohner, Die neue Systemlinguistik. Zu einer ökosystemischen Sprachwissenschaft. In: Alwin Fill (Hg.), Sprachökologie und Ökolinguistik. Tbingen: Stauffenburg Verlag 1996, S. 49-58.

teichs die Folgen des viel zu hohen Biomassebesatzes nicht verkraften kann, der in ihm herangezogen werden soll. Auch Sprachen besitzen eine carrying capacity, nur dass sie nicht Biomasse, sondern Informationen tragen müssen. Informationsüberfluss aber führt zur Nichtinformation. Die metaphorische Rede von einer Spracheutrophierung bedeutet in diesem Zusammenhang, dass jedes Sem nur begrenzt viele Meme transportieren kann, wenn es voll funktionsfähig bleiben und nicht zum Schlagwort, zum Dutzendbegriff, zu nichts sagendem Gerede verkommen soll. Erst die Evolutionäre Kulturökologie hat – wie *Fill* zustimmend bestätigt – diesen systemisch-evolutionären Hintergrund der ökolinguistischen Intuitionen aufhellen können.

Aber Metaphern leisten mehr als nur kreative Hilfsdienste bei der Entwicklung neuer Theorien. Sie haben eine wissenschafts-, aber auch eine allgemein lebensleitende Funktion. Die heute vielzitierte Kognitive Metapherntheorie von Lakoff, Johnson, Goatley und anderen[30] hat hierfür selber eine schöne Metapher gefunden, indem sie von „metaphors we live by" und „metaphors we die by" spricht; *Alwin* zitiert das auch, denn es ist natürlich Wasser auf die Mühlen der Ökolinguistik. Während die Ökologie eine Fülle von „metaphors we live by" anbietet, entstammen die reichlichen „metaphors we die by" oft den simpleren mechanistischen und automatentheoretischen Modellvorstellungen, die neben vielen anderen Disziplinen auch die gängige Sprachwissenschaft beherrschen. Sie alle haben den großen Mangel, Hilfsobjekte unserer Rationalität nun für deren Erklärung heranzuziehen; die berühmte Computermetapher ist heute das bekannteste Beispiel. Das ist so ähnlich, als ob wir einen Film zur Erklärung von Bewegung heranziehen würden; dabei ist er nur eine Bewegungssimitation, denn er besteht aus starren Einzelbildern. (Ich werde diese tödliche Metapher später bei der Kritik des paradigmatischen Denkens noch einmal verwenden). Die *Fill*sche Sprachwissenschaft verwendet demgegenüber zur Erklärung von Sprache einige ökologische Metaphern, mit denen sich linguistisch sehr viel besser leben lässt als mit den in Hülle und Fülle verbreiteten mechanistischen Metaphern der Standardlinguistik („Spracherwerbsmechanismus",

---

[30] George Lakoff/Mark Johnson, Metaphors We live By. Chicago: The University of Chicago Press 1980. Andrew Goatley, The Language of Metaphors. London: Routledge 1998.

„Grammatikmodule", „Erzeugungsmaschine"), die mit *Hans-Peter Dürr* unschwer dem physikalischen Denken des 19. Jahrhunderts zuzuordnen sind.[31]

Alwin präsentiert uns viele Beispiele für den Erkenntniswert ökolinguistischer Metaphernanalysen. Soweit sie aus dem Umweltdiskurs stammen, entstammen sie einem der Hauptanwendungsgebiete solcher Analysen, das zugleich ein wenig verunklärt, was eigentlich das Ökologische an der ökologischen Sprachwissenschaft ist. Ein Inhalt, ein Thema allein kann es nicht sein, obwohl nicht wenige Autoren diese Suggestion vermitteln; *Fill* tut das nicht. Es ist die unsere Sicht auf Sprache verändernde Kraft des „ecological point of view", welche die neue Richtung auszeichnet, die Tatsache, dass wir mit einem Male erkennen, wie wenig wir noch immer von unseren Sprache-Welt-Systemen verstehen. In einer solchen Situation sind gute Metaphern von höchstem Wert, denn sie vermitteln uns eine Intuition, der zu folgen sich lohnt: die Intuition neuer Denkwege. Ich bin nicht sicher, ob mir *Alwin Fill* hierbei so weit folgen will, wie ich gehen möchte, denn für mich bedeutet dies nicht nur den Bruch mit einigen herkömmlichen Theorien, sondern mit dem überkommenen Verständnis von Wissenschaft, das sich heute leider oft als *Hans-Peter Dürrs* „Machenschaft" entpuppt. Dieser Schritt von der Objektebene auf die Metaebene ist für denjenigen, der nicht mehr an feste autonome Disziplinen, sondern an das variable Verbundnetz einer rationalen Weltsicht glaubt, nicht groß. Aber für viele Sprachwissenschaftler scheint er fast unmöglich.

Es gibt entsprechend heute zwei Spielarten von Ökolinguistik. Die eine verbindet ein konventionelles, dem „logical point of view" entstammendes Sprach- und Sprachwissenschaftsverständnis mit kritischen Sprachgebrauchsanalysen, deren Bewertungsgrundlagen aus einem „ecological point of view" stammen. Die zweite hält dies für richtig, aber halbherzig. Sie fordert, die neue, erweiterte Perspektive auch auf den Sprach- und den Wissensbegriff anzuwenden.

---

[31] Vgl. zur kulturökologischen Metapherntheorie: Peter Finke, Misteln, Wälder und Frösche. Über Metaphern in der Wissenschaft. Erscheint 2003 in der dem Thema „Metaphor and Ecology" gewidmeten Ausgabe der online-Zeitschrift „www.metaphorik.de", später in einer gedruckten Version in der Schriftenreihe des IKÖ (Institut für Informations- und Kommunikationsökologie, Duisburg).

Ich denke, wir sollten so konsequent sein.³² Daraus folgt, dass die Ökolinguistik nicht nur ein Lückenfüller für Problembereiche sein kann, die von der Standardlinguistik nicht oder kaum bearbeitet werden, sondern die Keime für eine Alternative zu ihr enthält. Man kann dies auch anders ausdrücken: Sie ist keine „selbständige" Wissenschaft, wie überhaupt die Zeiten des Autonomiedenkens für alle Disziplinen vorbei sind. Sie zeigt deutlicher als die in dieser Hinsicht noch zu vorsichtig agierende konventionelle Linguistik, dass Wissenschaft ein großes Verbundsystem von Ideen ist, das von der Vielfalt seiner Wechselwirkungen lebt. Deshalb betreibe ich sie als Teil der Kulturökologie und diese als Teil eines allgemeinen Denkens in evolutionären Systemen, seien sie nun natürlich oder kulturell oder von intermediärem Charakter wie die Sprachen.

6 Kultur, die einzige Chance

Auf der transdisziplinären Exkursion dieses Buches sind wir inzwischen in vertrauteren Regionen angekommen, vertrauter, weil es um Dinge geht, die kaum noch ohne Zutun von uns schlicht „entstanden" sind. Für unseren klugen oder dummen Sprachgebrauch sind wir schon selber verantwortlich und erst recht für dasjenige, was wir uns mit allen damit verbundenen Fortschritten, aber auch Unzulänglichkeiten, ja Gefahren als Staat und Politik, als Wirtschaft und Bildung, als Wissenschaft und Kunst leisten. Wenn die Sprache uns strukturell mit unserer gefährdeten Basis Natur verbindet, dann verbindet sie uns erst recht mit der einzigen Chance, den selbstgeschaffenen Risiken doch noch zu entgehen: der Kultur. Auch die kulturelle Evolution ist ein hochkomplexer Wechselwirkungsprozess, der die Ressource Vielfalt erhalten und nunmehr auf der psychischen und sozialen Ebene für neue Systemvarianten genutzt hat. Im Unterschied freilich zur natürlichen Evolution ist er immer stärker das Werk unseres steuernden Handelns geworden und damit nicht mehr verläßlich.

---

³² Vgl. hierzu: Peter Finke, Zukunftsfähigkeit, heilige Kühe und Grammatik. Metalinguistische Überlegungen am Ende des Baconschen Zeitalters. In: Hermine Penz/Bernhard Kettemann (Hg.), Econstructing Language, Nature and Society. Tübingen: Stauffenburg Verlag 2000, S. 63-84.

Die Wechselwirkung der Vielfalt

Was wir unter dem Signum der Kultur allerdings zuwege gebracht haben, enthält nicht nur alles, worauf die Menschheit zu recht stolz sein kann, sondern auch alles dasjenige, wofür sie sich schämen muss. Letzteres wird oft verdrängt. Die Rede von Kultur erinnert schnell an das Wahre, Gute und Schöne, aber deren jeweiliges Gegenteil gehört ebenso zur Kultur. Als ich dies vor einigen Jahren auf einem kulturtheoretischen Kongress, der Wissenschaftler und Künstler zusammenführen sollte, einzuwerfen wagte, musste ich erschreckte bis empörte Reaktionen ertragen; das war nicht zu schwer. Tatsächlich befassen wir uns leider, wenn es um Kultur geht, nur wenig bis kaum mit Dummheit, Fehlern, mit dem Bösen und dem Hässlichen, aber all dies durchzieht unseren Alltag mindestens genauso wie das Positive. Es ist einer der Vorteile der Kulturökologie gegenüber anderen kulturtheoretischen Ansätzen, dass sie sich um wirkliche Deskriptivität bemüht und alles Normative, das sie auch enthält, hiervon säuberlich abtrennt und separat zu begründen versucht. Verbreitet ist auch in der gängigen Kulturwissenschaft die versteckte Wertung, die hauptsächlich darin zum Ausdruck kommt, dass man das kulturelle Etikett nur der positiven Kultur anklebt. Auch die Wissenschaft und die Kunst, Wirtschaft und Politik ohnehin, tragen zu dieser verzerrten Wahrnehmung bei. Deshalb müssen sie nun auch an ihrer Veränderung mitwirken. Es gibt viele Indizien dafür, dass wir dabei vor allem ein neues Verhältnis zur Vielfalt und ein besseres Verständnis für die Zusammenhänge der vielen Wechselwirkungen finden müssen, die den Gang der Kultur steuern.

6.1 Eva Lang

Eine der Nachtseiten der Kultur ist die Tatsache, dass die Gefährdung unserer natürlichen Lebensgrundlagen selber eine kulturelle Leistung ist. Wir sind es, die diese kulturelle Leistung vollbringen: Wir plündern den Planeten aus wie ein Bankräuber den Tresor, wir, niemand sonst, führen anschließend Kriege um Öl und andere Restressourcen, wir vermüllen Böden, Luft und Gewässer, wir vernichten Lebens- und Lebensraumvielfalt zugunsten einiger Ubiquisten und verarmter, überplanter, mit Artefakten beherrschbar gemachter Einheitslandschaften. Wenn die Basis der Kultur, die vielfältige Natur, gefährdet ist, dann haben wir dies bewirkt und zwar mit der Kultur. Ich denke, es ist erlaubt, dies als Krise zu bezeichnen. Doch die Kultur ist ambivalent. Sie ist nicht nur die Quelle dieser Gefahr, sondern zugleich auch unsere einzige Chance. Sie hat nicht nur jene dunkle Seite, sondern umfasst auch das Potential, sie aufzuhellen. Eine zweite Chance neben der Kultur haben wir nicht. Wohl haben wir die Chancen der kulturellen Vielfalt und des kulturellen Wandels. Offenbar hat insbesondere unsere vielgelobte westliche Zivilisation allen Grund, sich zu verändern und hierfür auch von anderen Kulturen zu lernen. Woher aber sollen die Kräfte kommen, dies zu bewirken?[33] Dass die institutionalisierte Form systematischen Wissenserwerbs, die Wissenschaft, hierbei eine herausgehobene Rolle spielen muss, ist schon deshalb klar, weil sie maßgeblich daran mitgewirkt hat, dass diese Lage überhaupt entstand. Deshalb sind Ideen, die unser Wissen über die Zusammenhänge von Mensch und Kosmos, Natur und Kultur, Körper und Geist, Evolution und Ökologie, Wissenschaft und ihrem kulturellen Umfeld wesentlich zu vertiefen versprechen, wichtig. Zwar könnten wir in vielen Bereichen auch heute schon klarer und entschiedener handeln als wir es de facto tun, aber es bleibt das berechtigte Misstrauen zurück, dass wir auch noch immer zu wenig wissen, vor allem über uns selbst und unsere Beziehung zu allem übrigen, insbesondere zur Natur. Besseres Wissen ist deshalb sicherlich eine Kraft, die benötigt wird. Aber sie reicht nicht aus, um die massiven Veränderungen bewirken zu helfen, die wir bewerkstelligen müssen. Ohne eine rationale, zukunftsfähige Politik geht es nicht.

Umso mehr müssen wir uns mit ihr befassen. Dies aber bedeutet auch hier, uns mit einem kulturellen Ökosystem in seiner heutigen institutionalisierten Gestalt zu befassen, mit dem Staat. Ich habe oben von „Mutter Natur" gesprochen. Das legt nahe, jetzt, wo es um unsere kulturelle Evolution geht, auch von „Vater Staat" zu sprechen. Die Konjunktion dieses netten Paares verdanken wir

---

[33] Vgl. hierzu die weiter unten (8. Kräfte zur Veränderung) geführte Diskussion, sowie das dort in Fußnote 47 genannte Werk von Ervin Laszlo.

übrigens *Christiane Busch-Lüty*.[34] Im vorliegenden Band nimmt sie *Eva Lang* auf, die mit ihrem Beitrag „Wendezeit für den Staat" die politische Dimension der hier behandelten Ideen thematisiert. Im Anschluß an *Capra* entwickelt sie ein Szenario für ein neues Staatsverständnis, das den alten zentralistischen Vater verabschiedet und durch einen neuen, dezentralen BürgerInnenstaat ersetzt. Die Auflösung der Fachgrenzen, die Ersetzung der Mauern durch Hecken des Denkens, wie *Eva* meine Metapher aufgreifend sagt, macht auch vor dem Staat nicht Halt. Kaum eine andere Institution, die alten Einzelwissenschaften vielleicht ausgenommen, kultiviert das Mauerdenken so wie der klassische Staat, der sich in der Fülle seiner Institutionen und Bürokratien zu dem verhärtet hat, was uns heute an ihm fast verzweifeln lässt, weil er sich verselbständigt hat und uns als Macht gegenübertritt. Was ich weiter vorn mit Blick auf die Wissenschaft über die Diskrepanzen zwischen unseren Intuitionen und Wünschen einerseits und den hiervon oftmals abweichenden Realitäten gesagt habe, gilt in ganzer Schärfe auch für die staatliche Politik. Auch hier benötigen wir dringlich die Leitideen der notwendigen Veränderungen und auch hier verändert sich das Bild, das wir sehen, wenn uns bewusst wird, wie sehr die alten mechanistisch-instrumentalistischen Kategorien eine Brille waren, die wir absetzen können und sollten. Und auch hier gibt es die Inseln des Neuen inmitten des Alten: die Bürgerinitiativen und Keimzellen veränderter Lebensformen, die Bewusstwerdung der Möglichkeiten von Eigeninitiative und Eigenverantwortung, des Wertes von Dezentralisierung und kultureller Vielfalt, von Bürokratieabbau und lähmender Fremdorganisation. Es sind die „Signale einer beginnenden Wendezeit" (*Lang*) auch für „Vater Staat" und das mit ihm assoziierte patriarchalische Politikverständnis, das zur Lösung der gravierenden sozialen, ökonomischen und ökologischen Probleme offensichtlich nicht mehr in der Lage ist.

Zu Beginn ihres Beitrags begründet *Eva*, warum es eine ganzheitliche Perspektive ist, die heute im Unterschied zu früher unseren Blick auf die Probleme des Staates kennzeichnen sollte. Da-

---

[34] „Mutter Natur und Vater Staat" war das Motto der Jahrestagung der „Vereinigung für ökologische Ökonomie, Heidelberg 2002. Es gibt viele Hinweise darauf, dass es Methode hatte, die Natur mit weiblichen und den Staat mit männlichen Attributen auszustatten.

bei sei „es notwendig, eine gewisse Unschärfe zuzulassen". Dies ist richtig, aber mir liegt daran zu betonen, dass hiermit kein Mangel verbunden ist. Es ist nicht die Unschärfe, die ein schlechtes Foto oder eine nachlässig durchgeführte Analyse kennzeichnet, sondern eher die, die für jede Gestaltwahrnehmung charakteristisch ist. Gute Feldornithologen beispielsweise verfügen über die Fähigkeit, einen Vogel oft auch dann genau bestimmen zu können, wenn sie ihn nur flüchtig, in schlechtem Licht oder aus ungünstigem Blickwinkel sehen. Dabei spielt der „jizz", also Erfahrung von Strukturen des Körperbaus, Flügelschlagfrequenzen oder anderen Bewegungsmustern eine wichtige Rolle. Da, wo die Datenlage nicht von Unschärfen gekennzeichnet ist, werden übergeordnete Gestaltphänomene häufig nicht wahrgenommen, weil die Schärfe der Details von ihnen ablenkt. *Eva* zitiert *Hans-Peter Dürr*, wenn sie ihre Vision eines bürgernäheren, flexibleren, dezentraleren, offeneren Staatskonzepts entwickelt. Auch er hatte in seinem Beitrag darauf hingewiesen, dass die absolute Präzision zu den alten, geradezu gefährlich gewordenen Wissenschaftsbegriffen gehört, die die Fähigkeit zur Relevanz einschränken kann. Nicht, dass er oder ich der Unschärfe als Selbstzweck das Wort reden wollten. Wir benötigen immer Begriffe, die so scharf sind, wie der jeweilige kommunikative Zweck es erfordert. Aber wird benötigen bei sehr komplexen Problemlagen – und die Zukunft des Staates ist von dieser Art – vor allem jenen Überblick, „jizz", jene Gestaltkompetenz, die uns im Alltag oft genug abgeht, weil wir dort nicht ständig die Voraussetzungen infrage stellen können, unter denen wir wahrnehmen und entscheiden. Wo wir dies freilich (wie in *Evas* Beitrag) tun wollen, erschließt uns erst der „jizz" jener Unschärfe mancher Details den Überblick, der eine gegenüber dem Gewohnten veränderte Sicht der Dinge möglich macht.[35]

---

[35] Die durchschlagende Kraft des in Bezug auf unser Staatsverständnis Gewohnten zeigt sich z. B. darin, dass der Abdruck einer ersten Version der hier von *Eva Lang* vorgestellten Überlegungen, die sie Ende 2001 auf einer Tagung des „Global Challenges Network" in Tutzing vorgetragen hatte, von den Herausgebern des Tagungsbandes mit dem Argument abgelehnt wurde, es sei nicht genügend durchdacht und unpräzise. Die alltägliche Wissenschaftstheorie in den Köpfen der Wissenschaftler erweist sich immer wieder nicht als hilfreich, sondern als Hindernis auf dem Wege zu wirklich neuem Denken.

Die Wechselwirkung der Vielfalt

Wenn ich bei *Langs* praxisnaher kultureller Vision einen Mangel finde, dann allenfalls den, der viele sozial- und naturwissenschaftliche Problemschilderungen kennzeichnet und an dieser Buchstelle, nach dem Sprachkapitel, besonders auffallen mag: dass all dies in einer teilweise neuen Sprache verstanden und vermittelt werden muss. Für jemanden, der sich viel mit Sprache befasst, ist eine solchermaßen beschriebene Reformanstrengung zwar nicht durchweg, aber doch zu einem erheblichen Teil an einen Begriffswandel gebunden, der dann auch noch kommunikativ vermittelt werden muss. *Eva* liefert uns die neuen Kognitionen, aber wenn sie in die alten Worthülsen schlüpfen müssen, sind sie immer in Gefahr, als die alten missverstanden zu werden. Ich habe einmal mit *Peter Weinbrenner* (s.u.) ein gemeinsames Seminar zur Sprache der Ökonomik veranstaltet, das das Ausmaß deutlich machte, zu dem nicht nur eine Reform der Ökonomie an eine Reform der wissenschaftlichen Ökonomik, sondern diese an eine Reform der Begriffe und ihrer Inhalte gebunden ist. Wir können gar nicht in dem Maße neue Worte finden, wie die neuen Inhalte es eigentlich verlangten. Deshalb gehört eine erhebliche Steigerung der sprachlichen Bewusstheit, der Sensibilität für das, was wir tatsächlich sagen und eigentlich sagen wollen, zu jeder Reform eines kulturellen Ökosystems. Doch was im Falle der Wissenschaft wegen ihrer Sprachlichkeit noch nahe liegend erscheint, entgeht bei Wirtschaft oder Staat schon vielen, die wohl die Bedeutung der Inhalte, aber weniger die Bedeutung ihrer sprachlichen Formen sehen. Für *Eva Lang* gilt dies nicht; wenn sie uns eines vermittelt, dann ist es ja gerade das Ausmaß, zu dem wir dem alten Wort „Staat" einen neuen Sinn geben müssen. Doch dies de facto umzusetzen heißt auch, es zu kommunizieren, und dies bedeutet, auf viele zu treffen, denen der Bedeutungswandel bislang nicht ins Bewusstsein gedrungen ist. Auch dies aber funktioniert nicht patriarchalisch-mechanistisch, verordnet von Vater Duden, sondern nur durch Weckung von Selbstbewusstsein und schlummernder Kreativität. Es sind die gleichen evolutorischen Prozesse, die das Neue in Natur und Kultur hervorbringen, die auch unsere Sprache erneuern und die Verhärtungen, die unsere Begriffslandschaften kennzeichnen, durch eine wieder zu gewinnende Flexibilität ersetzen können.

Eva Lang zitiert mehrfach aus meinem 1997er Heidelberger „Akademischen Festvortrag" aus Anlaß der Gründung der Vereinigung für Ökologische Ökonomie,[36] wo ich als Leitschnur für zukunftsfähiges kulturelles Handeln die Devise ausgegeben hatte, „unsere kulturellen Systeme so zu entwickeln, dass wir durch sie die natürlichen Systeme intelligenter als bisher nachbauen oder imitieren können." Dieses Prinzip der intelligenten Imitation der Natur, auf das sich in diesem Band u. a. auch *Busch-Lüty* bezog und das implizit auch *Capras* Argumentation zugrunde liegt, ist seither verschiedentlich, nicht immer so zustimmend wie bei *Eva* und *Christiane*, kommentiert worden. Man hat mir vorgeworfen, ich sei blind für die Gefahren eines solchen Prinzips: Sozialdarwinismus, Biologismus, Verkennung der Rolle der Ethik, des zielgerichteten Handelns und was nicht alles sonst gesagt wurde. Die Kultur sei eben doch verschiedener von der Natur als ich sie malte. Dies sind alles Missverständnisse. Möglicherweise haben sich einige durch das Wort „Imitation" zu ihnen verleiten lassen; sie hätten sehen sollen, dass ich immer von der „intelligenten Imitation" gesprochen habe. Es ist äußerst unintelligent, durch einen ökonomischen Neoliberalismus sozialdarwinistische Entwicklungen zu fördern, denn man schürt hierdurch Konflikte, an denen ganze Gesellschaften zerbrechen können. Für einen Biologismus ist in der Kultur schon deshalb kein Raum, weil bereits die Naturökologie einem zu engen, physikalischen Begriff eines Ökosystems folgt. Ein gut Teil dessen, was ich in das wichtige Prädikat „intelligent" packe, sind handlungstheoretische und ethische Aspekte kultureller Ökosysteme. Wegen solcher Interpretationsfehler spreche ich heute lieber von einer „intelligenten Orientierung" an der Natur; die platte eins-zu-eins-Kopie war nie gemeint, immer unintelligent, oft unmoralisch und manchmal gefährlich. In der Sache aber meine ich mit der neuen Bezeichnung nichts anderes als mit der alten.

Dass freilich ein gut Teil der Probleme unserer kulturellen Ökosysteme darauf beruht, ihr ökosystemisches und damit naturbezogenes Strukturerbe bislang nicht genau genug gesehen zu haben, weil dieses inzwischen längst von den vielfältigsten später entwickelten kulturellen Oberflächenstrukturen überformt wurde, und eine Lösung dieser unserer Probleme jedenfalls mit dem Versuch beginnen sollte, diese verdeckte strukturelle Mitgift aus früher Evo-

---

[36] Peter Finke, Wirtschaft – ein kulturelles Ökosystem. Über Evolution, Dummheit und Reformen. In: VÖÖ (Hg.), Arbeiten in einer nachhaltig wirtschaftenden Gesellschaft. München: ökom-Verlag 1997, S. 31-44.

lutionszeit ans Licht zu heben und zu fragen, ob wir nicht von den Antworten, die die Natur hierauf gefunden hatte, noch immer etwas lernen können: Dies glaube ich wie *Eva* mit Entschiedenheit. Sie würde dadurch nicht geringer, dass mir jemand nach dieser Prüfung glaubhaft versicherte, es gäbe völlig neuartige Probleme, die völlig neuartiger kultureller Lösungen bedürften. Vielleicht ist dies ein Streit um Worte, doch bislang hat mir noch niemand ein solches Problem vorlegen können, in dem ich nicht seine alten evolutionären Wurzeln zu entdecken vermochte.

6.2 Peter Weinbrenner

Mein Bielefelder Mitgründer des „Forum Offene Wissenschaft", der Wirtschafts- und Politikwissenschaftler Peter Weinbrenner, diskutiert anschließend an einem speziellen Thema – der Notwendigkeit eines Umdenkens in der Ökonomik und der diesbezüglichen Aufgaben für die Didaktik – zwei Konzepte, die sich grundsätzlich durch alle Beiträge explizit oder implizit hindurchziehen: Paradigmawechsel und Transdisziplinarität. Zwar spricht niemand in diesem Band so explizit von Paradigmawechseln wie Eva Lang und Peter Weinbrenner (wobei beide, wie insbesondere auch Roland Sossinka und Fritjof Capra die wohltuend einfache und anschauliche Sprache derer sprechen, die wissen, wie man mit Nichtexperten redet. Peters Wertschätzung einer didaktisch reflektierten Darstellung des Neuen teile ich uneingeschränkt). Aber die meisten verfolgen wohl ein solches Ziel, mehr oder weniger umfassend, durchgreifend, revolutionär.

Wir müssen in diesem Punkte allerdings sorgfältiger reden als es oft geschieht. Man darf es sich mit dem in die Modejargons abgewanderten Paradigmabegriff nicht zu leicht machen. *Peter* tut dies zweifellos nicht. Er wahrt wesentliche Teile des Kuhnschen Argumentationskontextes, aus dem der Begriff in seiner hier interessierenden historisch-theoretischen Bedeutung stammt, tauscht nur stillschweigend (aber legitim, ja notwendig) den dort gegebenen naturwissenschaftlichen Diskussionskontext gegen einen sozial- bzw. kulturwissenschaftlichen aus. Mit einigen begrifflichen Modifikationen (z. B. der Vorstellung von koexistierenden und relativen Paradigmen), die im gegenwärtigen Rahmen nicht interessieren müssen, hat sich der Paradigmabegriff für die Beschreibung schwerwiegender konzeptioneller Veränderungen auch dort bewährt. In diesem Sinne zählt *Weinbrenner* viele gute Gründe auf, die mit massiven theoretischen Mängeln behaftete konventionelle Ökonomik durch eine an den ökologischen Rahmenbedingungen orientierte zu ersetzen, ganz auf der Linie, die von *Busch-Lüty* zu Beginn vorgegeben wurde. Wie ich schon anlässlich der Diskussion ihres Beitrages gesagt habe, glaube auch ich (wie wohl die meisten Beiträger zu diesem Band), dass dies tatsächlich notwendig ist.

Hier liegt also kein Dissens. Dieser und andere Paradigmawechsel sind notwendig. Ich finde es daher ein wenig erheiternd, wenn viele scientific communities, nicht nur die der Ökonomen, beispielsweise in der Formalisierung ihrer Aussagen einen wesentlichen wissenschaftlichen Gewinn sehen, statt sich darum zu kümmern, ob das, dem sie dieses Kostüm anziehen wollen, diese Mühen auch inhaltlich lohnt.[37] Was ich infrage stellen möchte, ist aber, ob es mit Paradigmawechseln getan ist. Und hier kommt jenes genaue Reden ins Spiel, das ich oben gemeint habe als ich sagte, dass ich es oft vermisse. Es ist ein gutes Beispiel dafür, dass bei aller grundsätzlichen Spannung zwischen Genauigkeit und Relevanz (vgl. meine Diskussion zu den Beiträgen von *Capra* und *Dürr*), die oft zu der Einsicht führen muss, die Genauigkeit auf Kosten der Relevanz nicht zu übertreiben, gelegentlich, im Einzelfalle, eben doch eine höhere Genauigkeit notwendig ist, wenn man ein Problem wirklich treffen will. Der „ecological point of view" darf sich nie täuschen, dass er die spezielle Sehhilfe des „logical point of view" nie benötigte.

Kuhn hat uns mit seinem Paradigmabegriff einen Floh ins Ohr gesetzt. Denn auch ein neues Paradigma, das anderen Werten und Normen folgt als das alte, bleibt ein Machtkonzept. Ein Paradigma „herrscht"; ob es „wahr" ist, ist eine ganz andere Frage. Zwar unterstelle ich, dass alle, die ein altes Paradigma ablösen und ein

---

[37] Auch ich habe mich früher an diesem Sport beteiligt, getreu dem Ratschlag Bertrand Russells, dass junge Wissenschaftler einmal demonstrieren müssen, dass sie sich in komplizierter Formelsprache ausdrücken können, um später dann wieder verständlich zu reden, etwa in: Peter Finke, Konstruktiver Funktionalismus. Die wissenschaftstheoretische Basis einer empirischen Theorie der Literatur. Braunschweig/Wiesbaden: Vieweg 1982.

neues etablieren wollen, auf Wahrheitsmehrung aus sind. Aber sie sind auch auf einen Machtwechsel aus. Die Unterstellung, ein Paradigmawechsel sei immer ein Wahrheitsgewinn, ist unerlaubt. Es sind Auffassungs- und Perspektivenwechsel, die Wahrheitsgewinne vermuten, diese de facto aber nur über Machtgewinne belegen können. Und das ist zu wenig. Es ist nie auszuschließen, dass ein neues Paradigma nicht besser ist als das alte; vielleicht ist es sogar ein Rückschritt. Deshalb reichen Paradigmawechsel für eine am Wahrheitsziel festhaltende Wissenschaft allein nicht aus. Wir müssen uns – dies ist die harte Konsequenz – vom Paradigmabegriff trennen und das an die alte Wissenschaft gekoppelte Denken in Paradigmen überwinden, also mehr verändern, als nur bestimmte Auffassungen in einer Disziplin: Wir müssen ein neues Wissenschaftsverständnis finden, das seinen Fortschrittsbegriff nicht über solche Machtwechsel definiert, sondern allein wieder über die alte Wahrheitssuche. Ich gebe zu, dass dies sehr schwierig ist. „Wie soll man das denn messen, wenn nicht über geltende Paradigmen?" höre ich es von vielen Seiten rufen. Muss und kann man alles messen? Was heißt eigentlich: messen? Ist nicht auch dies eines der Relikte aus der Physik des 19. Jahrhunderts: die messbare Welt, die Vergötzung des quantitativen Denkens? Die Idee, dass Wissenschaftlichkeit durch Messbarkeit steigerbar sei, finde ich nur lächerlich. Gesteigert wird tatsächlich nur die Genauigkeit, doch dann bleibt immer noch die Frage offen, ob sich dies für den konkreten Fall lohnt.

Völlig richtig finde ich, dass *Weinbrenner* die Wichtigkeit transdiziplinären Denkens herausstellt. Doch habe ich auch einen etwas anderen Transdisziplinaritätsbegriff als *Peter*. Er sieht in ihr eine Spezialisierung der Interdisziplinarität, nämlich eine durch lebensweltlich lösungsbedürftige Probleme definierte Auswahl geeigneter interdisziplinärer Lehr- und Forschungsstrategien. So sehr ich für diese Auswahl bin, da sie verantwortungsgeleitet ist: Ich glaube doch, dass solche inhaltlichen Dinge mit dem Unterschied von Inter- und Transdisziplinarität überhaupt nichts zu tun haben. Interdisziplinarität ist für mich ein Reparaturkonzept der alten Wissenschaft, die ihren massiven Anteil an der verhängnisvollen Fraktionierung von Bildung und Wissen und deren gravierenden Folgen einsieht und nun versucht, das Schlimmste zu verhindern. Hierfür wird, jeweils von Fall zu Fall, die Herstellung von Wissenszusammenhängen als nötig angesehen, aber im Grundsatz bleiben die Disziplinen unverändert. Sie werden lediglich bei Bedarf zur Zusammenarbeit aufgefordert. Transdisziplinarität ist für mich mit einem anderen, erneuerten Wissenschaftsverständnis verbunden, das prinzipiell an der Erzeugung von Zusammenhangswissen arbeitet und dies sehr wohl auch in der Nähe verschiedener Sachschwerpunkte tun kann.[38] Zusammenhangswissen ist dann aber nicht die Ausnahme, sondern der Normalfall des Wissens, und aus den ehemals recht stabilen, auf ihre Fachidentität stolzen Einzelwissenschaften müssen dabei zwangsläufig sehr flexible, an die Wechselwirkungen der ausgedehnten Problemlagen sich dynamisch anpassende Forschungs- und Lehrverbünde werden. Ich bin davon überzeugt, dass man mit solchen Konzepten (und von ihnen begeisterten Wissenschaftlern) auch eine wandlungsfreudige neue Universität aufbauen kann, die eher in die heutige Zeit passte als die reliktreichen Ehrwürdigkeiten mit ihren starren Fakultäten und Instituten, die wir haben, so reformerisch sie sich auch zeitweise geben.

6.3 Siegfried J. Schmidt

Wo Transdisziplinarität beginnt, ist leicht zu sagen: Sie kann überall beginnen. Aber wo hört sie auf? An der Grenze der Wissenschaft bzw. der Wissenschaften, also dort, wo etwas ganz anderes beginnt? Dieses „Andere" war bislang hauptsächlich in Gestalt von Wirtschaft und Politik Thema dieses Bandes. Zum Schluß kommt noch die Kunst dazu. In den Grenzgebieten[39] zwischen Wissenschaft und Nichtwissenschaft, hier speziell der Kunst, bewegen sich die beiden letzten Exkursionsführer. *Siegfried J. Schmidt* hat schon erhebliche Wanderungen über manche wissenschaftliche Disziplinengrenze unternommen, aber im Unterschied zu den meisten anderen Wissenschaftlern wandert er sogar gelegentlich über die Wis-

---

[38] Peter Finke, Transdisziplinarität und Methodologie. Ein Diskussionsbeitrag zum Selbstverständnis der Vereinigung für Ökologische Ökonomie. In: VÖÖ (Hg.), Beiträge und Berichte 1. Heidelberg: Selbstverlag 1999, S. 6-16.

[39] Ich glaube jedenfalls heute – im Gegensatz zu früher – dass dies tatsächlich Gebiete sind und nicht bloße schlagbaumartige Trennlinien; vgl. meine Diskussion von *Kanngießer* und das vorletzte Kapitel über amphibische Zonen.

senschaftsgrenze in die Kunst hinein. Als er mir vor dreißig Jahren in seiner neuen, frech-paradigmastürmenden Forschergruppe, der wir später den kryptischen Namen „NIKOL" anhefteten,[40] eine Chance gab, habe ich über diese seine Chamäleonaden gelegentlich gelästert, weil ich damals noch zwischen beidem eine strenge Demarkationslinie sah. Erst zehn Jahre später habe ich eingesehen, wie dumm das war. Das entscheidende Lebenselexier der Wissenschaft wie der Kunst ist die Kreativität, aber nur in der Kunst ist dies ganz offensichtlich. In der Wissenschaft wird Kreativität nicht nur oft versteckt, sondern sie ist im heutigen Massenbetrieb allzu oft faktisch abwesend. In der Kunst fällt ein solcher Fall meist schnell übel auf; in der Wissenschaft kann man mit ihm bisweilen ein Leben lang besser Karriere machen, als wenn es umgekehrt wäre. *Siegfried* kannte offenbar die Kunst als Jungbrunnen dieses auch für die Wissenschaft lebenswichtigen Elixiers lange Zeit vor mir und viel besser als ich. Ich verteidigte noch eine Mauer zwischen beidem, als er diese für sich schon längst abgerissen und stattdessen eine durchlässige Hecke gepflanzt hatte.

Die beiden Pole, die *Schmidts* erkenntnisphilosophische Argumentation begrenzen, heißen „Wirklichkeit" und „Künstlichkeit". Obwohl es mir widerstrebt, versuche ich zunächst, dies hin- und ernst zu nehmen. Angenommen, ich erzähle jemandem ein frisches Erlebnis und füge hinzu: „Es war wirklich so." Dann will ich damit ausdrücken: Du kannst mir glauben, ich habe nichts erfunden, alles hat sich so abgespielt, wie ich es erzählt habe. Der Hinweis auf Wirklichkeit ist dann der Garant für intendierte unverfälschte Deskriptivität. In diesem Sinne kann ich *Siegfried* folgen, wenn er zeigt, dass ein solches Verhalten naiv ist. Dasjenige, was wir wahrnehmen und dann gern als wirklich beschreiben, enthält viele strukturelle Beigaben unseres kognitiven Apparats und weit mehr von uns Beobachtenden hinzugefügte oder durch mediale Filter veränderte Bestandteile, als uns im Alltag zu Bewusstsein kommt. Ein naiver Realismus mag uns zwar alle als Kinder geleitet haben, aber wenn wir uns in theoretischer Absicht über die Wirklichkeit äußern wollen, dann spätestens müssen wir erwachsen werden.

Allerdings ist dies auch der Rand, bis zu dem ich die wohlwollende Interpretation zu treiben bereit bin. Denn die Unterstellung,

---

[40] Vgl. z. B. die in Fußnote 36 genannte Monografie.

eine naive Sicht der Dinge würde dasjenige, was nicht wirklich ist, als künstlich bezeichnen, widerstrebt mir grundsätzlich. Schon gar die Umkehrung: das Nicht-Künstliche sei das Wirkliche. Für mich ist nicht das Künstliche der Gegenpol zum Wirklichen, sondern das Unwirkliche oder Fiktive. Und der Gegenpol zum Künstlichen ist nicht das Wirkliche, sondern das Nicht-Künstliche. Doch was ist dies? Es ist, wie ich meine, das Natürliche. In *Schmidts* Denken kommt aber Natur nicht vor. Ihr Begriff fehlt dort und in seinem Beitrag vollständig. Schon in der Besprechung von *Sossinkas* Beitrag hatte ich darauf hingewiesen, dass der Naturbegriff zwar faktisch vieldeutig verwendet wird, dass uns dies aber nicht von ihm entbindet: wir benötigen ihn nach wie vor. Für den Biologen stand dies auch außer Frage, es verblieb nur die Mehrdeutigkeit. Hier glaube ich nun, dass wir den Naturbegriff nicht bloß in mehreren Bedeutungen verwenden und dies, in den jeweiligen Kontexten, auch zu recht, sondern dass wir ihn für die Natur-Kultur-Debatte in einer einzigen, präzisierten Bedeutung brauchen. Und diese ist dasjenige, was ich eben als das Nicht-Künstliche bezeichnet habe. Einen Hinweis, dies gäbe es heute schon nicht mehr, hielte ich für falsch. Die Schleiereule (*Tyto alba*) beispielsweise, die in manchen Jahren bei uns oben im Haus wohnt, ist der lebende Gegenbeweis. Dass sie ein Kulturfolger geworden ist, macht sie nicht weniger natürlich als es die Kulturflüchter sind.

Während in den Beiträgen der Naturwissenschaftler zu diesem Band überall der Naturbezug klar erkennbar ist, in denen der Sprachwissenschaftler teils deutlich, teils weniger deutlich – bei *Makkai* und *Fill* deutlich, bei *Kanngießer* und *Kertész* nicht explizit erkennbar, aber doch noch indirekt gegeben – und bei der Staatswissenschaftlerin *Lang* und dem Wirtschaftsdidaktiker Weinbrenner wieder sehr deutlich, ist er bei dem Kommunikationsforscher und Künstler *Schmidt* tatsächlich nicht mehr vorhanden. (Dass dies nicht zwangsläufig mit der Kunst zusammenhängt, lehrt ein Vorausblick auf *Priganns* Beitrag; s.u.). *Schmidts* Text jedenfalls markiert einen Punkt der Kultur jenseits von Natur, die völlig verloren ist: „Alles wird immer gemacht". Das Nicht-Gemachte scheint es nicht (mehr) zu geben. Wenn die Medialisierung der Wirklichkeit so weit gehen kann, dass Wirklichkeit und Künstlichkeit ununterscheidbar werden, dann erscheint das Natürliche dort allenfalls noch als der nostalgische Widerschein aus einer längst vergangenen Zeit. Ich halte ein solches Wirklichkeits- und Kulturverständnis für hochgefährlich, denn es lebt auf einer eigenen erkenntnisphilosophischen Insel, von der keine Brücke mehr zu den Erfahrungen führt, die nicht nur Naturwissenschaftler oder Naturschützer, sondern auch viele Kulturwissenschaftler und Künstler und wir alle im Alltag noch heute machen. Und doch glaube ich, dass es von großem Wert ist, sich damit auseinander zu setzen, nicht nur zu argumentativen Übungszwecken, sondern deshalb, weil eine Welt des vollständigen Naturverlustes in Teilen der Kunst und in den Medien dargestellt und in großen Teilen unseres Alltagslebens auch de facto praktiziert wird.

Ich meine damit, dass wir mit der Natur noch immer so umgehen, als gäbe es sie nicht oder als könnten wir uns, wenn sie verbraucht ist, eine neue zimmern. Für die Kunst ist die Darstellung eines solchen Weltbilds nicht nur legitim, sondern auch wichtig, weil sie uns auf diese Weise mit ihren Mitteln auf die Konsequenzen jener Fiktion hinweist. Dies wird zwar, wenn es abstrakt und hochgradig verschlüsselt daherkommt, nicht jeder verstehen, aber es ist gleichwohl eine mögliche Interpretationsbahn zu ihrem Verständnis und damit auch zu unserem Selbstverständnis in der heutigen Welt als das von Menschen, die mit schweren Fiktionen leben. Problematischer wird dies, wenn man das Ausmaß betrachtet, zu dem diese Fiktionen trotz aller Aufklärungsversuche große Teile unseres Alltagslebens, unserer kulturellen Gewohnheiten und der Politik beherrschen. Dasjenige, was *Busch-Lüty* und *Weinbrenner* veranlaßt, sich für eine andere Ökonomik einzusetzen, ist ja nicht bloß ein Positionenstreit in den Wirtschaftswissenschaften, sondern die handfest fortgesetzte Dummheit, ein ernsthaftes Nachdenken über die Konsequenzen unserer falschen Ökonomiebegriffe fast völlig zu verdrängen. Erkenntnis- und Medientheorien wir die *Schmidts*, wo künstliche Wirklichkeit und wirkliche Künstlichkeit nicht nur ineinander übergehen wie im Wattenmeer das Meer und das Land, sondern ununterscheidbar werden wie zwei eineiige Zwillinge: verschieden und doch gleich, stellen uns in aller Eindringlichkeit ein Problem vor. Sie führen uns vor Augen, was passieren könnte, wenn wir die einzige Chance, die wir haben, nicht ergreifen: die Chance des kulturellen Wandels. Nicht, dass wir tatsächlich Gefahr liefen, die Natur komplett zu verlieren; wie *Sossinka* schon sagte, würde sie uns zuvor entsorgen. Doch dies eben ist die Gefahr: dass wir nicht erkennen, wie fiktional ein Großteil unseres Lebens schon geworden ist, weil wir uns häuslich eingerichtet haben mit den uns liebgewonnenen tödlichen Metaphern „Wachstum!", „Geld!", „Objektivität!", „Gewißheit!", „Fortschritt!" und wie sie alle heißen. Eine heißt sicherlich auch „Natur!", wenn diese uns per Fernsehen ins Haus und per Werbung auf den Esstisch geliefert wird.[41] Könnten wir darauf vertrauen, gegen diese Fiktionen die Wissenschaften zu mobilisieren, gäbe es viel Grund zur Hoffnung. Das Problem aber ist: Auch die Wissenschaften sind von ihnen durchwachsen; wir müssen sie dort ebenso los werden wie im Alltag.

Ich denke, dass man für diese Aufgabe die Philosophie und – so zirkulär dies auch klingen mag – wiederum u. a. die Wissenschaft braucht. Allein freilich werden diese Instanzen es nicht schaffen, die Aufgabe zu lösen; sie benötigen Unterstützung von seiten ganz anderer Kultureller Ökosysteme, zum Beispiel aus anderen ethnischen Traditionen, von der Politik ganz zu schweigen (vgl. meine Diskussion der Beiträge von *Laszlo* und *Lang*). Die Wissenschaft ist aber, allem eigenen Reformbedarf zum Trotz, nicht aus der Mitwirkung entlassen; ohne (oder gar gegen) sie wird kein rationaler Wandel zur Bekämpfung der fiktiven Metaphern, an denen wir sterben können, gelingen (vgl. meine *Fill*-Diskussion). Zu allen Zeiten in der Wissenschaftsgeschichte haben wissenschaftliche Kritik und wissenschaftliche Vielfalt Wechselwirkungen erzeugt, die geschadet, aber auch geholfen haben. Doch man darf von der Wissenschaft auch nicht zuviel erwarten; gepachtet hat sie die Rationalität weiß Gott nicht. Und überhaupt ist die Kraft der Rationalität begrenzt; motivieren kann sie uns nur selten. Wir benötigen auch die Kräfte der Emotion, wenn es um kulturellen Wandel geht. Beide Kräfte wirken in der Wissenschaft, und sie wirken – in anderer Verteilung – auch in der Kunst. Die Kunst kann daher, auf andere Weise als die Wissenschaft, einen bedeutenden Beitrag zum

---

[41] Ebenso wenig, wie diese medienvermittelte „Natur" mit der richtigen verwechselt werden darf (aber immer wieder verwechselt wird), darf man der Aussage von Siegfried J. Schmidts Gedicht „Alles wird immer gemacht" glauben. Ich bin nicht sicher, dass er mir darin voll zustimmt, aber ich vermute es, denn die Trostlosigkeit, die aus der geschlossenen und ständig um sich selber kreisenden Welt dieses Gedichts spricht, provoziert Widerspruch. Was immer er selber glaubt: Indem sein Verfasser uns hierüber zum Nachdenken bringt, leistet er einen Beitrag zum nötigen Nachdenken (Vgl. auch sein „penser").

nötigen kulturellen Wandel leisten. Auch dann, wenn sie sich auf eine extreme Ästhetik stützt, wie *Schmidt* sie andeutet.

6.4 Herman Prigann

Ich kann es verstehen, wenn sich Künstler beim Auftreten eines Wissenschaftlers, der ihre Werke interpretiert, leicht genervt fühlen. Das, was Kunst und Wissenschaft verbindet und beide nötig haben – das kreative Handeln – macht sie füreinander zwar interessant, aber es kann die Unterschiede zwischen ihnen nicht zudecken.[42] Kunst und Wissenschaft sind über die Kreativität zwar miteinander verwandt und Nachbarn im Reich der Kulturellen Ökosysteme, doch identisch werden sie hierdurch mitnichten. Die Wissenschaft zehrt auch von Emotionen, aber ihre Aufgabe ist doch die Exploration der Möglichkeiten unserer Rationalität. Es gibt auch eine künstlerische Rationalität; dennoch liegt die Stärke der Kunst in der Ausforschung und Nutzung unserer emotionalen Intelligenz. Hierüber mit rationaler Intelligenz Klugreden verfehlt aus der Sicht eines Künstlers oft das Wesentliche.

Gleichwohl gibt es immer wieder Wissenschaftler, die auf das Feld der Kunst hinüberwechseln, wie es Künstler gibt, die es umgekehrt tun. *Siegfried J. Schmidt* gibt ein Beispiel für ersteres, *Herman Prigann* für das zweite. Bei ihm, einem der glaubwürdigsten Protagonisten der Art-in-Nature-Bewegung, sind wir voll im Kulturellen Ökosystem der Kunst angekommen. Auch er ist ein Wanderer in Grenzgebieten und liebt seinerseits die gelegentliche Grenzüberschreitung aus dem künstlerisch-praktischen hinaus und hinein in philosophisches, ästhethik- und kulturtheoretisches Gelände. Aber er hat ein so umfangreiches künstlerisches Werk geschaffen, dass er vor allem dort zu Hause ist. Auch die Form, wie er uns seine Gedanken hier präsentiert, zeigt dies. Nach happenings und social-art-works in den sechziger und siebziger Jahren ist er in den achtziger Jahren zum Mitbegründer einer ökologischen Ästhe-

---

[42] Feyerabend hat uns, mich eingeschlossen, zwar gelehrt, dass es mehr Gemeinsamkeiten zwischen Wissenschaft und Kunst gibt, als sich viele Forscher und Künstler träumen lassen. Aber dass beides ununterscheidbar sei, behauptet auch er nicht. Vgl. Paul Feyerabend, Wissenschaft als Kunst. Frankfurt: Suhrkamp 1984.

tik geworden, die im letzten Jahrzehnt in seinen großen „Terra-Nova-Projekten" ausreifte.[43] Nachdem man seine Gedanken zu einer ökologischen Ästhetik gelesen hat, könnte man mit den *Sossinkaschen* Überlegungen zu Natur und Naturschutz die ganze transdisziplinäre Exkursion dieses Buches noch einmal von vorn beginnen. Diese Ästhetik ist nicht bloß formal system- oder erkenntnistheoretisch motiviert; sie besitzt eine moralische Motivation. Es sind vor allem ethische Gründe, die *Prigann* zu dem Selbstverständnis als Künstler geführt haben, das aus seinen Werken und Texten spricht.

„Art in nature" wertet gestörte Landschaften wieder auf. Sie werden „neues Land", terra nova, freilich nicht dadurch, dass nach Land-Art-Manier Kunstwerke in die Landschaft geklotzt werden, die mit dieser wenig zu tun haben. Vielmehr überlegt sich der Künstler, nachdem er sich über die Ökologie eines solchen „Unlands" oder eines Tagebau-Restloches informiert hat, wo und wie er in die von allein oder mit naturschützerischer Begleitung stattfindenden Renaturierungsprozesse künstlerische Initialstrukturen einfügen könnte, die diese Prozesse nicht stören, womöglich fördern, in jedem Falle aber in einer landschaftsverträglichen Form künstlerisch ergänzen. Es sind also die äußeren Landschaften, in denen wir *Herman Prigann*s Kunst finden. Doch seine Reflexion hierüber wendet den Blick nach innen, auf die Welt unserer ästhetischen Gedanken, Überlegungen, Emotionen. Sein hiesiger Exkursionsbeitrag führt uns mithin, wie alle anderen vor ihm auch, durch eine innere Landschaft. Doch auch innere Landschaften sind vielfach gestört. Lebendiges Wissen wird durch die Macht von Dogmenhütern gestört, kreative Sprache durch stereotype Floskeln, kulturelle Vielfalt durch den Kahlschlag einer unökologischen ökonomischen Globalisierung. Auch die Ästhetik ist für alle diese Störungen offen, die aus einem irrealen Autonomiedenken und mangelhaften Zusammenhangsbewusstsein her rühren.

Hermans ökologische Ästhetik versucht sich vor dieser Unfallgefahr zu schützen, indem sie ganz im Sinne der Kulturökologie ein Kunstverständnis präzisiert, das Kultur nicht *gegen* Natur

---

[43] http://www.terranova.ws/ – Vgl. auch: Peter Finke, Landschaftserfahrung und Landschaftserhaltung. Plädoyer für eine ökologische Landschaftsästhetik. In: Manfred Smuda (Hg.) Landschaft. Frankfurt: Suhrkamp 1986, S. 266-298.

setzt oder gar als ihr Nachfolgemodell missversteht, sondern als ihre Tochter, die noch immer Erbinformationen ihrer Mutter mit sich herumträgt. Als ich *Prigann* kennenlernte, hatte er gerade ein Werk geschaffen, das mir noch immer als eine besonders eindrucksvolle Manifestation seiner Ideen erscheint: den „Ring der Erinnerung". Dieses metamorphe Objekt, im Harz bei Sorge auf der ehemaligen deutsch-deutschen Grenze errichtet, ist/war ein monumentales Werk, das insofern Ausdruck eines neuen künstlerischen Denkens ist, als der Künstler bei im nur eine Anfangssituation schuf, die er der Natur zur Umgestaltung und Anverwandlung überließ. Er selbst maßt sich ganz bewusst nicht mehr die Rolle des Komplettherstellers oder Allesgestalters an, der ein statisches Objekt für die Ewigkeit schaffen will, sondern versteht sich als anstiftender Akteur im umfassenden evolutionär-ökologischen Prozess. Nicht „Alles wird immer gemacht" heißt es hier, sondern „Unser Sein ist Natursein". *Herman Prigann* hat für seinen „Ring" daher auch nur Naturmaterialien aus dem Harz benutzt (Totholz, Findlinge und Granitsteine), die der natürliche Prozess wieder in den organisch-anorganischen Stoffkreislauf zurückführen kann. Auf zwei Fotos, die der Künstler selbst aufgenommen hat (s. S. 233), sehen wir das soeben fertig gestellte Kunstwerk und, nur ein Jahr später, den Beginn seiner Übernahme und Verwandlung durch die Natur. Heute ist sie weit fortgeschritten; Brombeeren, Weiden, Zaunkönige und Heckenbraunellen leben dort auf Zeit wie in einer künstlerisch geformten Benjeshecke. Ein Miniaturausschnitt aus der großen evolutionären Sukzession, zehn Jahre, hat diese Metamorphose bewirkt. Der Besucher wird mehr als bei einem konventionellen Kunstwerk darauf gestoßen, dass alles – auch ein Kunstwerk, auch er selbst – den Planeten nur auf Zeit bewohnt und ihn daher auch für spätere Generationen bewohnbar halten muss. Zugleich aber kann die Idee dieses Kunstwerks, können die Ideen seines Anstifters diese Spanne für lange Zeit überdauern und irgendwo oder irgendwann so oder ähnlich von anderen, geistesverwandten Artgenossen wieder aufgegriffen werden; nach der Lektüre von *Ervin Laszlos* Beitrag kein Wunder. Die Raumzeit, von der er sprach, wird uns bei *Prigann* im Angesicht einer Landschaft bewusst.

   Es ist lehrreich, die Ästhetikauffassungen von *Siegfried J. Schmidt* und *Herman Prigann* miteinander zu vergleichen. Beiden ist die Künstlichkeit dessen, was wir schaffen, bewusst. Aber es gibt einen sofort auffallenden, radikalen Unterschied zwischen ihnen: Für *Priganns* Reflexion auf seine Tätigkeit als Künstler spielt der Naturbegriff und die Beziehung zur Natur eine wichtige Rolle, für *Schmidts* ist diese Dimension buchstäblich nicht existent. *Prigann* lebt und arbeitet in dem Bewusstsein, dass die kulturelle und künstlerische Welt aus der natürlichen hervorgegangen ist und wieder in sie zurückführt, *Schmidt* thematisiert diese Bezüge nie. *Prigann* sieht sich und das, was er herstellt, allgemein eingebettet und getragen vom Ganzen der Natur und speziell von einer jeweils besonderen Kulturlandschaft; oft hat er auch zuerst nach den Landschaften gesucht, die ihm für das, was er vorhatte, geeignet erschienen. *Schmidt* ist Konzeptkünstler und abstrakter Theoretiker kommunikativen und medialen Handelns; die Umwelt seiner Objekte und Ideen ist stets eine nichtnatürliche Umwelt. Man könnte wohl auch sagen: Sie spielt überhaupt keine Rolle. Es ist nach dem, was ich oben gesagt habe, keine Frage, dass mir *Priganns* Kunst und Ästhetik viel näher steht als *Schmidts*; früher war es übrigens genau andersherum. Aber ich schreibe dies nicht, um *Prigann* zu loben und *Schmidt* zu tadeln. Ich glaube, dass beide Auffassungen ihre Berechtigung haben und – nur auf jeweils sehr unterschiedliche Weise – auf ein ähnliches Ziel hinauslaufen. Die eine ohne die andere ergäbe ein schiefes Bild heutiger Ästhetik. Denn auch *Schmidt* thematisiert die Bedeutung der Natur – indem er sie ignoriert. Seine Ästhetik artikuliert das Problem in aller Schärfe, indem sie den Naturverlust bereits für real nimmt. Aber – und dies ist ihr Dilemma – sie gibt keinen Hinweis darauf, ob es einen Ausweg hieraus gibt oder gar welchen. Sie lässt uns in einer durchmedialisierten Welt ohne Naturkontakt zurück und scheint lediglich zu fordern, dass wir uns darauf einzustellen haben. Dies ist zwar wahrscheinlich eine falsche Interpretation, aber sie riskiert diese, denn sie bildet nur die verbreitete Fiktion ab.

Eben dieses Risiko ist mir freilich mit *Herman Prigann* zu groß. Wenn alle Menschen auch nur so dumm sind wie ich selbst, dann sind wir einem sehr gefährlichen Schicksal ausgeliefert. Und ich denke, wir sind es. Die Nonchalance, mit der unter oft großer Medienteilnahme vom Tod der Natur schwadroniert wird, so als ginge es „nur" um Orchideen oder Steinadler und als handele es sich bereits um eine (absehbare) Tatsache, kann vorsichtig machen. Wo der fortgesetzte Verlust von Biodiversität Alltagsrealität ist, wird es nicht nur Zeit darauf hinzuweisen, dass auch eine um ihre biotische Komponente gebrachte Natur uns auf der abiotischen Ebene noch so lange überdauern kann, bis das Sonnensystem kollabiert und – jedenfalls in unserer Galaxie – die Entropie die Syntropie besiegt hat. Freilich: die Natur gäbe es immer noch. Dasjenige, was wir Kultur und Kunst nennen, wäre zwar längst zusammen mit dem Menschen entsorgt, doch Natur bedeutet erst in zweiter Linie Biologie; in erster Linie ist sie Physik und Chemie. In diesem Sinne ist richtig verstandener Naturschutz nicht zuletzt eine Art Kulturschutz. Man muss dies nicht im Sinne von Reservat oder gar Restauration verstehen, sondern es umfasst vor allem dasjenige, was in der aktuellen Naturschutzdebatte „Prozessschutz" genannt wird. In jedem Falle wendet es sich noch vor den äußeren Landschaften an die inneren Landschaften unseres Bewusstsein und fordert uns dazu auf, am kulturellen Wandel unserer Wahrnehmungen und Bewertungen zu arbeiten.[44]

So etwa würde ich meine Wahl zwischen zwei ästhetischen Alternativen begründen. Da ich das Wahre, Gute und Schöne so sehr anstrebe, dass ich auch viel Falsches, Böses und Hässliches dabei in Kauf zu nehmen bereit sein muss, um ein wenig von jenem zu genießen, sollten wir etwas gegen die verbreiteten Dummheiten tun. *Priganns* Ästhetik tut das. Sie mag weniger raffiniert sein als die *Schmidts*, aber sie ist zukunftsfähiger. Und das ist nicht das Geringste, was man über eine zeitgemäße Ästhetik sagen kann.

C Nachbereitung: Kreuzungen, Grenzen, Horizonte

7 Kulturelle Ökosysteme

Für mich war die Exkursion dieses Buches auch der Beginn einer neuen, gewissermaßen ein persönlicher „Ring der Erinnerung." Ich hoffe, dass dies für alle gilt, die es lesen. Vielfältige Erinnerun-

---

[44] Vgl. auch die Vexierbilder im Beitrag von *András Kertész*, sowie meine in den Fußnoten 6 und 8 genannten Arbeiten.

gen an früher Gelerntes werden evoziert und erscheinen vielleicht jetzt verändert. Und möglicherweise verbinden sie sich zu einem zyklischen Gebilde aus vielfachen Wechselwirkungen, das uns verschiedene Zugänge zu Neuem eröffnet.

Eine besondere Leistung des „ecological point of view" auf die Welt besteht sicherlich darin, uns die Wahrnehmung und das Bewusstsein von Vielfalt neu zu öffnen. Diese Wahrnehmungsauffrischung kann helfen, die natürliche und kulturelle Vielfalt um uns herum nicht als die Selbstverständlichkeit zu nehmen, die wir ausweislich unseres horrenden Vielfaltverbrauchs offenbar gewöhnlich in ihr sehen. Während wir dies für die Natur und unsere natürliche Umwelt, die man mit Klaus-Michael Meyer-Abich eher unsere „Mitwelt" nennen sollte,[45] in den vergangenen Jahrzehnten teilweise und mit Mühe gelernt haben, haben wir die gleiche Wahrnehmungsauffrischung in Bezug auf die Kultur und uns selbst noch nötig. Hier sind die Wechselwirkungen der Vielfalt oft noch stärker verdeckt und tiefer mit kulturellen Produkten zugeschüttet als im Falle der Natur, wo wir in vielen Fällen durch objektiv messbare Verschlechterungen von Lebensbedingungen auf sie gestoßen werden. Innenwelten können aber nicht in gleicher Weise wie unsere Umwelt vermessen werden, und so geben wir uns der verbreiteten Täuschung hin, die Vielfalt ihrer Wechselwirkungen sei weniger in Gefahr. Dabei zeichnen die überall florierenden Monokulturen des Denkens ein anderes Bild. Es genauer wahrnehmen zu lernen ist notwendig und hierbei kann die Kulturökologie helfen. Das vorliegende Buch öffnet einige Pfade hinein in jene Wildnis, als die für denjenigen, der neue Wahrnehmungen sucht, noch immer das Wissen, Reden und Verändern erscheint.

Diese schöne Wildnis, die sich auch im unterschiedlichen, von den Herausgebern individuell belassenen Stil der Beiträger gezeigt hat, ist einmal durchquert; sicher hätte man auch andere Haltepunkte, sogar Pfade finden können. Auf dem hier gewählten sind wir den verschiedenen Exkursionsleitern gefolgt, ohne alles zu erörtern oder sogar für richtig zu halten, was sie uns auf ihrer jeweiligen Wegstrecke gezeigt haben. Dafür hat schon die Tatsache

---

[45] Klaus-Michael Meyer-Abich, Mit-Wissenschaft: Erkenntnisideal einer Wissenschaft für die Zukunft. In: ders., Vom Baum der Erkenntnis zum Baum des Lebens. Ganzheitliches Denken der Natur in Wissenschaft und Wirtschaft. München: Beck 1997, S. 19-161.

Die Wechselwirkung der Vielfalt

gesorgt, dass uns zwischendurch immer wieder einige andere aus dem Team begegnet sind. Dort gab es, gewissermaßen, Wegekreuzungen. Es gab auch Grenzen, die von den jeweiligen Themen und Autoren gesetzt waren. Und es gab ihre jeweils eigenen Horizonte. Jetzt können wir zwar nicht sagen, dass wir die schöne Wildnis kennten, aber wir kennen sie doch so weit um zu sagen, dass es da einige Kreuzungen, Grenzen und Horizonte gab, die wir uns noch etwas genauer ansehen sollten. Das soll jetzt geschehen.

Auch wenn es Natur-, Sprach- und Kulturwissenschaftler waren, die hier ihre Gedanken ausgebreitet haben: Allen ging es um Veränderungen auf der Wissensebene und die Konsequenzen des sich daran anschließenden Handelns, also um den kulturellen Wandel. Auch die Naturwissenschaftler, auch die Sprachwissenschaftler haben sich als Beteiligte an einer Wissenskultur begriffen, die uns Probleme bereitet, welche ein verändertes gedankliches, sprachliches oder politisches Verhalten erforderlich machen. Dies ist ein wichtiger Teil des Forschungsgebiets der Kulturökologie: unsere Wissenskultur und die mit ihr verbundene Handlungskultur.

Ich habe vor etwa zehn Jahren zum ersten Mal den Begriff eines Kulturellen Ökosystems benutzt, der hier explizit in den Beiträgen von *Busch-Lüty* und *Lang* aufgegriffen wird, aber auch auf die anderen angewendet werden kann. Er soll auf der von Bateson gelegten Basis einer Ökologie des Geistes (ecology of mind) den bislang wissenschaftlich nicht befriedigend geklärten Kulturbegriff zumindest funktional und strukturell präzisieren und eine plausibles Bild der evolutionären Verbindung zwischen Natur und Kultur zeichnen, in der auch die Sprache ihren Platz findet. Kulturelle Ökosysteme sind psychische Systeme, die reine Information produzieren und verarbeiten, im Unterschied zu den älteren Natürlichen Ökosystemen, die Biomasse produzieren und verarbeiten. Sie fungieren aber gleichwohl wie jene als lebensermöglichende und -erhaltende Systeme und sind hierin besonders für die Art *Homo s. sapiens* charakteristisch: Es sind die Ökosysteme des Menschen. Es handelt sich um Ökosysteme, weil ihre energetische und organisatorische Struktur bei einer tiefgehenden Analyse noch immer ihre Abstammung von ihren natürlichen Muttersystemen erkennen lässt (ihre Anfänge finden wir deshalb bereits dort), auch wenn viele von ihnen heute oberflächlich institutionell und bürokratisch überformt worden sind. Es gibt sie auf den drei Hauptebenen: der ethnischen

Ebene („Kulturen der Völker"), der sozialen Ebene („soziokulturelle Systeme") und der individuellen Ebene („Personalkulturen"). In diesem Buch geht es fast ausschließlich um die Ebene der soziokulturellen Ökosysteme, und zwar in erster Linie um die Wissenschaft, dann aber auch um die Wirtschaft, die Politik und die Kunst.

Die sog. Kognitiven Linguisten sagen heute, dass die Sprache für uns eine Art Straße in den Geist sei. Ich glaube, es gibt etwas, das uns einen ähnlich guten Zugang zum Verständnis von Kultur eröffnet, nämlich die Natur. Allerdings tut es auch die Natur für uns doch nur über die Sprache. Damit meine ich nicht nur die triviale Tatsache, dass wir auch die Natur in der Wissenschaft sprachlich erfassen und vermitteln, sondern vor allem meine kulturökologische These, dass die systemische Organisation der Sprache gegenüber der Natur einerseits und der Kultur andererseits einen evolutionär vermittelnden Typus repräsentiert; sie ist sozusagen ein lebendes Fossil (*Fill* erwähnt diese „missing-link-These"[46] kurz in seinem Beitrag). Die Herausgeber haben dem in diesem Band dadurch Rechnung getragen, dass sie die Beiträge der Sprachwissenschaftler zwischen denen der Natur- und der Kulturwissenschaftler platziert haben. Wir leben in unseren kulturellen Ökosystemen wie die Spechte im Wald oder die Wale im Meer, und doch auch anders: Wir leben dort nach Maßgabe der kognitiven Räume, die uns die Sprachen erschließen. Ihre Wechselwirkungen können uns die gewohnten Räume erneuern, ihre Vielfalt neue Welten erschließen.

8 Kräfte zur Veränderung

Vielfalt und Wechselwirkung sind zwei typische Themen der neuen Kulturökologie. Mit *Fritjof Capra, Hans-Peter Dürr* und *Ervin Laszlo* sind in diesem Band drei ihrer einflussreichen Vordenker mit eigenen Beiträgen vertreten. Sie befassen sich mit dem nötigen Umdenken in Theorie und Praxis der Wissenschaft, aber auch

---

[46] Peter Finke, Sprache als ‚missing link' zwischen natürlichen und kulturellen Ökosystemen. In: A. Fill (Hg.), Sprachökologie und Ökolinguistik. Tübingen: Stauffenburg 1996

deren komplexem kulturellen Umfeld. *Roland Sossinka* thematisiert Vielfalt in Gestalt der Biodiversität und die Wechselwirkung zwischen ihr und unseren Naturkonzepten, *Adam Makkai* die Vielfalt der Sprachstrukturen und -funktionen und die Wechselwirkung mit unseren Sprachkonzepten. Indem *Christiane Busch-Lüty, Peter Weinbrenner* und *Eva Lang* das nötige Umdenken in Theorie und Praxis unseres Wirtschaftens beschreiben, gewinnen wir einen Begriff von der Verbundenheit der Probleme eines Kulturellen Ökosystems mit denen eines anderen. *Lang* spricht darüber hinaus die Wechselwirkungen auf ein weiteres an, die Politik. *Dürr* bezieht es ebenfalls in seine Darstellung mit ein. *Alwin Fill* handelt von den sprachlichen Mitteln, die solche Ideen von Kopf zu Kopf transportieren und in Wechselwirkung zu wissenschaftlichen und politischen Konzepten stehen, und auch bei *Christiane Busch-Lüty, Hans-Peter Dürr, Siegfried Kanngießer* und *András Kertész* werden die Wechselwirkungen zwischen Objekt- und Metawissenschaft offensichtlich. Bei *Siegfried J. Schmidt* und *Herman Prigann,* zum Teil auch bei *András Kertész,* sind es Wechselwirkungen zwischen der Erkenntnis- und der Symbolebene, den Kulturellen Ökosystemen der Wissenschaft und der Kunst. Die ethischen Aspekte koppeln den Künstler *Prigann* an den Biologen *Sossinka* zurück. Dies sind nur einige der kulturökologischen Netzfäden, die sich über die verschiedenen Kapitel hinweg spannen.

Die Evolutionäre Kulturökologie hat aber nicht nur einen theoretischen und empirischen Aspekt, den man in solchen Querbeziehungen entdecken kann; sie hat auch eine praktische Seite, die sie als neue Kulturtheorie besonders interessant macht. Es ist die Tatsache, dass wir mit unseren Kulturellen Ökosystemen nicht überlegter, rationaler und klüger umgehen als mit den natürlichen. Wir empfinden die Sprachenvielfalt als Last und streben aus konventionell-ökonomischen Gründen der globalen linguistischen Monokultur zu. Dass der kulturelle Reichtum an den Sprachenreichtum gekoppelt ist und folglich seine Reduktion mit ihrer Hand in Hand geht, nehmen wir ähnlich fatalistisch hin wie das Schwinden der Biodiversität. Auch diese ist kulturell bedingt, aber der kulturellen Diversität ergeht es nicht besser. Wir haben ganz generell offenbar noch kein vernünftiges Verhältnis zu Vielfalt gefunden, begreifen sie noch nicht hinreichend als kostbare Ressource, verwechseln ihre evolutionäre Genese mit beliebig schnell reproduzierbarer Machbarkeit. Diesen kulturellen Trend umzukehren erfordert sehr starke Kräfte.

In einer älteren Veröffentlichung, die *Ervin Laszlo* seinerzeit auf Bitten des damaligen Generalsekretärs der Unesco, Francisco Sotomayor, geschrieben hat,[47] macht er zu diesem Problem der Veränderungskräfte eine sehr konkrete Aussage. Er nennt drei Kraftfelder, die ich als Kulturelle Ökosysteme verstehe, und schließt ein viertes als offenbar ungeeignet aus. Dies ist, überraschend, die Politik. Die drei, die er nennt, sind die Wissenschaft, die Kunst und die Religion. Weil die Politik nach seinem (damaligen) Urteil weitgehend darin versagt hat, über den Wahltag hinaus zu denken und mutige Rahmenbedingungen für den nötigen ökonomischen und ökologischen Wandel zu schaffen, ist es an den drei anderen Kräften – jede für sich allein zu schwach, aber vielleicht gemeinsam stark genug – dies zu bewirken. „Der kulturelle Weg ist noch offen", sagt *Laszlo*. Religion, Wissenschaft und Kunst: die Vereinigung ihrer Veränderungskräfte müsste das Nötige bewirken. Ist dies so?

Die Religion, erstens, kommt in diesem Band nicht vor, was mehr Zufall als Absicht ist. Sie ist aus meiner Sicht im Prinzip zwar immer noch ein wichtiger und sehr kraftvoller Bündnispartner, doch erheblich geschwächt durch die Tatsache, dass sie uns fast nur noch in ihrer bürokratischen Form gegenübertritt: als Kirche. Deren institutionalisierte Religionsverwalter aber schwächen mit ihren Machtansprüchen, Zuständigkeitshierarchien und Dogmen die ursprüngliche religiöse Energie. Wir müssten diesen Bündnispartner erst einmal selber von manchem befreien, wenn er als Partner der nötigen kulturellen Reformen wirklich hilfreich werden soll. Es gibt viele ermutigende Ansätze hierzu; „Kirche von unten" heißt einer von ihnen. Über die Wissenschaft, zweitens, wird demgegenüber in diesem Buch viel gesprochen, wobei vor allem *Busch-Lüty, Dürr, Makkai* und ich die Mängel hervorheben, die dieser Bündnispartner heute mit sich herumträgt. Auch hieran könnten wir etwas ändern, wenn wir es wollten, auch hier gibt es verstreut im Meer der alten die Inseln der Neuen Wissenschaft.

---

[47] Ervin Laszlo, Der Laszlo-Report. Wege zum globalen Überleben. München: Heyne 1994.

Die Wechselwirkung der Vielfalt

Vier von ihnen, alle in Deutschland,[48] kenne ich gut: das „Global Challenges Network" in München, die „Vereinigung für Ökologische Ökonomie" in Heidelberg, das „studium fundamentale" in Witten-Herdecke und das „Forum Offene Wissenschaft" in Bielefeld; alle noch mangelhaft, aber doch Inseln für wissenschaftliche Reformer. Leider sind es noch zu wenige. Drittens, die Kunst: Sie halte ich für einen besonders starken Bündnispartner jenes *Laszlo*-Dreierbündnisses, weil sie von allen dreien den Versuchungen von Institutionalisierung und Bürokratisierung ihrer Idee gemäß am wenigsten erlegen ist und am offensten kreative kulturelle Prozesse einfordert, zulässt und fördert. Aber was ist mit der Politik? Dass *Laszlo* das Kulturelle Ökosystem Politik, an das man vielleicht als erstes denken sollte, wenn es um große Veränderungen geht, die durch Handeln erreicht werden müssen, aus seinem Bündnisszenario ausspart, wirft ein bezeichnendes Licht. Doch es hilft nichts: Wir benötigen es, wie auch die beschädigte Wissenschaft und vielleicht die noch stärker ramponierte Religion, um das nötige Ziel zu erreichen. Wir müssen es aber ähnlich oder sogar mehr noch wie jene so reformieren, dass es die Leistungen wieder zu erbringen vermag, für die wir es brauchen. *Eva Langs* staatliche Reformkonzepte sind hierfür ein institutioneller Orientierungsrahmen, mehr aber nicht; ausfüllen müssen wir ihn in unserem eigenen Lebensalltag.

9 Amphibische Zonen

Alle Exkursionsführer, die uns auf den Seiten dieses Bandes durch ihre Gedankengefilde geführt haben, sind mehr oder weniger Grenzgänger. Einige sind es aus Überzeugung, sehr bewußt und mit weitgestreuten Exkursionsgebieten (insbesondere *Ervin Laszlo*, aber auch *Hans-Peter Dürr* und *Fritjof Capra*), die anderen sind es aber auch, nur teilweise weniger auffällig. Unsere transdisziplinäre Exkursion jedenfalls überschreitet viele Grenzen: Grenzen zwischen verschiedenen Disziplinen, zwischen Natur- und

---

[48] Es gibt noch mehr solcher Inseln; jeder Wissenschaftler, der als Lehrer oder Forscher mit persönlichem Risiko die Mängel und Fehler des ihn mittragenden Systems sieht und in seinem individuellen Verhalten auszugleichen versucht, ist eine solche Insel.

Kulturwissenschaften, zwischen Natur und Kultur, Sprache und Welt, Ökonomie und Ökologie, normaler und außerordentlicher Forschung, Wissenschaft und Kunst.

Grenzen sind ein Lieblingsthema von mir, weil die Kulturökologie bei ihrem Verständnis wirklich weiterhelfen kann. Sie verweist uns nämlich darauf, dass unser verbreitetes naives Grenzverständnis zu simpel ist: das einer Linie, die ein Davor und Dahinter kennt; ich habe dies bei der *Kanngießer*-Diskussion erwähnt. Die Zeit der Tafel- und Kreide-Wissenschaft, die in unseren Hörsälen immer noch nicht zu Ende ist, hat diese Dummheit in den Köpfen alter und junger Wissenschaftler fast verewigt: wir zeichnen einen Kreidekreis an die Tafel und sagen, dies sei das System S, alles andere seine Umwelt. So geht es los mit den Unwahrheiten, denn in der Kreidelinie liegt eine Unwahrheit. Sie besteht darin, dass sie eine scharfe Trennlinie zwischen System und Umwelt legt. Wer handfestere Bilder sucht, kann sich eine Mauer vorstellen. Mauern haben nur eine Hauptfunktion: effektiv zu trennen. Für ein naives Grenzverständnis ist eine Mauer die fast perfekte Grenze. Dabei zeigt dies nur, wie einseitig wir meistens denken. Eine Abgrenzung zwischen A und B ist nicht nur dasjenige, was A und B trennt, sondern zugleich auch dasjenige, was A und B miteinander verbindet. Natürliche Systeme haben zumindest halbdurchlässige Oberflächen und Grenzen (Häute, Säume, Ufer etc.), die beides können: kontrolliert abwehren, aber auch kontrolliert hereinlassen. Auch unsere humanen Glaubens-, Wissens- und Handlungssysteme enden nicht an imaginären Linien wie ein Staat, sondern in Übergangszonen wie ein natürlicher See (Verlandungsbereich) oder ein natürlicher Wald (Waldmantel). Auch dies sind Grenzmodelle, normalere, realistischere, zukunftsfähigere als jede Mauer oder Linie; Naturschützer wie *Roland Sossinka* wissen, wie verheerend sich ihre häufige Zerstörung durch uns auswirkt: in ernsthaften Störungen der durch sie verbundenen Systeme. Was macht uns eigentlich so sicher, dass es im Falle Kultureller Ökosysteme anders ist? Es ist nicht anders: Dogmatismus, Fundamentalismus, Glaubenskämpfe belegen es.

Die Simplizität der Kreidelinie und der hinter ihr stehenden zweiwertigen Logik ist eine Gefahr. Auch die Allgemeine Systemtheorie mit ihrer Unterscheidung von System und Umwelt folgt ihr meistens und muss es doch nicht. Es gibt bedeutende Theoretiker des linearen Grenzdenkens, die sich hierdurch ihre Probleme selbst zimmerten, um sie dann spektakulär und oft kompliziert zu lösen. Luhmann ist mit der Schwarz-Weiß-Malerei seiner „Innen-Außen-Differenzierung" einer von ihnen, ebenso Maturana, auf den er sich beruft („Autopoiese"). Auch Huntington, der den „clash of cultures" an die Wand malt, gehört dazu („Bruchlinienkonflikte"). Ich bestreite nicht, dass es das Schwarze und das Weiße geben kann, auch nicht, dass beides gelegentlich hart aneinander stößt. Doch meistens ist es durch verschieden breite Grauzonen miteinander verbunden. Besser noch gefällt mir das Bild in Farbe: die gelbe Kultur und die blaue, die durch eine unterschiedlich breite und grüne „amphibische" Übergangszone zugleich verbunden und getrennt werden. Nur formale Systeme sind oft scharf getrennt, empirische sind es nie.

Ich denke daher, dass wir alle, auch Wissenschaftler, etwas von den Fröschen und Molchen lernen können (und glaube, dass auch *Fritjof* und *Roland* mir darin zustimmen werden): in amphibischen kulturellen Zonen zu leben.[49] Nicht die geistige Homogenität wäre dann der erstrebenswerte Normalfall, sondern der Aufenthalt in Übergangsfeldern. Sie erschließen einer Kultur eine andere. Wann merken wir endlich, dass es nicht die kulturelle (wissenschaftliche, künstlerische) Monokultur ist, die wir um uns ausbreiten müssen, sondern kulturelle Vielfalt? Die herkömmlichen wissenschaftlichen Disziplinen sind „einfarbige" Wissensmonokulturen, die neuen transdisziplinären Wissensfelder „mehrfarbige" amphibische Zonen. Sich allgemein in kulturell inhomogenen, aber verbundenen Räumen bewegen zu lernen, scheint mir ein notwendiges Lernziel in der heutigen Welt. Solche amphibischen Grenzgänger sind dann Randfiguren nur noch aus der Perspektive der alten Zentren, aber diese werden abgelöst von vielen neuen Zentren, und sie werden wahrscheinlich eher dort liegen, wo vorher die Ränder waren. *Eva Lang* sieht dies in ihrem neuen Staatsmodell ähnlich. Welche Zivilcourage aber solches Grenzgängertum inmitten der herrschenden Paradigmenkultur heute bedeuten kann, belegt das Leben nicht weniger Beiträger zu diesem Band.

---

[49] Vgl. zu diesem „amphibischen" Kulturverständnis als ein Beispiel angewandter Kulturökologie: Nilgün Yüce, Kulturökologische Deutschlandstudien. Perspektiven der Kulturökologie als Bezugswissenschaft zur Landeskunde in der Fremdsprachenphilologie. Frankfurt: Peter Lang 2003.

10 Nachhaltiges Wissen

Ich sollte einmal für eine Zeitschrift[50] schreiben, „was mich zum Kochen bringt". Da es damals um die ziemlich verrückte konventionelle Agrarpolitik in Europa ging, die die Existenzangst der Bauern schürt und sie zu industriellen Produzenten teilweise ungesunder Nahrungsmittel werden lässt, hatte die Redaktion zunächst eine wörtliche Deutung im Sinn, aber fast alle Gefragten verstanden die Aufforderung auch als Metapher. Ich nannte damals neben anderem Wissenschaftler, die genau wissen, wo es lang geht, und Lehrbücher aller Art.[51]

Das Kennzeichnende an Wissenschaft ist nicht die Gewissheit, die sie nicht verschaffen kann, sondern der Versuch, sich in der Ungewissheit, die auch sie nicht los wird, rational zu orientieren. Obwohl man denken sollte, dass dies ein Gemeinplatz der Wissenschaftstheorie wäre, ist er de facto doch kaum mehr als eine verbale Floskel. Überall bemühen sich Methodologen und Logiker, die Haltbarkeit gewisser Auffassungen gegen die Unhaltbarkeit anderer zu verteidigen. Ich habe nichts grundsätzlich dagegen; natürlich brauchen wir lehrbare Methoden und die Orientierung im logischen Raum, um potentielles Wissen von bloßem Herumspinnen unterscheiden zu können. *András Kertész* hat völlig recht, wenn er vermutet, dass für auch mich ein Widerspruch in einer Aussage oder Theorie nach wie vor ein Ärgernis darstellt. Aber ich glaube nicht mehr wie früher, dass er das Behauptete völlig entwertet, besonders dann nicht, wenn es – wie im Falle der meisten Theorien – komplex ist. Da ein Widerspruch nicht intendiert ist, „passiert" er. Wichtiger ist für mich heute, ob um ihn herum Ideen vertreten werden, die weiterführen und nicht bloß Altbekanntes nachschwätzen.

Das Hauptproblem der Wissenschaftstheorie kann es nicht sein, die in den Lehrbüchern dargebotenen Haltestangen unserer rationalen Orientierung so sehr zu vergröbern, dass sie den Blick für

---

[50] Politische Ökologie 73/74 (2001), S. 80-83.
[51] Die ganze Antwort lautete: Was mich zum Kochen bringt? Wissenschaftler, die so tun, als wüssten sie genau, wo's lang geht. Lehrbücher aller Art. Die gegenwärtige Hochschulpolitik, bei der es ausschließlich um gesteigerte Effizienz geht. Nobelpreise für Wirtschaftswissenschaftler. The american way of life. Der Glaube, man könne Terrorismus mit Bomben ausrotten. Dass sich der Gelbspötter *(Hippolais icterina)* noch immer nicht bei mir angesiedelt hat.

Die Wechselwirkung der Vielfalt

alles übrige – insonderheit die prinzipiell hypothetische Natur all unseren empirischen Wissens – verstellen und nicht mehr wahrgenommen wird, wie voraussetzungsabhängig die gesamte Konstruktion bleibt. Die Wahrheit zu kennen können wir in den empirischen Disziplinen nicht ernsthaft behaupten, grundsätzlich nicht. Dennoch begegnen uns Päpste und Erzbischöfe ihrer Disziplinen, die prall mit Dogmen gefüllte Bibeln vor sich hertragen, in denen die gültigen Paradigmata verzeichnet sind, an allen Ecken und Enden. Das Bild *soll* komisch wirken, denn heiter und gelassen ist nichts an ihm: Grämliche Strenge in bezug auf Abweichler im Denken und ein bitterböser Bierernst bezogen auf das angeblich „Richtige" liegen wie Mehltau auf dem Alltag der Disziplinen. Die heutige Wissenschaftspraxis leidet dadurch an der Paradigmakrankheit. Sie zeigt sich darin, dass wir das kritische Nachdenken auf Zeit verlernen. In ihr wird die Starre des vermeintlich Richtigen zur Normalität erklärt und die ständige Bewegung der Suche nach der Wahrheit zur Ausnahmesituation; verkehrte Wissenschaftswelt. Ich habe erst spät die befreiende Bedeutung des Spotts eines Paul Feyerabend zu verstehen gelernt; umso mehr sekundiere ich ihm heute. *Christiane Busch-Lütys* Lebensthema, die Nachhaltigkeit, ist nämlich auch ein Thema der Wissenschaftstheorie. Es gibt auch nachhaltiges Wissen, nur ist dieses ist nicht, wie man bei oberflächlicher Betrachtung glauben könnte, das dauerhaft unveränderte Wissen, sondern das seine Ressourcen schonend nutzende Wissen: ein Wissen, das flexibel bleibt und alle kreativen Quellen für seine permanente Erneuerung nutzt. Es besitzt eine koevolutionäre Dynamik. Zu seinen Ressourcen gehören mithin Kreativität und Flexibilität, aber auch eine positive Einstellung zu seiner möglichen Vielfalt und eine kontrollierte Durchlässigkeit seiner Grenzen. Nur eine Wissenschaft, die einem solchen Wissensbegriff folgt, ist wirklich zukunftsfähig. Stattdessen aber huldigen wir weithin einem Wissensbegriff, der ähnlich irrational ist wie dasjenige, was wir heute noch überwiegend für ökonomisch halten.

Statt uns und die Wissenschaft gesund zu wähnen, obwohl wir am Paradigmavirus erkrankt sind, müssen wir Wissenschaft wieder glaubwürdiger als einen kontinuierlichen Reformvorgang verstehen und praktizieren. Wir müssen lernen, den Stand unseres Wissens zu vertreten, ohne ihm die Maske der Gewissheit aufzusetzen. Jenes zu tun und zugleich immer einen Wissensfortschritt anzustreben sind keine Gegensätze. Auch hier passt als abschreckendes Beispiel das bereits in der *Fill*-Diskussion erwähnte Filmmodell, mit dem ich einmal die verbreitete strukturalistische Linguistik kritisiert habe:[52] In der Wirklichkeit ist alles in Bewegung; ein Film suggeriert Bewegung nur. Tatsächlich besteht er aus vielen starren Einzelbildern. Die stopp-and-go-Wissenschaft der einander abwechselnden Paradigmen ist wie er: Sie suggeriert uns nur die Bewegung einer Wissensreform; faktisch ist sie nur eine Kette von Dogmenreservaten. Ich denke also, wir müssen in der Wissenschaftstheorie und -praxis etwas Ähnliches noch lernen, was die Physiker lernen mussten, als die Quantenphysik die feste Materialität der klassischen Physik auflöste: den Fluss des lebendigen Wissens zu verstehen und ihn nicht aus unbewegten Stücken zusammen setzen zu wollen. *Hans-Peter Dürr* hat oft hierauf hingewiesen, *Ervin Laszlo* tut es in diesem Band.

Nur in ständiger Auseinandersetzung mit unseren Kritikern können wir lernen, die Qualität unserer Argumente zu verbessern. Gerade sie, obwohl sie es sicherlich primär nicht beabsichtigen, leisten sie wertvolle Beiträge zu einer neuen Sicht auf Wissen und Kultur, denn sie thematisieren oft dasjenige, für das man selbst betriebsblind zu werden droht. Aus Sicht der Paradigmadenker sind die Kritiker der Paradigmen die Querdenker, die den horizontalen Balken der „Plus-Kompetenz" abdecken. Aber diese (wir) sollten nie vergessen, dass man umgekehrt auch die Paradigmadenker als Querdenker sehen kann: nur eine Vierteldrehung des Pluszeichens und schon denken sie quer. Ich will dies nicht ernsthaft propagieren (denn nach diesem Wandel sieht es zur Zeit nicht aus), aber zur heilsamen Selbstkritik möchte ich es als Gedankenexperiment schon empfehlen. Die von mir für das wichtigste Desiderat der künftigen Wissenschaftsentwicklung gehaltene Überwindung des Denkens in Paradigmen kann sich weder darin erschöpfen, doch nur wieder neue, nur andere Paradigmen aufstellen (vgl. meine *Weinbrenner*-Diskussion), noch darin, sämtliche dieser Highways des Wissens abschaffen zu wollen, sondern muß ernsthaft daran gehen, ihren gegenwärtig zu großen Einfluß zu begrenzen: durch die

---

[52] Peter Finke/Hans Strohner 2001: Bewegung ist überall. Perspektiven der ökologischen Linguistik. In: Lorenz Sichelschmidt/Hans Strohner (Hg.): Sprache, Sinn und Situation. Festschrift für Gert Rickheit zum 60. Geburtstag. Wiesbaden: Deutscher Universitätsverlag, S. 269 – 285.

Wieder-Achtung und Neu-Entdeckung der vielen verschlungenen, vielfältigen, großen und kleinen Pfade in der Wildnis des Wissens. Wir müssen nicht nur lernen, die von unseren Disziplinen abgeschnittenen Wechselwirkungen wieder zu sehen, sondern auch die Vielfalt des Wissens neu, nämlich positiv, zu bewerten. Ein Mehr an grundsätzlich paradigmakritischer transdisziplinärer Lehre und Forschung ist notwendig.

11 Kulturelle Kreativität

Wenn die Kultur unsere einzige Chance ist, dann gilt es, der kulturellen Kreativität freien Lauf zu schaffen, wo immer wir können. In der Wissenschaft müssen die Wissenschaftler dafür schon selber sorgen. Bei der Besprechung des Beitrags von *Ervin Laszlo* sprach ich von Mut als einer bisher wenig beachteten wissenschaftstheoretischen Kategorie. Er selbst nennt es „Kühnheit, die durch methodisches Denken diszipliniert wird".[53] Die unscharfen Grenzzonen des Wissens deutlicher als zuvor zu erschließen, die weitesten bislang erreichten Punkte noch weiter hinauszuschieben, neue Wege mit bislang unbekannten Phänomenen zu bahnen: das erfordert oft auch Mut, den in der Öffentlichkeit ihrer jeweiligen scientific communities zu zeigen viele überfordert. Es ist aber viel reizvoller, sich in jenen Grenzregionen zu tummeln, als im Einzugsbereich der vielen ausgetretenen Wege des Wissens, wo deshalb ein unglaubliches Gedränge herrscht, weil die Risikobereitschaft der meisten Wissenschaftler nicht weit entwickelt ist. Die Tugendwächter der „normalen Wissenschaft", die vor lauter Besorgnis über unkonventionelle Gedanken eine lächerliche Methodenlehre aus Geboten und Verboten, Vorschriften und tadelnden Nachreden als angeblich nicht-normative Wissenschaftstheorie tarnen, sind hierfür mit verantwortlich. Gewiss: Ich habe wie viele andere von dieser auch viel gelernt und *András* hat recht, dass ein Widerspruch in einer Theorie immer ein Ärgernis darstellt. Aber das ärgste Ärgernis ist er nicht, denn erstens könnten wir dann wahrscheinlich sehr viele wichtige Theorien auf den Müll werfen, die gleichwohl noch weiterführende Einsichten enthalten, und zweitens ist es viel ärger,

---

[53] Ervin Laszlo a.a.O., S. 24.

wenn der Wissenschaft ein Kennzeichen fehlt, das zu ihr gehört wie zu treffender Sprache, ausdrucksstarker Kunst, zukunftsgestaltender Politik oder verantwortlicher Wirtschaft: Kreativität. Widersprüche müssen wir zu vermeiden versuchen, aber es gelingt uns bei komplexen Gedankenzusammenhängen nicht immer. Und wenn es uns nicht gelingt, dann ist das nur in den Formalwissenschaften wirklich tödlich. In allen anderen kommt es auch auf Inhalte an, und zumindest Teilinhalte können immer den logischen Tod überleben. Wenn aber Wissenschaft unkreativ betrieben wird, dann verkommt sie zu einer riesigen Verwaltungsbürokratie für bislang angehäuftes, vermeintliches Wissen, und davon haben wir de facto nicht nur genug, sondern zu viel. Obwohl verbal oft beschworen, bleibt Kreativität für die Wissenschaftstheorie des *logical point of view* ein Fremdwort. Kein Wunder: die Logik ist analytisch; ihre Aufgabe ist nicht die Entdeckung des Neuen. Das aber ist die Aufgabe der Wissenschaftler, und deshalb erinnert mich die Unmenge an nichtkreativer Wissenschaft, die heute Buchregale und Internet verstopft, an die wachsenden Deponien von Überflüssigem und Nichtmehrgebrauchtem, mit denen wir die Erde vermüllen.

Wissenschaftliche Kreativität ist ebenso Desiderat, wie Mangelware, ebenso unerklärt wie erklärungsbedürftig. Sie ist eine wichtige Spezialform der allgemeinen kulturellen Kreativität, die die kulturelle Evolution in Gang hält und die ebenfalls nicht im Übermaß verbreitet ist. Im Gegenteil: Mit Ausnahme der Kunst[54] ist sie überall, neben der Wissenschaft besonders in Politik und Wirtschaft, Mangelware. Degenerationsformen sind an ihre Stelle getreten, meistens quantitative Verfahren, wissenschaftliche, ökonomische oder politische Kreativität messen zu wollen („Publikationsausstoß", „Bruttosozialprodukt", „Gesetzgebungsfleiß eines Parlaments"). Wissenschaftliche Kreativität bemisst sich aber in erster Linie an der Ideenqualität, am Einfallsreichtum der Forscher. Ökonomische Kreativität ist weniger einige Sache der Schläue, noch unentdeckte Marktlücken aufzuspüren, als vielmehr der Fähigkeit, wie im Waldbau den langfristigen Vorteil durch nachhaltiges Wirtschaften hinter den vielen kurzfristigen Vorteilen zu erkennen und

---

[54] Dies ist eine relative Aussage. Auch die Kunst leidet selbstverständlich oft an Ideenarmut oder Anpassungszwängen. Dennoch spielt sie in Sachen Kreativität eine Sonderrolle: Sie ist insgesamt das vergleichsweise freieste, den eigenen Idealen noch relativ nächste Kulturelle Ökosystem.

anzustreben. Politische Kreativität schließlich bedeutet den Verzicht auf billige parteipolitische Vorteile zugunsten mutiger Reformschritte. In einem Wort: Kulturelle Kreativität ist kein triviales Desiderat. Sprachkreativität ist allein für sie nicht hinreichend, aber wohl eine notwendige Rahmenbedingung. Mit alter Sprache lassen sich neue Inhalte nur schlecht transportieren. Kulturelle Ökosysteme aber sind Sprache-Welt-Systeme. Deshalb muss sich die Kreativität auch in der Sache selbst, in den zu treffenden Entscheidungen, in der Klugheit der nötigen Systemreformen zeigen. Wenn es nur um sprachliche Kreativität ginge, wären die Werbeagenturen die Meister der kulturellen Kreativität. Dass es nicht so ist, enthüllt ihren Mangel. Fördern wir sie also, wo wir können.

12 Vor neuen Horizonten

Wohin führen uns diese „transdisziplinären Exkursionen im Umfeld der Evolutionären Kulturökologie? Wohin haben uns meine Gedanken auf dieser Nachexkursion geführt? Niemand kann davon wirklich überrascht sein: Sie führen uns zu einer Vielfalt ungewohnter Perspektiven auf Altbekanntes, das wir eben doch noch nicht so gut kennen wie vermutet. Es ist nicht selbstverständlich, dass sich für Wissenschaftler neue Horizonte öffnen, aber daran zu arbeiten ist notwendig.

Der Versuch, quer zu den Paradigmen zu denken und die Welt aus anderen als den gewohnten Blickwinkeln zu sehen ist immer der Mühe wert. Man erinnere sich an Lessing:

> *Eine alte Kirche, welche den Sperlingen unzählige Nester gab, ward ausgebessert. Als sie nun in ihrem neuen Glanze dastand, kamen die Sperlinge wieder, ihre alten Wohnungen zu suchen. Allein sie fanden sie alle vermauert. Zu was, schrieen sie, taugt denn nun das große Gebäude? Kommt, verlasst den unbrauchbaren Steinhaufen!*[55]

---

[55] Gotthold Ephraim Lessing, Gedichte, Fabeln, Dramen. Frankfurt: Insel 1967: S. 33.

Es gibt, der Ornithologe *Sossinka* wird es bestätigen, neben vielen anderen die Menschen- und die Spatzenperspektive, ja es gibt bereits viele verschiedene Menschenperspektiven. Nicht alle Perspektiven sind gleichwertig, auch die jenes Beispiels wohl kaum, aber einige sind es womöglich doch: die verschiedenen Perspektiven der menschlichen Kulturen. Was für die Mathematiker eine selbstverständliche Einsicht ist, nämlich dass manche ihrer Rätsel mehr als eine richtige Lösung haben können, scheint für die empirische Wissenschaft nicht zu gelten. Zumindest für den Bereich der Kulturwissenschaften, in dem unsere Beobachterperspektiven immer in die Tatsachenbeschreibungen hineinspielen, halte ich diesen Anschein für falsch. Immer wieder einmal können wir die Erfahrung machen, dass es womöglich doch nicht so ist, wie wir bisher dachten. Es ist befreiend, Altes in neuem Lichte sehen zu dürfen, erkennen zu können, daß Fragen, die man für beantwortet hielt, doch noch nicht völlig beantwortet sind. *Adam Makkai* lässt uns spüren, dass er dies so empfindet, auch und gerade, weil er die Unvollkommenheit, die auch ihn stört, nicht verdeckt.

Sicherlich: Wenn wir eine Frage haben, sind wir auf eine Antwort aus. Es ist auch ein Aspekt des Verlustes dabei, wenn uns jemand die vermeintliche Antwort wieder in Frage stellt. Nur: Sollten Wissenschaftler eben dies nicht gewohnt sein, es geradezu als normal empfinden, als Bestätigung für die Kraft der Rationalität? Tatsächlich ist es oft nicht so, denn wer den richtigen Weg einmal gefunden zu haben glaubt, möchte ihn meist nur ungern wieder verlassen. Doch abgesehen davon, dass es „den richtigen Weg" nie gibt (nur den kürzesten, der selten einmal „der beste" ist), müssen wir bedenken, dass uns in der Wissenschaft niemand glaubhaft versichern kann, dass ein eingeschlagener Weg auch zum Ziel führt. Es ist daher immer gut, die Möglichkeit anderer sinnvoller Wege nicht auszuschließen und sie, so weit es die Umstände zulassen, auch zu gehen. *Christiane Busch-Lüty* hat sicherlich recht, wenn sie daran erinnert: Wege entstehen erst, wenn wir sie gehen. Nur neue Wege vermitteln uns neue Perspektiven.

Manchmal gewinnt man den Eindruck, die verbreitete „normale" Wissenschaft fürchte sich vor dem Anblick des Neuen. Jedenfalls scheinen sich viele Wissenschaftler vor ihm zu fürchten; wie sonst sollte man erklären können, warum sie Denkabweichlern so päpstlich gegenüber treten? Natürlich würden sie sagen, es gebe zwei Arten des Neuen: dasjenige, was auf dem gediegenen Weg noch vor uns liegt und dasjenige, was nur von Abwegen aus sichtbar werden kann. Aber gibt es wirklich gediegene Wege, Wege, die einfach „richtig" sind? Ich bezweifele das. Und wer ist schon für Abwege?! Wer so redete, benutzte einen Kampfbegriff, kein seriöses Argument. Es geht nicht um „Abwegiges", sondern eher schon um Umwege. Ich habe einmal auf einem von *Alwin Fill* in Graz organisierten Kongress den Spruch, dass es viele Wege nach Rom gibt, wörtlich genommen[56] und wenigstens drei von ihnen hinsichtlich ihrer Qualität verglichen: die Diretissima (1), denjenigen, der die bestehenden Trassen benutzt (2), und einen von vielen weiteren möglichen Wegen, der manche offensichtlichen Umwege macht, dabei sogar einige Strecken zweimal geht (3).

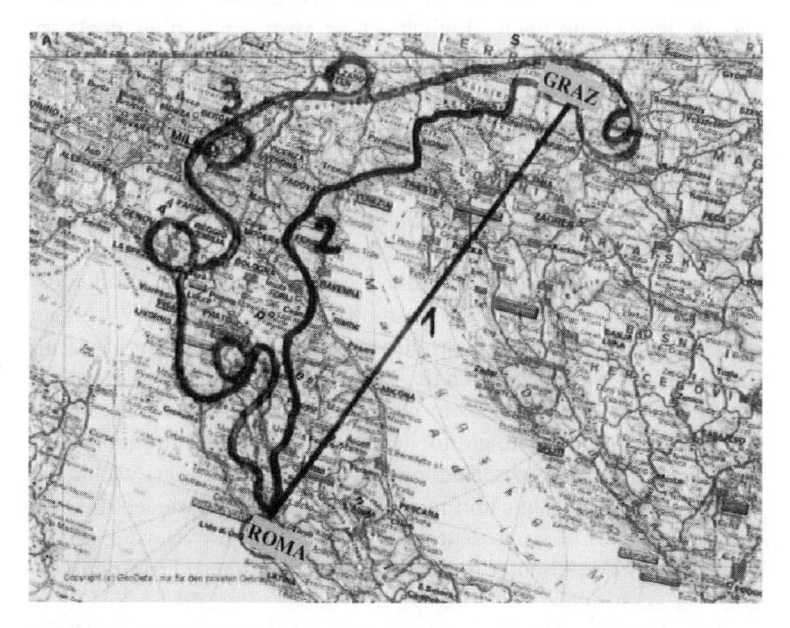

Abbildung 1: „Wege nach Rom"

---

[56] Enthalten in: Peter Finke, Die Nachhaltigkeit der Sprache. Fünf ineinander verschachtelte Puppen der linguistischen Ökonomie. In: Alwin Fill/Hermine Penz/Wilhelm Trampe (Hg.), Colourful Green Ideas. Bern: Peter Lang 2002, S. 29-58.

Es kann viele Gründe dafür geben, den einen oder anderen dieser Wege zu bevorzugen. Wer keine Zeit hat, wählt natürlich (1), aber er sieht am wenigsten und verbraucht womöglich die meiste Energie. Das ist noch nicht einmal effizient. Wer einen Kompromiss zwischen zeitlichem Aufwand und der Sicherheit des Vertrauten sucht, entscheidet sich vielleicht für (2), aber dort ist es dann ziemlich langweilig. Doch das heißt: auch Weg (3) kann unter bestimmten Rahmenbedingungen der beste, der empfehlenswerteste, der lehrreichste sein. Wir brauchen für ihn die meiste Zeit, aber bei der Ausforschung unserer Rationalität kann Zeitdruck kein Argument sein. Wenn wir die Wahrheit suchen, muss es auch um das Erkunden ungewöhnlicher, unverbrauchter Wege gehen. Nichts kann in der Wildnis des Wissens definitiv als falsch ausgeschlossen werden, noch nicht einmal der Widerspruch. Zwar ist es vernünftig, Widersprüche nach Möglichkeit zu vermeiden, aber dort, wo sie auftreten, können sie unter Umständen höchst produktiv sein. Wer jedenfalls nur dasjenige Neue, was auf einem vorgespurten Weg noch vor ihm liegen mag, als wissenschaftlich willkommen anerkennte, engte sein Blickfeld ohne Not zu sehr ein. Er fürchtete sich davor, dass außerhalb etwas wirklich Neues liegen könnte. Wie drückte es *Ervin Laszlo* aus? „Das tiefe Unbehagen in den Zentren des wissenschaftlichen Establishments wird an den Grenzen zum Neuen durch zunehmende Offenheit und durch das Gefühl der Begeisterung kompensiert." Ich gestehe also: Ich weiß heute weniger gut, als noch vor dreißig Jahren, was Natur, Sprache und Kultur, insbesondere was Wissenschaft ist. Damals hatte ich mich an die verfügbaren Fenster gehalten, jetzt sehe ich, dass ihre Rahmen zu eng waren. Und deshalb glaube ich auch, nicht nur dümmer geworden zu sein, sondern zugleich meinen Horizont erweitert zu haben. In ihm erscheinen mehr und mehr Hinweise darauf, wie ich das vermeintlich Bekannte neu deuten könnte. Einige davon versammelt dieses Buch. Die Abenteuer seiner transdisziplinären Exkursion begeistern auch mich.

Die Vielfalt der Wechselwirkung sehr verschiedener Denkansätze und Wissensperspektiven, wie einige Freunde sie hier aufgeschrieben haben, macht Lust zum wissenschaftlichen Querdenken. Wohin also hat uns die transdisziplinäre Exkursion dieses Buches schließlich geführt? Unter anderem dahin, dass eine veränderte Vision von Wissenschaft zumindest als verlockender Horizont in der Vielfalt der Argumente erkennbar wurde. Aber sie hat zusätzlich in der Sache neue Wechselwirkungen dieser Vielfalt erzeugt. Mit meiner Erwiderung, die den Sack eigentlich besser schließen sollte, habe ich ihn wohl auch erneut geöffnet. Die Fragen und Antworten der Freunde haben meinerseits das Wechselspiel von Antworten und wieder neuen Fragen provoziert. Mögen deshalb diejenigen, die alles lesen, dies anregend und hilfreich finden und ihrerseits neue Antworten (und Fragen!) vorbringen. Denn, man erinnere sich: Der Horizont ist immer mein Horizont.

Nur Vorsicht: Hinter ihm ist die Welt nicht zu Ende.

Die Autoren und Autorinnen des Bandes

Busch-Lüty, Christiane Geboren 1931. Studium der Wirtschafts- und Sozialwissenschaften in München, Nottingham (GB), Bonn und Freiburg. Promotion und nachfolgend Wissenschaftliche Assistentin bis 1965 am BWL-Seminar der Universität Freiburg. Seit 1973 Professorin für Wirtschaftspolitik, insbesondere politische und ökologische Ökonomie, an der Universität der Bundeswehr München. Seit 1988 u.a. Mitinitiatorin und Leiterin des Arbeitsbereichs „Nachhaltiges Wirtschaften" im „Global Challenges Network". 1991-98 Vorstandsmitglied der Umweltakademie in Oberpfaffenhofen; Seit 1996 Gründungsinitiatorin und Vorstandsvorsitzende (bis 1999) der „Vereinigung für Ökologische Ökonomie" im deutschsprachigen Raum. Emeritiert seit 1996.

Capra, Fritjof Geboren 1939. Promotion 1966 an der Universität Wien in Theoretischer Physik. Forschung und Lehre an namhaften Universitäten und Institutionen in Frankreich, England und den USA. Arbeit auf den Gebieten der Quantenphysik und der Systemtheorie. Gründer und Leiter des „Center for Ecoliteracy" in Berkeley/Kalifornien, u.a. Gastprofessuren am Schuhmacher-College in Dartington/England. Seit

Anhang

30 Jahren intensive Forschung und zahlreiche Publikationen zu den philosophischen, gesellschaftlichen und wirtschaftlichen Konsequenzen der modernen Naturwissenschaft. Gilt als einer der führenden Vertreter einer ökologisch ganzheitlichen Weltsicht.

Dürr, Hans-Peter Geboren 1929. Studium der Physik in Stuttgart, 1956 Promotion in Berkeley/Kalifornien. 1962 Habilitation an der Universität München, 1958-1976 Wissenschaftlicher Mitarbeiter von Werner Heisenberg. Seit 1969 Apl. Professor an der Universität München. Bis 1997 Direktor des Werner-Heisenberg-Instituts am Max-Planck-Institut für Physik und Astrophysik in München. Arbeitsgebiete: Kernphysik, Elementarteilchenphysik, Gravitation und Erkenntnistheorie (mehr als 100 Veröffentlichungen), Entwicklung und Gerechtigkeit (mehr als 200 Veröffentlichungen) u.v.m. Zahlreiche internationale Tätigkeiten und Auszeichnungen, u.a. Alternativer Nobelpreis 1987. Seit 1987 auch Gründer und Vorstand der Initiative „Global Challenges Network", einer Organisation, die ein Netz aus Projekten und Gruppen knüpft, die konstruktiv und gemeinsam Wege suchen, um globale Probleme, die Menschen und ihre natürliche Umwelt gefährden, zu bewältigen.

Autoren und Autorinnen

Fill, Alwin Geboren 1940. Studium der Fächer Englisch, Latein und Sprachwissenschaft in Innsbruck, Oxford und Ann Arbor (Michigan, U.S.A.). Lehramt und Doktorat in Englisch und Latein. 1977 Habilitation in Innsbruck. Seit 1980 Professor für Englische Sprachwissenschaft in Graz. Gründer des „Alpenschutzverein für Tirol", wodurch er zur Öko-Linguistik kam. Organisator vieler Tagungen und Symposien hierzu.

Finke, Peter Geboren 1942. Studium in Göttingen, Heidelberg und Oxford (St. Catherine's College). Promotion in Philosophie (Göttingen 1976), Habilitation in Linguistik (Bielefeld 1979), dort seit 1982 Professor für Wissenschaftstheorie, 1989-1992 Dekan. Ab 1996 zusätzlich Gregory-Bateson-Professor für Evolutionäre Kulturökologie an der Privatuniversität Witten-Herdecke. Lehr- und Forschungsaufenthalte an Universitäten des In- und Auslands. Mitbegründer des Berliner kulturökologischen Salons und des „Forum Offene Wissenschaft", Initiator und Gründungspräsident des Verbandes der naturwissenschaftlichen Gesellschaften Deutschlands, Vorstandsmitglied der Heidelberger Vereinigung für ökologische Ökonomie, Mitarbeit im Global Challenges Network. Hauptarbeitsgebiete: Kulturökologie, Transdisziplinaritätsforschung, Biolinguistik, Sprach- und Wissenschaftstheorie.

Anhang

Kanngießer, Siegfried Geboren 1940. 1969 Promotion an der Universität Göttingen. 1969-1974 Assistent am Sprachwissenschaftlichen Seminar der Universität Göttingen, 1973 Gastprofessor an der Universität Hamburg und seit 1974 Professor für Sprachwissenschaft an der Universität Osnabrück. Leitung verschiedener Forschungsprojekte (DFG, IBM); 1994-2000 Mitglied des Senatsausschusses der DFG für SFB-Angelegenheiten und Mitglied des SFB-Bewilligungsausschusses. Gutachtertätigkeit für die DFG und andere Institutionen. Arbeitsgebiete: Sprachtheorie, Grammatiktheorie, Computerlinguistik und Sprachorientierte Künstliche Intelligenz.

Kertész, András Geboren 1956. Seit 1996 ordentlicher Professor für Germanistische Linguistik an der Universität Debrecen, Ungarn. 2001 Wahl zum Mitglied der Ungarischen Akademie der Wissenschaften. Autor von sieben Monographien und zahlreichen Aufsätzen zur Wissenschaftstheorie, zur theoretischen Linguistik und zur Sprachphilosophie; Herausgeber der Reihe MetaLinguistica (Frankfurt a. M.: Lang) und der Zeitschrift *Sprachtheorie und germanistische Linguistik* (Münster: Nodus).

Autoren und Autorinnen

Lang, Eva Geboren 1947. Seit 1996 Professorin an der Universität der Bundeswehr München, Lehrstuhl für Wirtschaftspolitik unter besonderer Berücksichtigung der politischen Ökonomie. Forschungsschwerpunkte in Fragestellungen der Ökologischen Ökonomie, der Nachhaltigen Finanzpolitik sowie der Modernisierung der Staatswirtschaft. Gründungsmitglied und derzeit Vorsitzende der Vereinigung für Ökologische Ökonomie.

Laszlo, Ervin Geboren 1932. Gründer und Präsident des Club of Budapest. Gehört zu den ersten Vertretern der Systemphilosophie und der allgemeinen Evolutionstheorie. Professuren und Gastprofessuren für Philosophie, Systemwissenschaften und Zukunftswissenschaften an zahlreichen nordamerikanischen, europäischen und asiatischen Universitäten. Bis 1984 zusätzlich Programmdirektor des United Nations Institute for Training and Research (UNITAR). Zahlreiche Titel und Auszeichnungen, seit 1999 auch Ehrendoktorwürde des kanadischen Institutes „The International Institute of Advanced Studies in Systems Research and Cybernetics". Gründer und Leiter der General Evolution Research Group, Berater des Generaldirektors der UNESCO, Botschafter des International Delphic Council, u.a. Mitglied des Club of Rome u.v.m. Publikation von über 70 Büchern, die in 18 Sprachen übersetzt wurden.

Anhang

Makkai, Adam Geboren 1935. Studierte am Gymnasium der Reformierten Kirche und an der Universität Budapest (Französisch und Russisch) bis zum ungarischen Aufstand von 1956. Flüchtete über Österreich in die USA, wo er sein Studium an der Harvard University (B.A.) und an der Yale University (M.A. und Ph.D.) abschloß. Lehrt seit 1967 an der University of Illinois at Chicago. Seit 1975 Ordinarius für Allgemeine und Angewandte Sprachwissenscchaft am Department of English and Linguistics. Gründete 1974 die „Linguistic Association of Canada and the United States"(LACUS, Inc.) mit Mitgliedern aus 27 Ländern.

Prigann, Herman Geboren 1942. 1963-1968 Studium an der Hochschule der Bildenden Künste in Hamburg. Arbeit in den Bereichen Malerei, Stadtplanung, Happenings und Installationen. 1969 Gründung der Drogenselbsthilfeorganisation „Release" für Deutschland, ein Social Art Project. 1974 Verlassen der BRD. Nachfolgend verschiedene Aktionen und Ausstellungen in mehreren europäischen Ländern. Seit 1983 Entwicklung seiner Arbeit in und mit der Natur („Metamorphe Objekte – Skulpturale Orte"). Seit 1989 Arbeit am Projekt „Terra Nova", einer „Ökologischen Ästhetik". 1996-98 Professor am Bauhaus in Dessau/BRD. Zahlreiche Ausstellungen, wissenschaftliche Veranstaltungen und vielfach übersetzte Publikationen zu den Themen Kunst, Ökologie, Natur und Kultur. Lebt seit 1987 in Spanien.

Autoren und Autorinnen

Schmidt, Siegfried J. Geboren 1940. Studium der Philosophie, Germanistik, Linguistik, Geschichte und Kunstgeschichte in Freiburg, Göttingen und Münster. Ab 1965 Assistent am Philosophischen Seminar der TH Karlsruhe. 1966 Promotion und 1968 Habilitation für Philosophie. Ab 1971 Professor für Texttheorie an der Universität Bielefeld, ab 1973 dort Professor für Theorie der Literatur. 1979 Professor für Germanistik/Allgemeine Literaturwissenschaft an der Universität-Gesamthochschule Siegen, seit 1984 Direktor des dortigen Instituts für Empirische Literatur- und Medienforschung (LUMIS). Seit 1997 Professor für Kommunikationstheorie und Medienkultur an der Universität Münster. Vertreter der Konkreten Poesie und des Radikalen Konstruktivismus.

Sossinka, Roland Geboren 1944. Ab 1963 Studium der Biologie an der Technischen Universität Braunschweig, speziell Zoologie, Botanik und Organische Chemie. 1970 Promotion und Tätigkeiten als Wissenschaftlicher Assistent an der Technischen Universität Braunschweig (1970-1973) sowie an der Universität Bielefeld, Fakultät für Biologie (1973-1976). Ab 1976 Oberassistent, 1977 Habilitation in Zoologie, ab 1979 Dozent und seit 1982 Professor. Arbeitsgebiete: Domestikationsforschung, Hormonphysiologie, Verhaltensforschung, Ökologie und Humanbiologie.

Weinbrenner, Peter Geboren 1936. Studium der Wirtschaftswissenschaften und Wirtschaftspädagogik an der Universität Erlangen-Nürnberg. 1964-1968 Assistententätigkeit an den Universitäten München und Köln, anschließend Promotion. 1970-1975 Mitglied der Aufbaukommission Laborschule für den Bereich Arbeitslehre/Berufsorientierung. 1975 Lehrstuhl für Wirtschaftslehre und ihre Didaktik an der PH Bielefeld. Seit 1980 Lehrstuhl für die Didaktik der Wirtschafts- und Sozialwissenschaften, Universität Bielefeld. Arbeitsschwerpunkte: Politische Bildung an beruflichen Schulen, berufliche und politische Umweltbildung, Arbeits- und Konsumökonomie. Tätigkeiten als wissenschaftlicher Berater und Trainer.

Abbildungshinweise

Die Abbildungen oder Grafiken in den Einzelbeiträgen wurden von den jeweiligen Autoren zur Verfügung gestellt.

Die Titelseiten der drei Hauptteile wurden unter Verwendung von Bildern und Texten von Peter Finke gestaltet.

Für das Fontispiz wurde eine Aufnahme von Barbara Bayreuther-Finke verwendet.

Die Autorenporträts wurden von den Autoren zur Verfügung gestellt oder ihren Internetseiten entnommen.

Die Abbildungsrechte bleiben bei den Urhebern.